2019 第十六届全国高等美术院校建筑与设计专业教学年会成果集

Collection of achievement of the 16th national annual teaching conference on architecture and design incolleges and universities of fine arts

主编 王琼 张琦

中国建筑工业出版社

图书在版编目（CIP）数据

第十六届全国高等美术院校建筑与设计专业教学年会成果集 / 王琼, 张琦主编. —北京：中国建筑工业出版社, 2019.10

ISBN 978-7-112-24360-0

Ⅰ.①第… Ⅱ.①王… ②张… Ⅲ.①建筑设计-作品集-中国-现代 ②建筑设计-中国-文集 Ⅳ.①TU206

中国版本图书馆CIP数据核字(2019)第223593号

江苏高校优势学科建设工程资助项目

责任编辑：唐旭　李东禧　孙硕
责任校对：王烨
书籍设计：王港迪

第十六届全国高等美术院校建筑与设计专业教学年会成果集

主编　王琼　张琦

*
中国建筑工业出版社出版、发行（北京海淀三里河路9号）
各地新华书店、建筑书店经销
北京富诚彩色印刷有限公司印刷
*
开本：787×1092毫米　1/20　印张：14⅖　字数：607千字
2019年10月第一版　2019年10月第一次印刷
定价：128.00元
ISBN 978-7-112-24360-0
（34870）
版权所有　翻印必究
如有印装质量问题，可寄本社退换
（邮政编码 100037）

编委会

EDITORIAL BOARD

主编　王琼　张琦

编委会主任　吕品晶　胡永旭

编委　（名单根据姓氏笔画排序）

马克辛　王　琼　王小红　王海松　王淮梁　李东禧　李凯生
杨冬江　沈　康　张　琦　张　月　陈继军　邵　健　林陈椿
周　彤　周维娜　唐　旭　黄　耘　彭　军　程启明　鲍诗度

序言

Preface

伴随着中国经济经历七十年的发展，建筑及设计行业在为社会做出突出贡献的同时，其自身也经历开放、发展、转型的不同时期。任何的发展都需要人才，离不开培养人才，优秀的设计人才培养需要创新的建筑与设计教育，如何创造新时期的中国设计理论与实践，如何创新中国建筑与设计教育，一直是业界关注的焦点和讨论的热点。走进新时代，科技发展迅猛，5G时代来临，人们对美好生活和人居环境的需求进一步提高，设计实践、理论乃至设计教育随之发生了深刻变化，对从事该领域的专家、学者及从业者提出了更高的要求、更新的学术视野和更重的责任与历史担当。只有不断交流，相互学习，才能增强自信，共促进步，这正是本届年会举办的意义所在。

本届年会以跨界·融合为主题。跨界是立足于本专业的拓展，或者其他领域进入建筑与设计行业，融合不同的事物为一体。这也是顺应当前时代的要求，学科之间的相互学习使得本领域研究更加深入，当前建筑与设计更多地融合了交叉学科的前沿理论、研究方法和研究成果，拓展了本学科向纵深方向发展，如果故步自封则很难进步。设计教育也是如此，从事该领域的人员应思考如何融合并把握时代的脉搏，促进设计及教育的发展。融合的思想在苏州尤其明显，苏州人秉承开放包容精神，不论人文、经济，还是城市建设都在学习中融合，典型的如苏州工业园区，更是以“融”为主调，才有了勃勃生机的发展。可以说，跨界·融合既是时代脉搏，也是苏州城市建设的精神之一。

跨界·融合开启建筑与设计教育新时代。何谓新时代？新时代是符合当今社会发展的新里程。当今社会的变革、科学技术的革命，促使建筑与设计领域做出改变，这种变化就是学习不同领域，吸收先进成果，使其对在本领域中的一些不适应时代要求的做出变革，这种变革将突破以前的条条框框，以跨界·融合为主调，改变以往观念，建筑与设计教育新时代不是抛弃既有，而是兼容创新。

本届年会的召开之际，也正值全国建筑学专业教学指导分委员会室内设计专委会的成立。这也充分说明建筑与设计教育融合发展的重要性。本届年会共收到优秀作品四百余份、优秀论文三十余份、教师的优秀教案六十余份，本集汇集了这些成果，展现了近年各高校建筑与设计教育的成就，并以此提供大家相互交流学习，也恰合本届年会的主题。

作为百年苏州大学的建筑学院来说，在新教育理念下，积极探索中国现代建筑与设计教育办学的新模式，以“匠心筑品”为院训，海纳百川，汇聚众多的国内外优秀专家学者，与世界并行，共时代步伐。作为苏州大学建筑学院的院长，欣慰见证了苏州大学建筑学院的蓬勃发展。

融合创新是时代乐章。愿我们共同进步，一同见证历史的脚步。

吴永发

苏州大学建筑学院院长 教授 博士生导师

2019年10月1日

PART1 学生优秀作品

目录
CONTENTS

PART2 教师优秀论文

目录
CONTENTS

PART 1

学生优秀作品

1 PART

OUTSTANDING WORKS

安徽师范大学
美术学院

美育少儿教育内外空间色彩概念规划

Color Castle

作　　者　高伟飞　袁逸博

指导老师　　　　王　霖

本案研究的是色彩与空间的融合对于儿童心理学影响的空间设计。儿童对物体的形态与色彩把握较为单一，而丰富色彩的应用一直是现代主义之后室内装饰的惯用思维，甚至沿用到了建筑外装饰和工业产品方面，富有诗意的色彩元素造型让人对空间的理解赋予感性。以国内外儿童体验中心的结构为例，阐述在互联网思潮下的建筑结构变革、共享经济下的人文情怀，以及创新性的组件构成方式，辅以绿色生态的精神特征，以改变商业模式下的体验空间，用新技术带来视觉上的变革，阐述室内设计中色彩带给儿童以及空间中的不同理解与认知。

北京林业大学艺术设计学院

前世遇今生

作　　者　高润宇 张　喆

指导老师　　　　孙漪南

用景观设计的手法有效结合用地，通过对历史文化符号的提炼，以景观艺术符号的形式再现于空间设施和布局之中，使其服务于周边人群，实现在狭长空间内做出具有丰富文化内涵和众多实用功能的带状景观。设计中的空间利用满足周边人民生活需求、娱乐活动以及商业活动，保证趣味性和亲和力；过渡空间的地面铺装与地铁站和高架桥相呼应，铁路沿线所遗留材料、构件运用到公共小品的设计中；铁路沿线的绿化设计以及公共设施设计，能够达到城市肌理与人文环境相协调，通过设计激活城市活力，带动周边人群，满足城市发展需要，实现京张铁路前世与今生的转变。

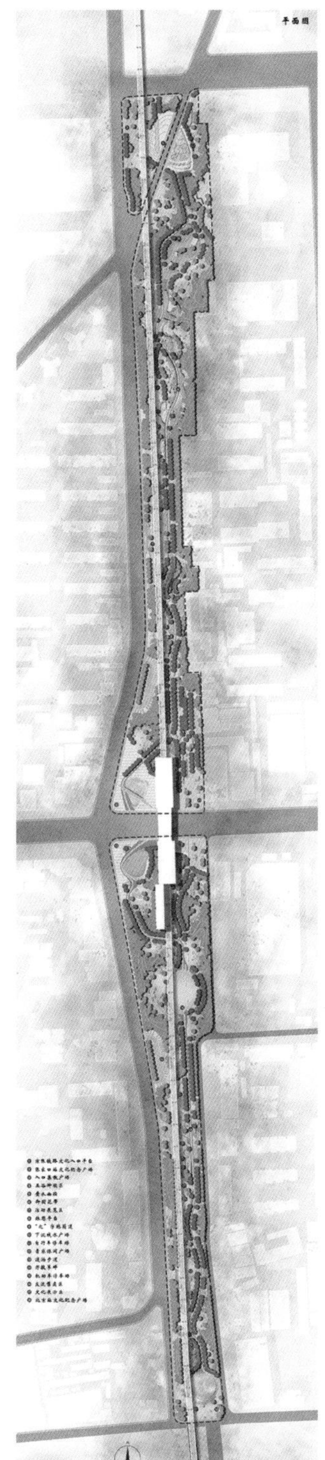
平面图

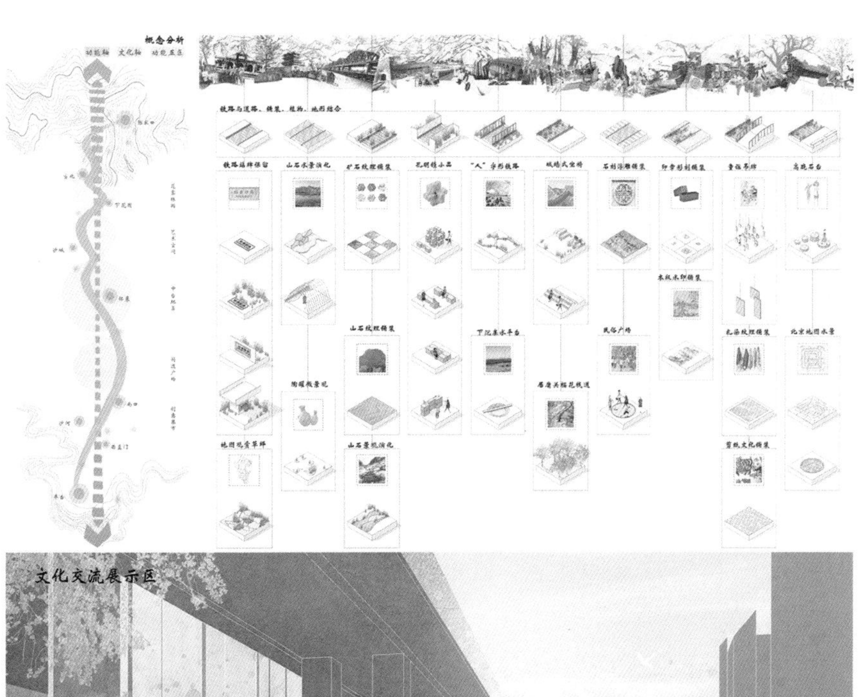
概念分析
铁路与道路、铺装、植物、地形结合
铁路站牌保留
山石水景演化
矿石纹理铺装
高地石台

文化交流展示区

文化纪念广场

北京林业大学
园林学院

遗址与图画
——避暑山庄遗址调研及意象创作展研究

作　　者　张翩 宋江离 吴楚悦 李爽 胡婧宜

指导老师　王丹丹 黄晓 宫晓滨

通过视觉研究方法和绘画艺术双重手段，研究现实主义、虚拟现实和浪漫主义创作方法高度结合并指导园林创作的途径和方法。从鸟瞰到透视再到细节处的精细描绘与分析，对择址、布局、组景、尺度、边界处理、视线关系、假山、植物等忠实而艺术地再现。解读中国传统园林造园艺术是更好的继承和创新的前提，也必将对当前风景园林规划设计具有重要启发、指导和借鉴。

西北立面图

北京林业大学
园林学院

遗址与图画
——圆明园狮子林遗址调研及意象创作

作　　者　诸葛依然 王泓萱 朱慕瑶 何思娴 段雨汐 江行舟

指导老师　王丹丹 黄　晓 宫晓滨

从现存的清代晚期的样式雷平面图上了解到狮子林当年的总体面貌，借助乾隆题咏的纳景堂、藤架、水门八景、横碧轩、虹桥、占峰亭、清淑斋、延景楼、云林石室、探真书屋等狮子林十六景及御笔亲题的其中13座亭台楼阁的匾额，想象这座写仿苏州狮子林的小园当年的盛景。研究将进一步结合遗址现状、历史图像和有关狮子林的诗文，以画境和情境进行绘画创作探索，其成果本身是一种园林专业绘画作品，基于视觉研究的方法复原绘制盛景图像，也可为遗址区今后的复原工作起到一定程度的情景参考作用。

大连工业大学
艺术设计学院

共栖
——闲置体育馆住宅设计

作　　者　　　　米中雨 罗金芳

指导老师　沈诗林 闻　婧 毛炳军

伴随休闲体育时代的到来，大型体育场馆在赛事后的运营成为世界性难题，大量体育场馆面临闲置荒废的命运，在此社会背景下，本设计聚焦拥有众多大型体育馆的巴西，着重研究闲置体育馆的再利用，以巴西国家体育馆为基地选址，结合当地突出的中低收入人群面临的住房资源短缺问题，将闲置的巴西国家体育馆改造为多元复合居住空间，赋予体育馆新的空间属性。

共栖，指共住现象，是将两个独立存在的个体以一定的关系联系到一起，我们希望将闲置的体育馆与住房资源短缺两者相结合，对闲置的体育馆进行住宅化设计，一方面可以避免资源的极大浪费，另一方面可以缓解住房压力，还可以完善城市功能结构，为生活中的个性化选择提供更多可能性。

3. 模型建立 CONCEPT GENERATION

大连工业大学
艺术设计学院

隐市修心
——色达五明佛学院集落规划改造

作　　者　　　张艺缤 张蓝允

指导老师　沈诗林 闻　婧 毛炳军

为完善色达僧侣生活修行，以设计来服务大众的宗旨，进行色达五明佛学院的规划改造。以优化住宅区域功能、完善僧侣、游客等活动居住区域，为减少不必要的冲突而努力，以关怀设计理念来完善修行者的生活环境。运用当地现有的房屋形式进行空间模块化组合以及社区化进行设计呈现，以达到完善隐士修心的初衷。

在佛学院最高处设立大型宗教展览馆，由佛教圣山抽象演变而来。以展示藏传佛教文化，设立多功能展示区域，以现代化的手法进行演绎达到“隐于市”的效果。让信仰通过建筑载体呈现给大众，而达到传播佛法的效果。这套方案设计本着帮助僧侣扎根的想法。扎根的需要性和关联性使得景观通过恋地情结的过程让自身具有神圣性。神圣的地方实体化、具体化，象征着最高的价值观，以及信仰和美感。通过普世的价值情感进行设计抽象演绎，让设计从功能与审美上达到因地制宜的统一感。

房屋模块分析
MODULE A
MODULE B
MODULE C
MODULE D
TYPOLOGY A
TYPOLOGY B
TYPOLOGY C
TYPOLOGY D

大连艺术学院

冰河世纪

作　　者　马雨阳　金香伶

指导老师　崔菁菁

冰川是极地或高山地区地表上多年存在并具有沿地面运动状态的天然冰体。冰川多年积雪，经过压实、重新结晶、再冻结等成冰作用而形成的。它具有一定的形态和层次，并有可塑性，在重力和压力下，产生塑性流动和块状滑动，是地表重要的淡水资源，冰川是水的一种存在形式，是雪经过一系列变化转变而来的。

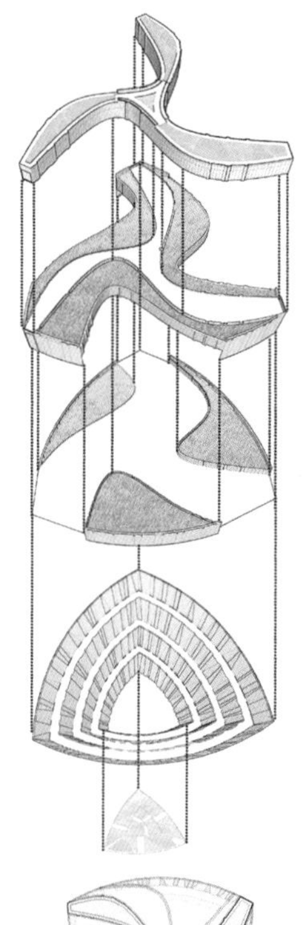

感知
——北京朝阳文化艺术中心设计

作　　者 杨　琳

指导老师　宋晓楠

文化艺术中心作为新兴的城市广场在近些年走进城市生活中，在现代城市公共空间的构成中占据不可或缺的重要地位，它既能反映城市风貌，又能集中体现区域的历史文化背景和特有的人文情怀。该设计位于北京朝阳公园北侧地块，以“传播性建筑”为设计主题，构建以文化传播为主线的文化综合广场，体现文化传播与建筑表达的相关性，在传播者和接受者之间建立有效的互动，达到改善居民生活环境、塑造城市形象、提高城市品质、优化城市空间的目的。

通过对国内外文化艺术中心的调研，结合我国人民对文化艺术中心的实际需求，打造一个城市多功能的活动交往场所。人们通过亲身体验凝聚的艺术氛围、灵活的功能编程和多元的感知变化，来获得完美的艺术体验。

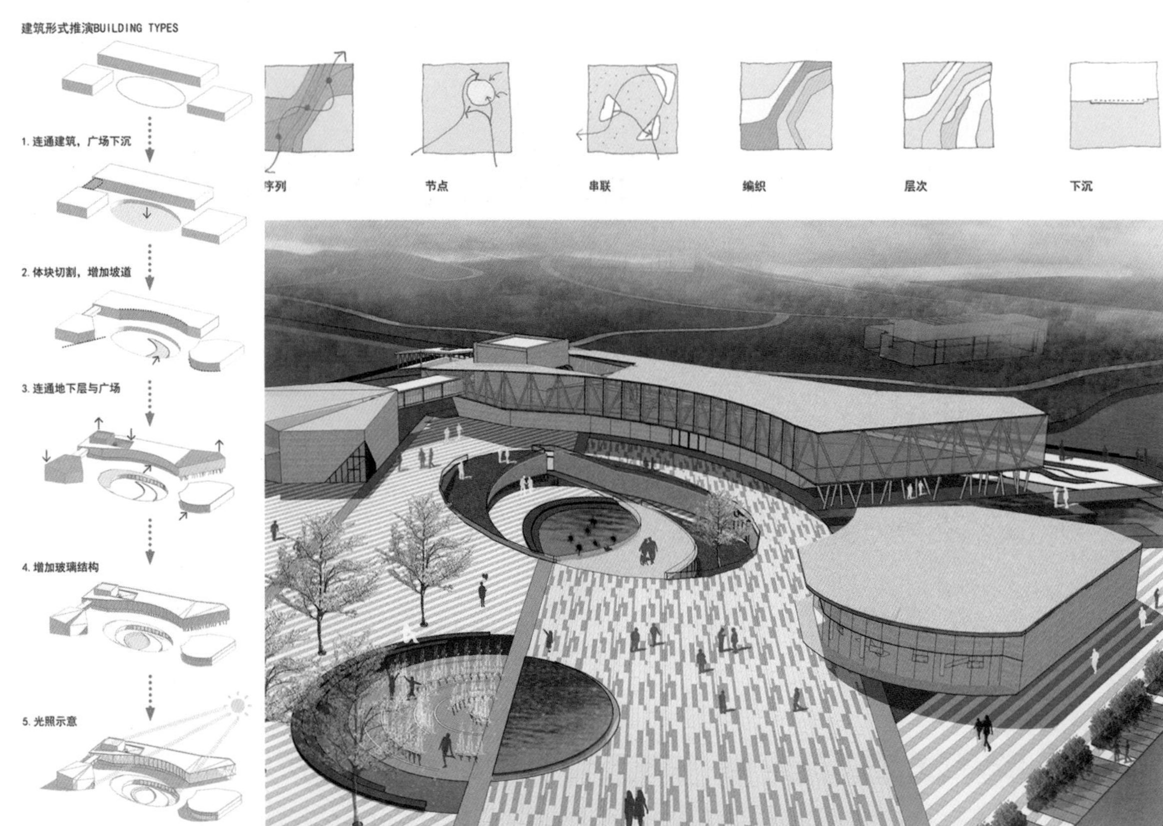

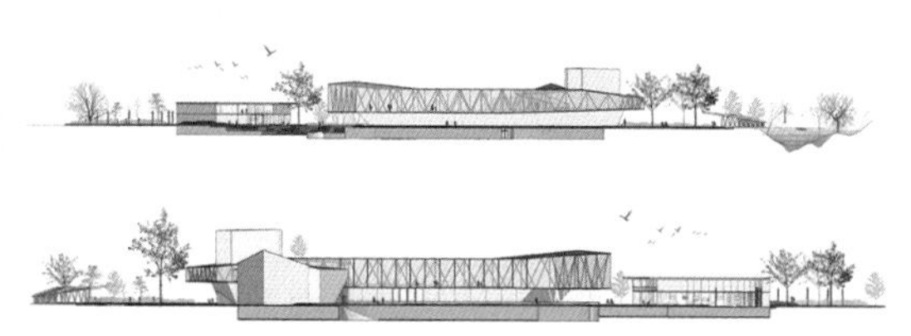

大连艺术学院

感知东岸
——上海 1842 老船厂景观设计

作　　者　吴孟菲

指导老师　宋晓楠

该设计位于上海陆家嘴，黄浦江西岸边上的上海老船厂，新中国工业发展中遗留下的一处遗址，现在化身为公共艺术中心，成为城市开放空间的一部分。针对基地现状和历史条件，以基地文化作为导入视角，延续历史文脉，保留船厂的工业记忆、融入多样性的休闲体验活动，对场地做了架高处理，将“慢行”引入城市空间中。

“hight-line”项目带给该项目的灵感在于将高架景观的概念得以重新利用，丰富了滨江景观的层次。“绿色走廊”项目为该设计带来的理念在于打造城市绿色景观带。吸取以上案例设计经验，挖掘历史，从而打造老船厂的景观新活力。

总体上，上海老船厂创造一个“文化、生态、活力、休闲”的一个多样化城市公共空间，成为浦东黄浦江沿岸城市景观展示的主角，延续老船厂和黄浦江的故事。

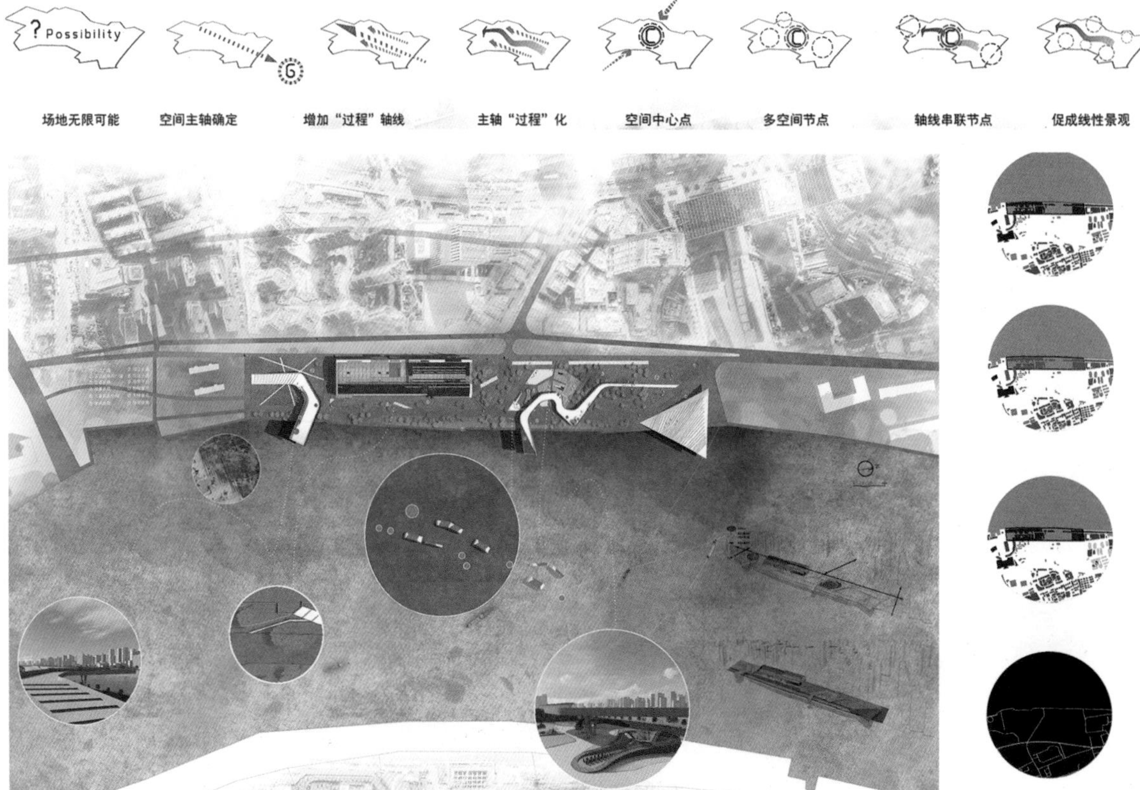

Scenic bridge
观景天桥
林荫大道
Boulevard

Multifunctional square
多功能广场
Riverside lone road
滨江长道

儿童互动空间
Children interactive space

多功能广场
Multifunctional square
Scenic bridge
观景天桥

观景天桥
Scenic bridge
林荫大道
Boulevard

Scenic bridge
观景天桥

大连艺术学院

管城区城市生态广场景观设计

作　　者　韩昕颐

指导老师　宁芙儿

这个生态广场是一个开放式的休闲园区，由文化遗址、人造景观、地下车库三个部分组成，选址在浓厚民间文化的管城区，广场设计也应该承上启下，从传承本地传统文化元素为设计依据，加入世界中优秀的景观设计理念，将传统与创新相融合，守住传统，又有自身特点。研究重点针对我国现阶段城市生态广场景观设计的空缺以及缺少设计特点，从空间排列着手，加入体验式景观设计元素，并且利用地区文化特色加以创新并重新设计广场的结构。秉持“人性化”的设计理念，在满足市民便捷、多元化、趣味性的需求下，设计出更贴近当地人情感的公共广场。

换生
——Replacement

作　者　董可心
指导老师　崔菁菁 郭　剑

人与自然的和谐发展必须是可持续的。海洋上垃圾的产生令人头痛，这个设计特别是为了处理海洋垃圾。在景观和建筑设计下，建造可生物降解的海洋垃圾室，利用可生物降解的垃圾产生的电力，为景观和建筑带来光明，从而达到人与自然的共生，使垃圾变能源，赋予垃圾新的使命，即为换生。

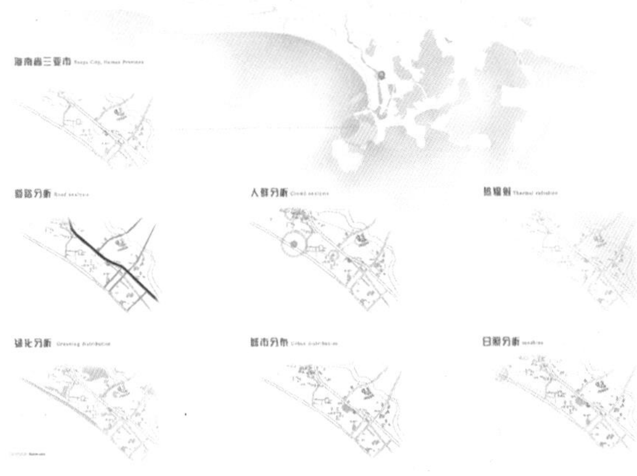
海南省三亚市
道路分析
人群分析
热辐射
绿化分析
城市分布
日照分析

大连艺术学院

氧. 呼吸

作　　者 刘艺涵

指导老师　潘韦妤

随着城市化的不断发展，人与自然之间的距离越来越远。今天，城市环境日益减少。废气、烟雾、各种非法废气、空调交换空气、建设现场等产生的粉尘等造成了大气污染。生态景观设计可以通过植物进行日光合成，使其充分发挥其优势。本次设计就是想把人类丢失的氧气“归还”大自然，打造出一个人类与自然和谐共存的现代生态化居住区。

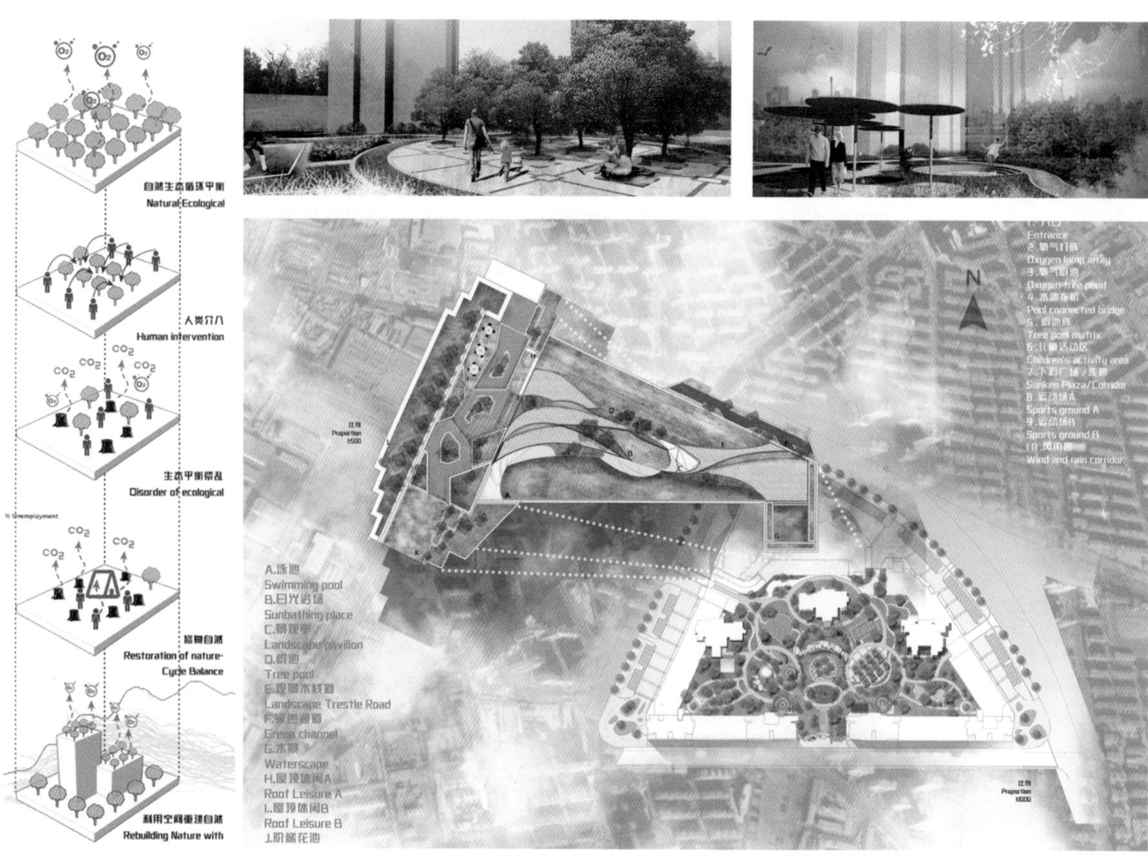

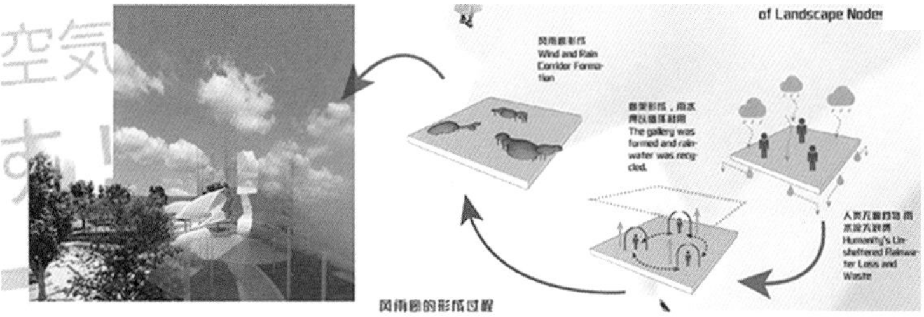

of Landscape Node

风雨廊形成
Wind and Rain Corridor Formation

廊架形成，雨水得以循环利用
The gallery was formed and rainwater was recycled.

人类无遮挡物 雨水流失浪费
Humanity's Unsheltered Rainwater Loss and Waste

风雨廊的形成过程

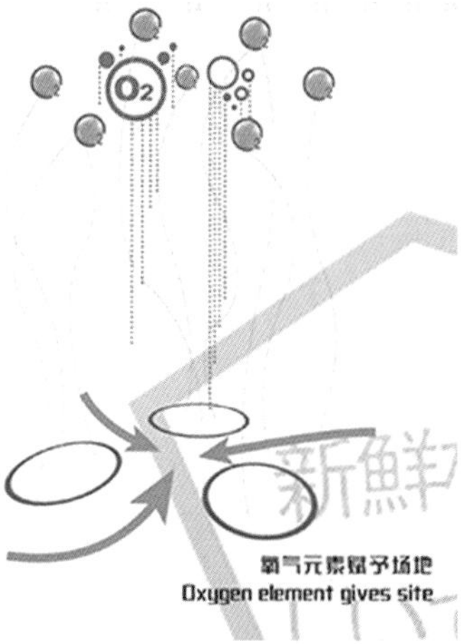

氧气元素赋予场地
Oxygen element gives site

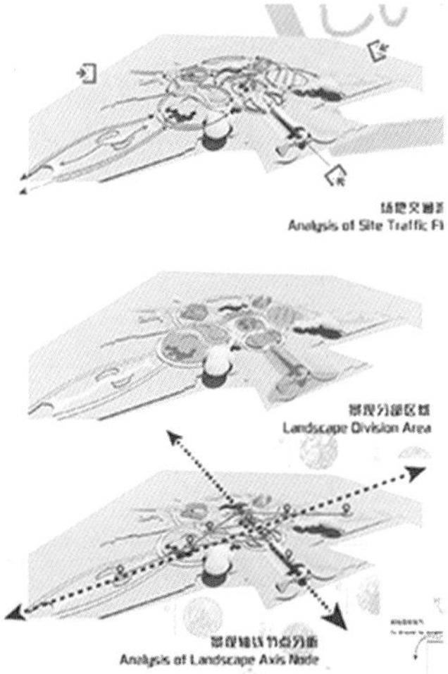

场地交通分析
Analysis of Site Traffic Fl

景观分区区域
Landscape Division Area

景观轴线节点分析
Analysis of Landscape Axis Node

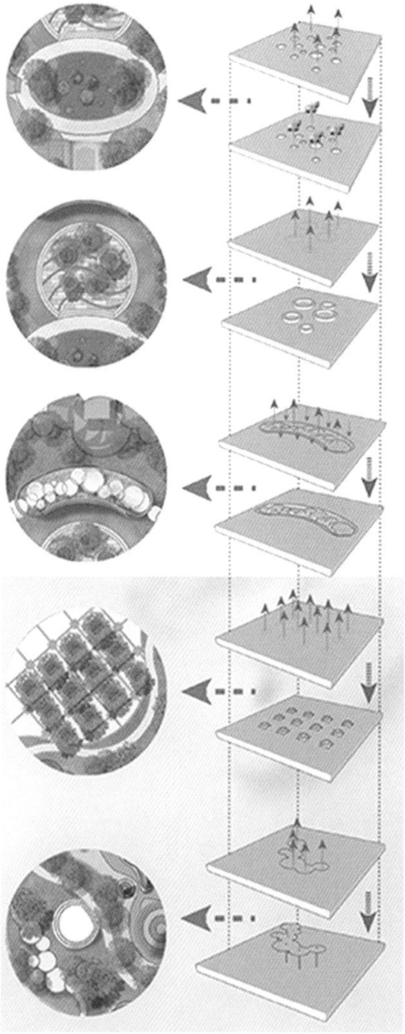

广州美术学院
建筑艺术设计学院

混合核心

作　　者　　邓伟翔

指导老师　许牧川 陈　瀚 朱应新

混合之心（Hybrid Core）是一个将城市公共功能进行垂直复合的超高层商业综合体设计。以第四代商业模式为商业发展核心，以垂直城市综合体的模式为设计出发点，再结合超高层对于公共空间的塑造结合而成，旨在成为一个城市中最综合的垂直商业综合体和空中城市客厅。过程以分析现有垂直城市综合体和超高层公共空间设计发展趋势，对未来超高层综合体的设计趋势进行探究，最后根据场地所在的背景进行分析和如何实践该设计进行了相关的思考。

Glass Curtain Wall
— Hybrid Core —
Zhuhai，China

©Oliver Deng

建筑交通流线分区

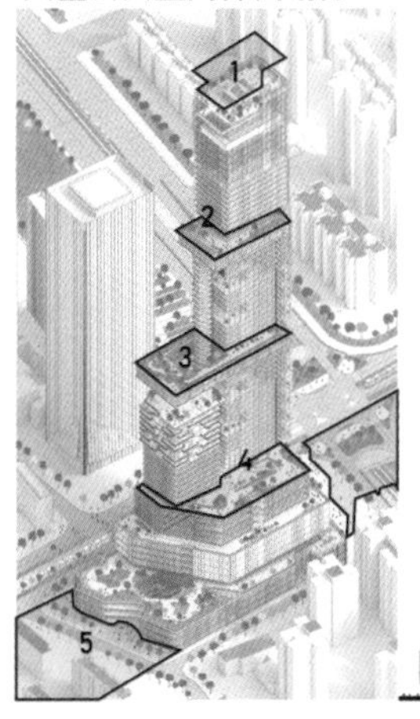

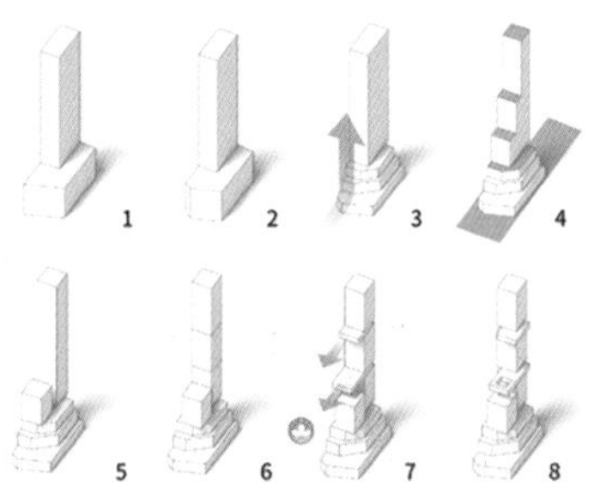

常规功能
TRADITIONAL FUNCTION

RETAIL
零售
OFFICE
办公
HOTEL
酒店
APARTMENT
公寓

\+

城市要素
URBAN FUNCTIONAL ELEMENTS

URBAN EXHIBITION HALL
城市规划博物馆
OPERA
剧院
MEDIA CENTER
媒体中心
MUSEUM
博物馆

\+

=

城市核心
URBAN CORE

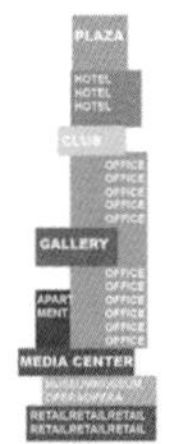

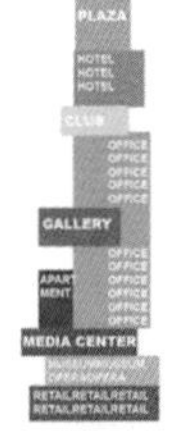

空中城市客厅
AIR CITY LIVING ROOM

水平混置

作　　者　　陈泽选
指导老师　朱应新 陈　瀚 许牧川

通过观察记录场地人群的自发性行为以及休闲娱乐的目的，以消费的商业元素为出发点，介入戏剧性的叙事情节，结合娱乐和商业依存的特性，将娱乐空间和商业空间打散重组进行的空间设计，最后通过设计系列体验空间来提升人们的购物体验，分析环境并构思具体如何设计从而引导消费。

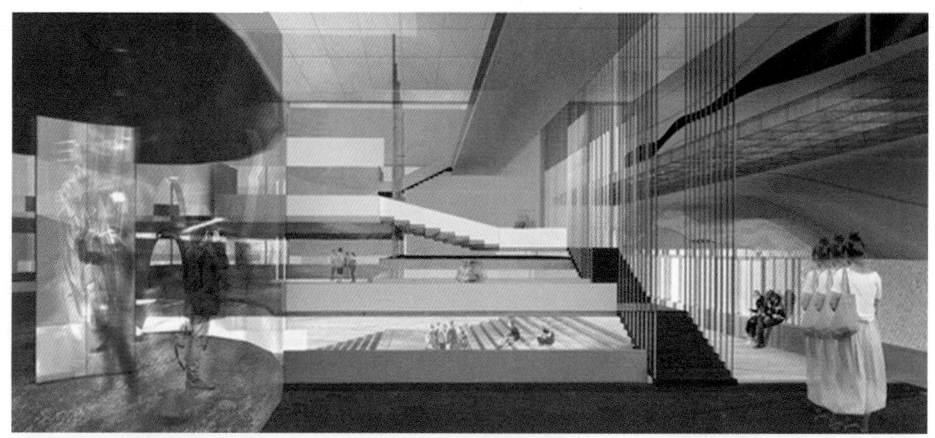

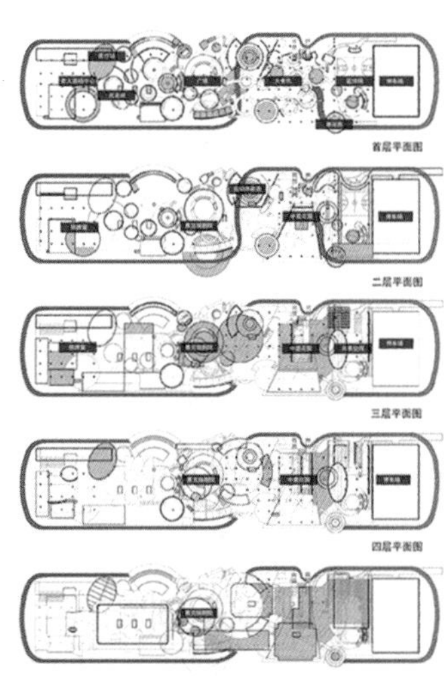
首层平面图
二层平面图
三层平面图
四层平面图
五层平面图
下层广场平面图

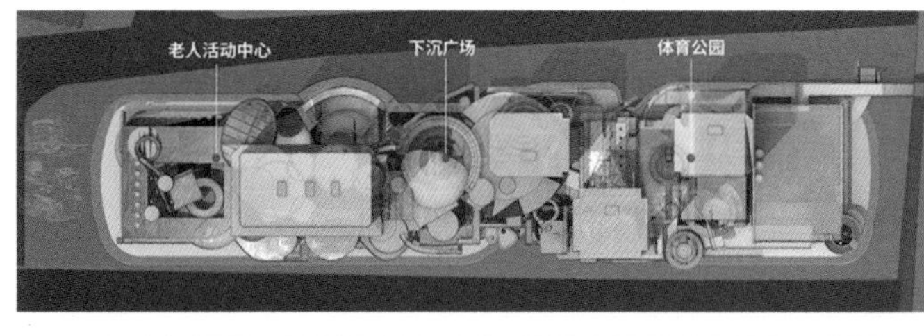
老人活动中心
下沉广场
体育公园

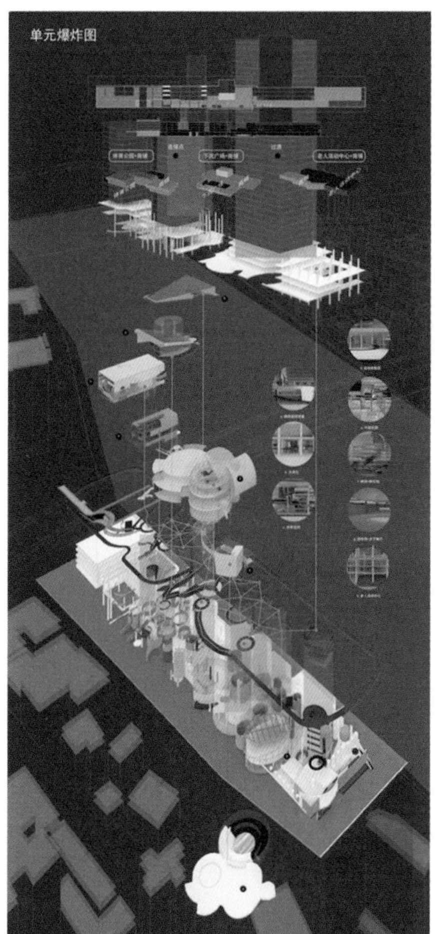
单元爆炸图

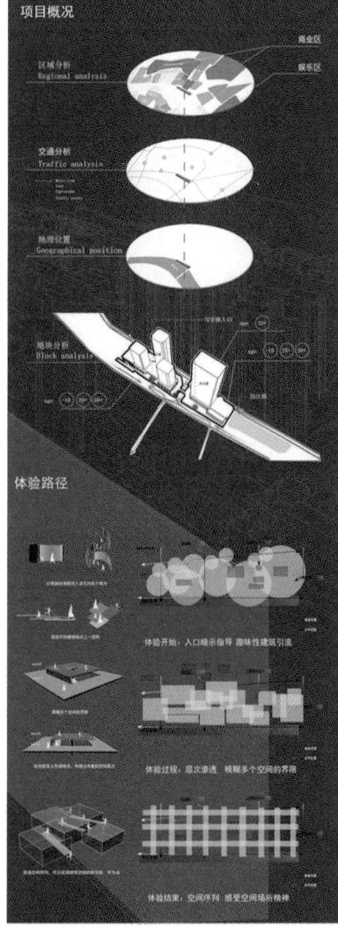
项目概况
区域分析
Regional analysis
商业区
娱乐区
交通分析
Traffic analysis
地理位置
Geographical position
地块分析
Block analysis
体验路径
体验开始：入口暗示指导 趣味性建筑引流
体验过程：层次渗透 模糊多个空间的界限
体验结束：空间序列 感受空间场所精神

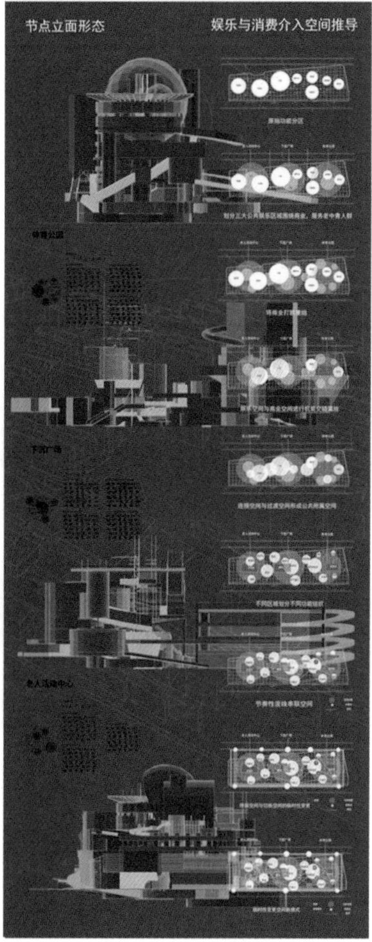
节点立面形态
娱乐与消费介入空间推导
体育公园
下沉广场
老人活动中心

Line Party

作　　者　　　　　　　　卓　韵

指导老师　许牧川 陈　瀚 朱应新

根据当下消费者追求独立个性化消费，并分析了LINE FRIENDS线下体验店的问题，提出了空间叙事与主题零售设计相结合的想法，设计了新流线和新功能组合，并把场景的叙事和营造加入其中，形成了新LINE FRIENDS沉浸式体验空间。

顾客进入体验店会先了解到LINE FRIENDS品牌文化和新周边产品，然后按流线进入具有场景叙事感的零售空间，体验和感受LINE FRIENDS品牌文化的氛围，从而产生共鸣，如同置身LINE FRIENDS世界，还能把周边产品带回家。最后结账后进入公共空间，顾客可以与朋友在公共桌椅处交流对LINE FRIENDS的喜爱或是分享自己买的东西。本次设计，目的是为了探究品牌线下体验店与沉浸式体验空间的新融合模式，从而解决品牌线下体验店现存问题，或者对其原空间进行提升与改善。

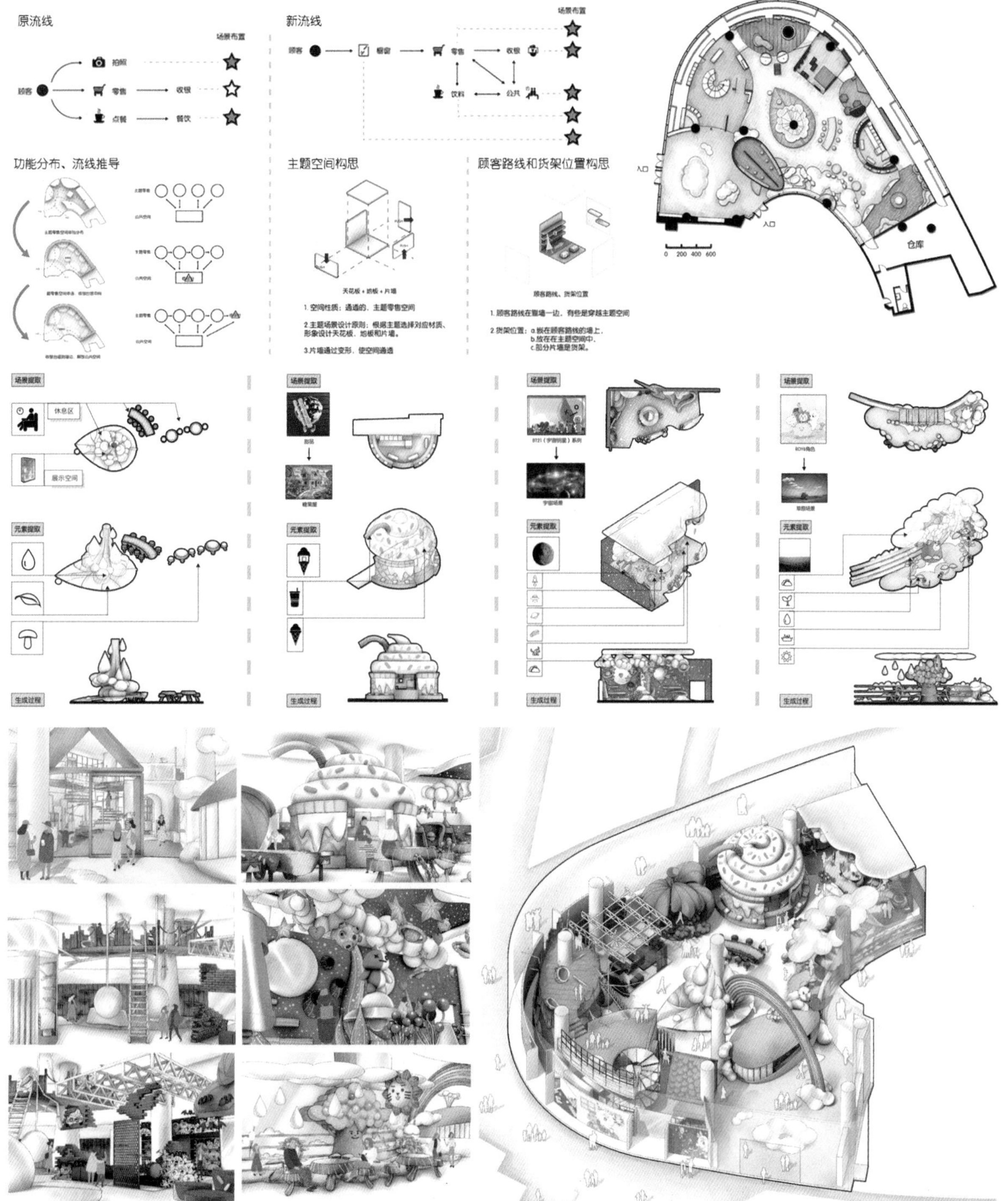
原流线
场景布置
顾客
拍照
零售
收银
点餐
餐饮
新流线
场景布置
顾客
橱窗
零售
收银
饮料
公共
功能分布、流线推导
主题空间构思
天花板 + 地板 + 片墙
1.空间性质：通透的、主题零售空间
2.主题场景设计原则：根据主题选择对应材质、形象设计天花板、地板和片墙。
3.片墙通过变形，使空间通透
顾客路线和货架位置构思
顾客路线、货架位置
1.顾客路线在靠墙一边，有些是穿越主题空间
2.货架位置：a.贴在顾客路线的墙上，
b.放在在主题空间中，
c.部分片墙是货架。
入口
入口
仓库
0 200 400 600
场景提取
休息区
展示空间
元素提取
生成过程
场景提取
元素提取
生成过程
场景提取
元素提取
生成过程
场景提取
元素提取
生成过程

广州美术学院
建筑艺术设计学院

#0000FF

作　　者　周嘉璐　崔天使　吴慧琳

指导老师　许牧川

对于广州美术学院当代艺术馆设计与原美术馆改造，我们以 #0000FF 为题，设计出一个全新的当代艺术馆。

设计出发点：①公共与内部的关系——公共性；②建筑与城市的关系——开放性；③引领公众的功能——社会性；④艺术教育的社会公共责任——教育性。美院，时时刻刻都与色彩密不可分。#0000FF、 纯蓝色、十六进制颜色码。与传统广美红对立的蓝、与传统美术馆正方形对立的圆形，形成了 #0000FF 当代艺术馆。

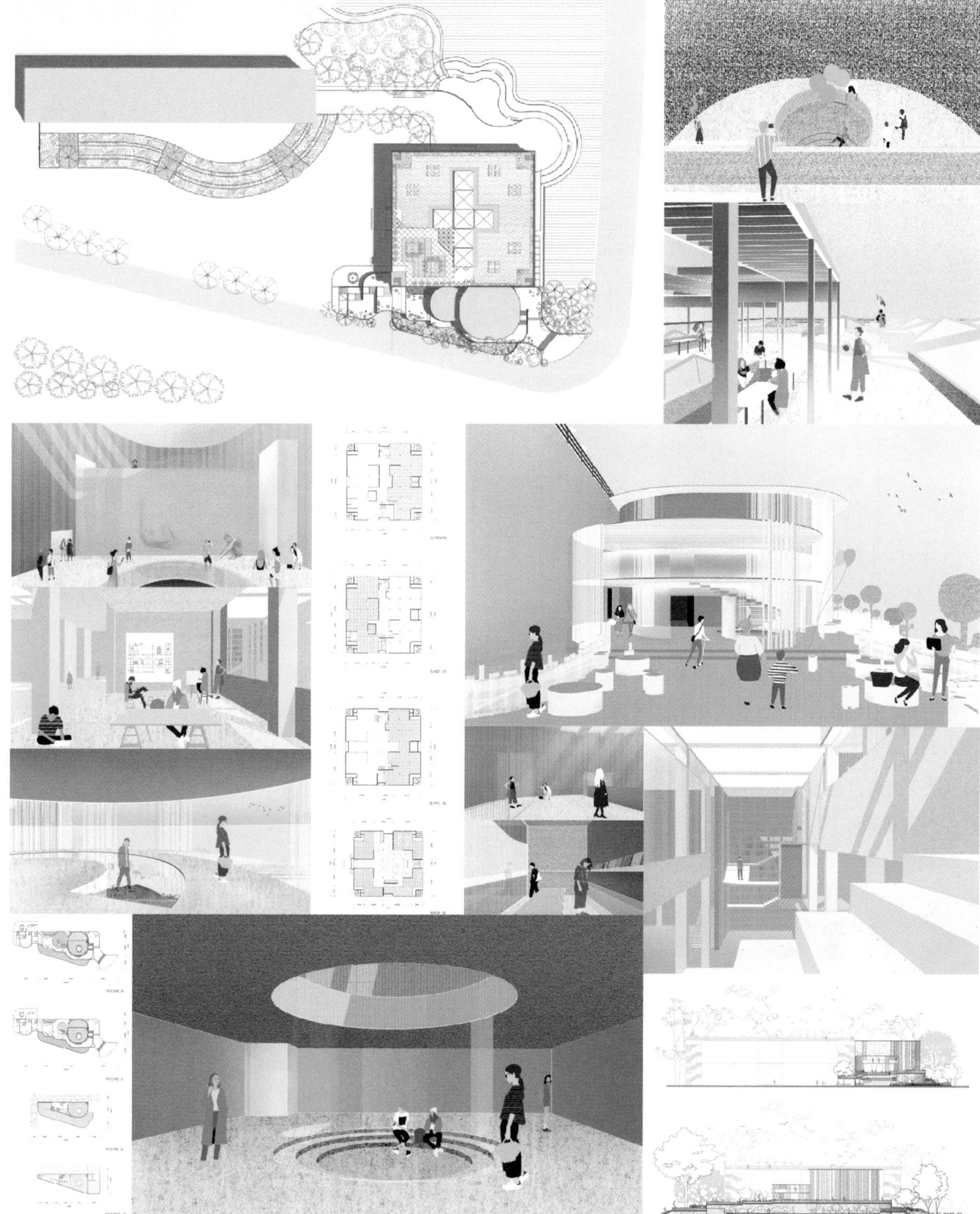

非孤岛

作　者　汤泽凡

指导老师　沈　康　伍　端　何夏昀　李致尧　杨　颋　张莎玮

设计是围绕广美昌岗校区图书馆展开，通过在考察中发现图书馆较少人使用的问题和独自封闭的性质，笔者查阅图书馆的发展历程，发现是人们的学习方式发生了非常大的改变，从而生成以非正式学习方式结合图书馆现状来打破图书馆的孤岛状态，形成艺术孵化器（城市尺度）、交汇中枢（校园尺度）和情境化馆藏体验（个人角度）三大系统来接收不同思维的碰撞，在这样的学习环境下，学习者感受到的是微观体感，获得的是隐形经验。

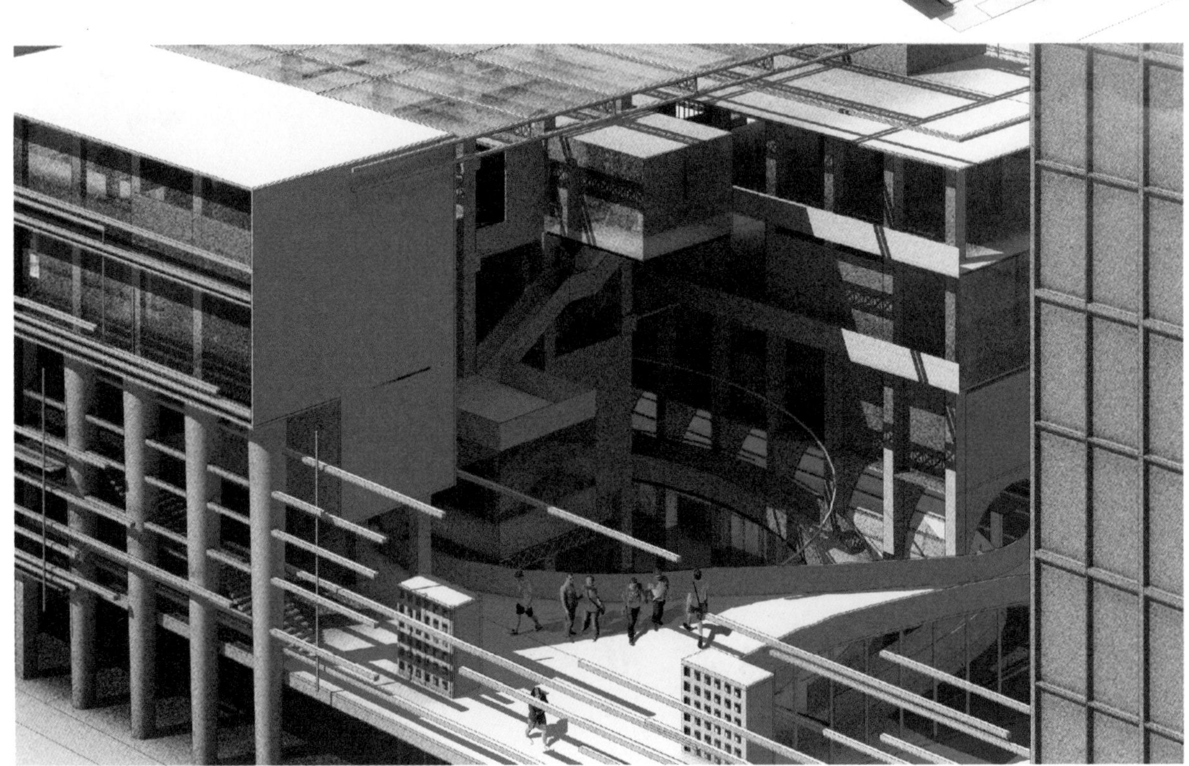

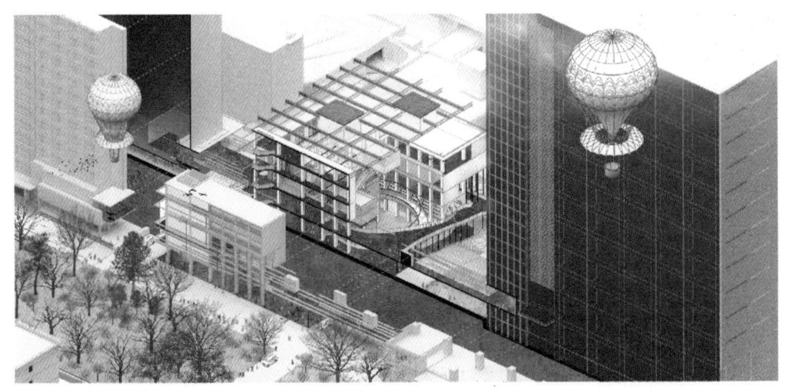

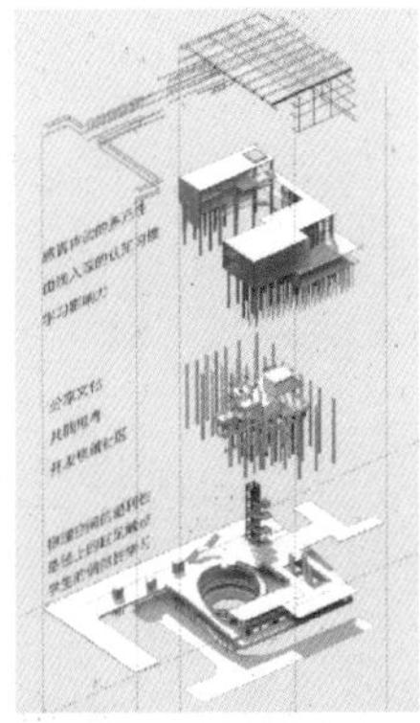

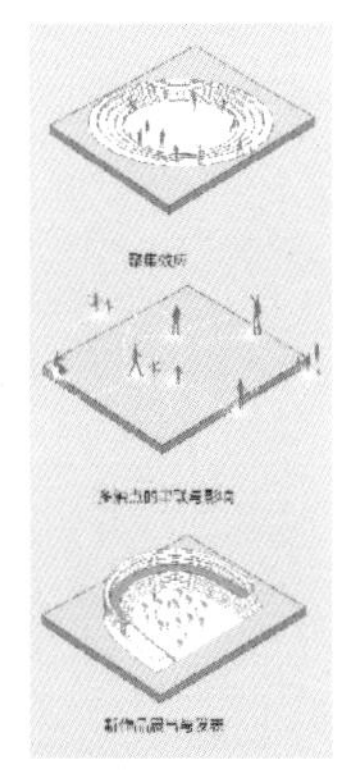

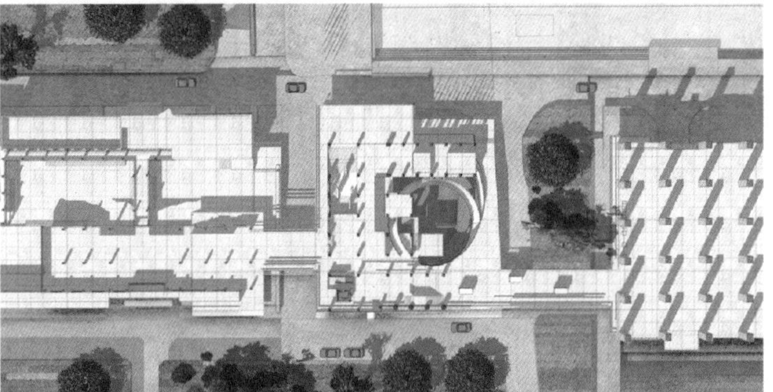

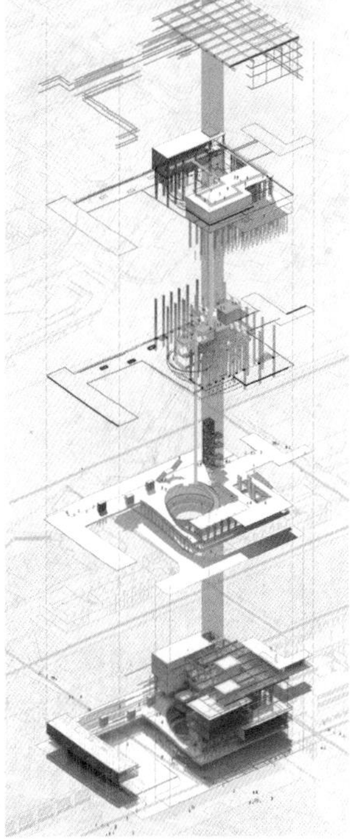

广州美术学院
建筑艺术设计学院

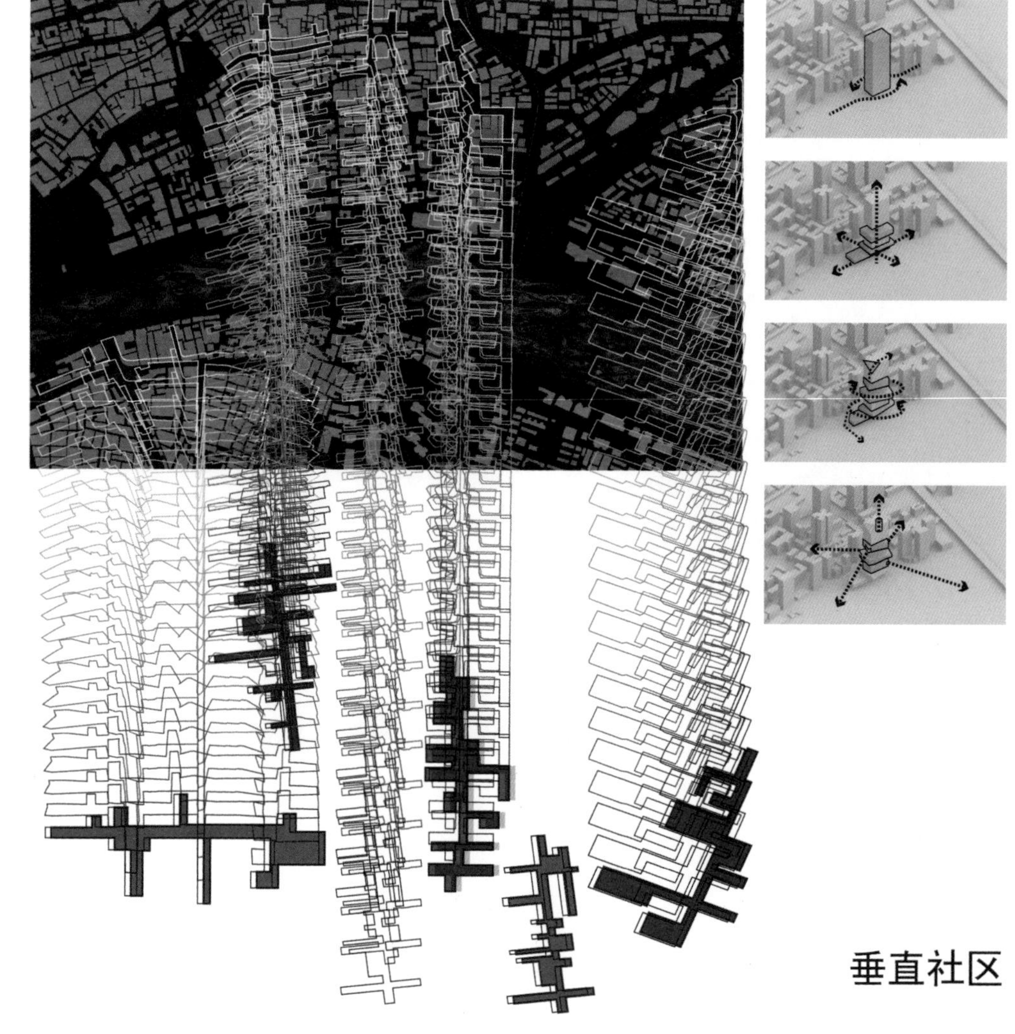

垂直社区

作　　者　　陆朝祺
指导老师　朱应新 许牧川 陈　瀚

人类一直推动着社会发展，身边的每一样事物都在不断迭代进化当中，该作品研究的是对未来社区商业迭代的可能性探讨。受互联网、大数据、人工智能等技术的影响，未来社区商业的营销模式甚至营销架构都将会发生变化；人们从以往的物质消费逐渐转变为情感消费和精神消费。随着城市的发展，用地、交通问题突出，于是社区商业萌生了往垂直方向发展的可能。通过对垂直社区的研究，重新定义社区与商业的关系，使社区商业实现对附近社区的积极反哺作用，达到社区与商业共生共赢的效果。

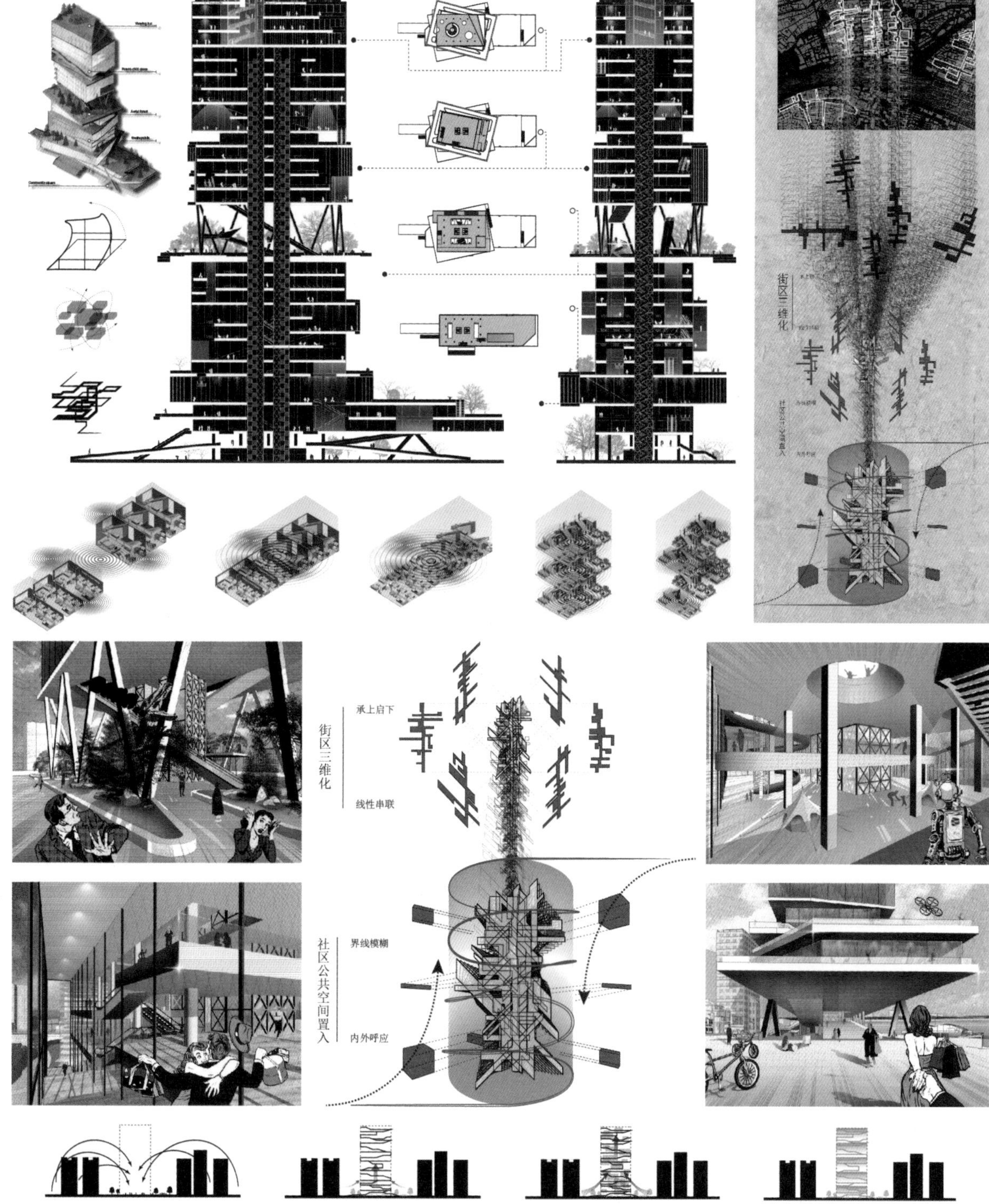
街区三维化
承上启下
线性串联
社区公共空间置入
界线模糊
内外呼应
Community square
Surrounding the streets
Community shops are distributed along the street
Placing interesting scenes

广州美术学院
建筑艺术设计学院

合·子
广州美术学院大学城校区宿舍改造

作　　者　许文超

指导老师　罗子安　王　铬　李　芃　鲁鸿滨

当今大学生活越加丰富，宿舍越加成为学生在大学生活里的重要空间。学生的生活与活动大部分皆在此区域进行。如今学校宿舍的多功能化，但是面向广州美术学院这一美术专业方向更加专一的院校，现有的宿舍区域架构与功能空间已经不能满足美院师生的要求。

根据宿舍的空间研究和场地调研，对广州美术学院宿舍空间进行重新分类和改造：（1）可产生的更多活动；（2）研究广美宿舍空间内不同围合造成的人数对活动的影响；（3）研究广美宿舍内学生群体活动与个体活动形成的氛围。目的在于尝试极致化集体与个人空间以二元化激发艺术活力。打破现代传统宿舍统一的、局限的格局。研究宿舍功能的多样化，并通过聚空间与分空间，将人数的极致多与少带来的氛围、活动、视觉和心理冲击。用群居与独居组合来创新宿舍，尝试在空间上的合与分，人群的众与独，来激发生活与艺术活力，使空间有艺术催发效果，形成以广美宿舍为中心的艺术发生器。

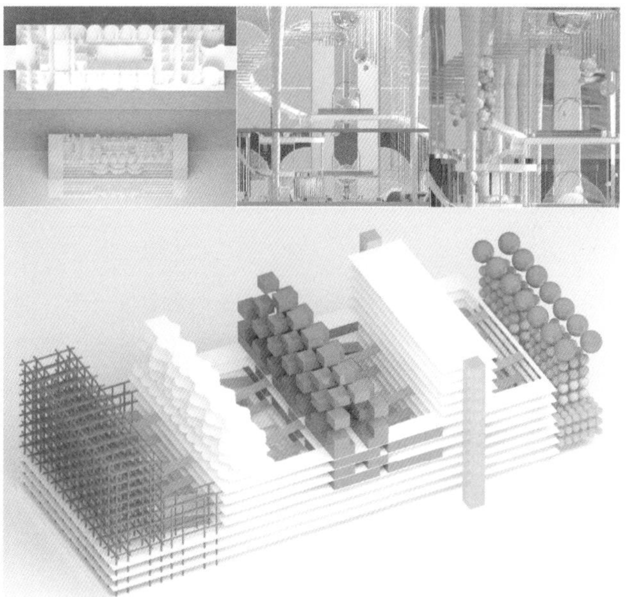

广州美术学院
建筑艺术设计学院

浅浪

作　　者　万裕琪 崔天使 陈　彬

指导老师　陈　瀚

广州作为沿海开放城市，拥有丰富的服饰商贸历史背景和独特的水文环境。我们提取了海和水的元素，通过曲线、弧线和圆形的几何转译。将广州人们骨子里带着的一些柔和内敛和包容万千的性格表达出来。如海水漫过沙滩之时的流动状态，将灵感转化，组合成为多变的空间、色彩和肌理。曲线和弧线的形态模拟了海和水的自然形态。

网红、新潮、拍照、高辨识度。分析周围的商场，天河城作为老牌商业体，以品牌齐全为特点，天环广场走轻奢高档路线，正佳以体验式购物为特色，相较于这些商场，维多利没有太明确的特色。将优衣库脱离常规的想法，转变角度，让优衣库本体成为新的地标和吸引点。同时结合时下大热的交互式装置，交互体验，或许会碰撞出不一样的火花。

SALE
UNI QLO

UNI
QLO

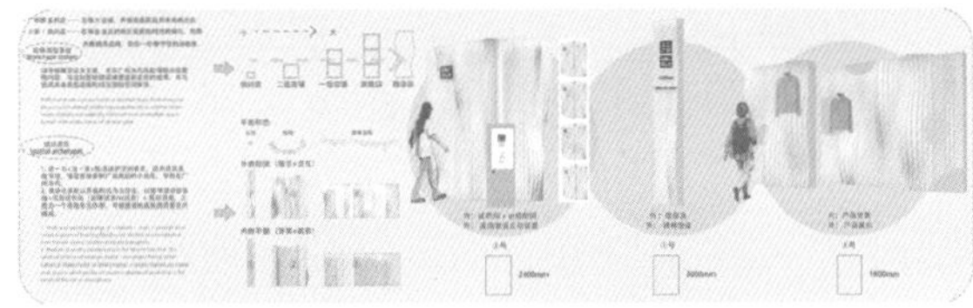

UNI
QLO
KIDS
DIY
Handmade

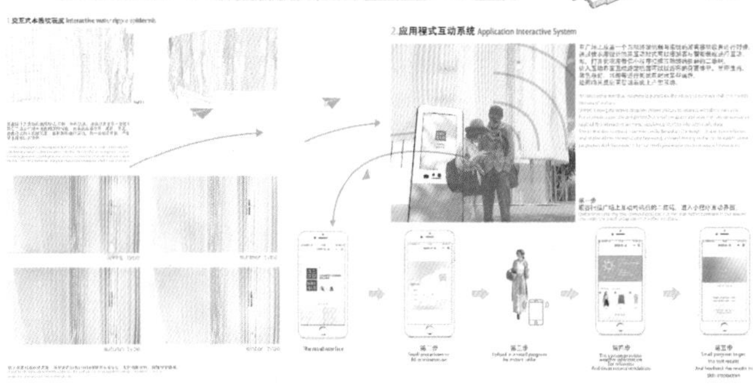
2 应用程式互动系统 Application Interactive System

广州美术学院
建筑艺术设计学院

OASIS

作　　者 黄　砚 李方智 罗宇聪

指导老师　　　　许牧川 肖毅志

本次方案是对广美湖畔、美术馆与行政楼交汇处的场地激活与改造，我们针对目前大学普遍的公共空间失落性问题与广美学子对校园生活的功能需求，思考作为校园的公共性建筑如何与场地融合、如何使校园主体师生受益，又如何向外界良好地传播校园特色。本次设计，我们尝试以“消隐”、“融合”、“生态”的概念，模糊建筑体与场地边界，使场地除承载影像厅功能外，还是校园师生展示、各类活动的发生场地，结合学校各专业特色，形成对跨专业的空间表达，如交互展示等体验式设计，同时也成为外界了解广美校园生活的载体，更好地传播校园文化特色。

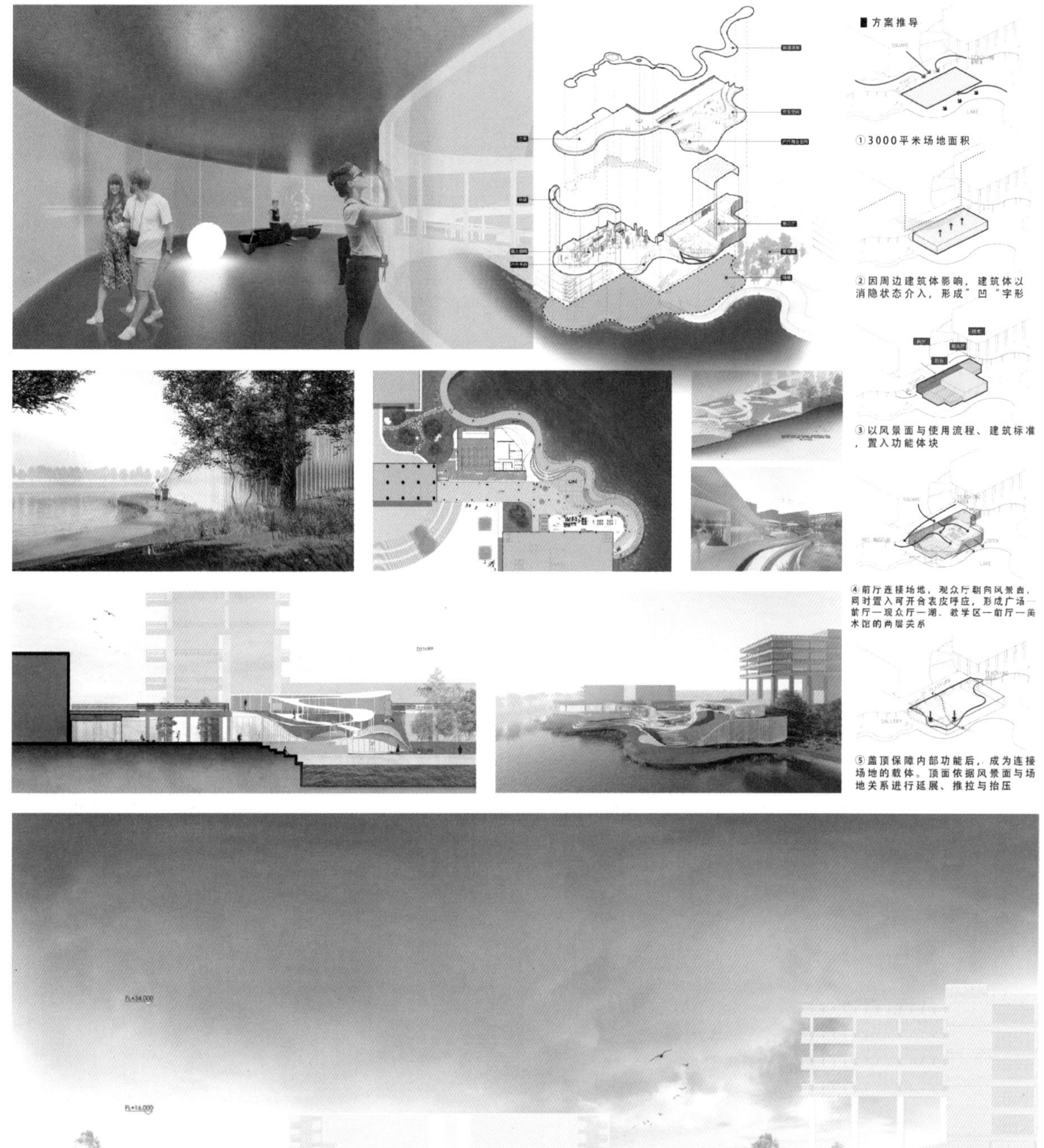
方案推导
SQUARE
LAKE
①3000平米场地面积
②因周边建筑体影响，建筑体以消隐状态介入，形成"凹"字形
③以风景面与使用流程、建筑标准，置入功能体块
SQUARE
ART MUSEUM
OPEN
LAKE
④前厅连接场地，观众厅朝向风景面，同时置入可开合表皮呼应，形成广场—前厅—观众厅—湖、教学区—前厅—美术馆的两层关系
TEACHING AREA
GALLERY
⑤盖顶保障内部功能后，成为连接场地的载体。顶面依据风景面与场地关系进行延展、推拉与抬压
FL+34.000
FL+16.000
FL+6.500

广州美术学院
建筑艺术设计学院

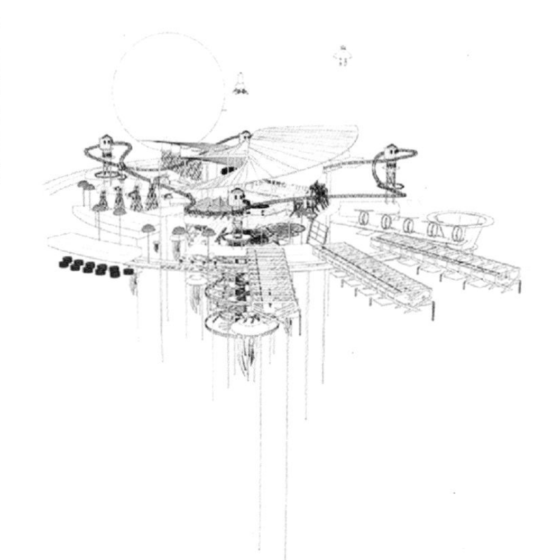

MAGITea
未来茶空间设计

作　　者 黄　灿

指导老师　刘志勇

人类发展史，从生活意义上讲，催生出代表时代精神属性的一种普世饮品，两河流域农耕文明产生了平和的啤酒，希腊罗马城邦帝国热衷浓郁的葡萄酒，地理大发现殖民时期喝上了刺激的威士忌，理性启蒙时期流行时尚的咖啡，近代的华夏茶文化。饮品可以揭示过去，同样，它能构想未来。

通过特质化安吉白茶的跨时空创想，出现在我们面前的是：

一杯杯生命科学的茶饮料，
一幕幕虚拟现实的茶空间，
一片片智能整合的茶产业，
以及：
一座座生产销售的科技控，
一波波生态人文的网络链，
一层层超越文本的魔幻云。

MAGITea

Phantasisland
造梦城

作　　者　　　张梓泰

指导老师　温颖华 宋方舟

两端叙事与历史的交错，从2199年的虚构垃圾城市世界开始，追溯到1943年垃圾的诞生以及到冒险游乐场的演变历程，从兴起推广到渐渐消失。在这样的虚构和背景之下，穿插一个叙事性的设想提出疑问，孩子们在城市中的新乐土会是一种怎样的状态，尝试去构想一片属于孩子们自己的乌托邦天地，承载过去的精神而结合到当下的背景，根据设计的理念去寻找合适的场地。

叙事的推动通过三部曲来进行，从乐土的诞生到逃离是一种创造，通过材料的不同特性提出不同的设想，以废弃材料为媒介作为切入，孩子们可以搭建属于自己的天地，可以走进不同的怪异世界。这种创造不仅是一种废料的再造，更是一种内心世界的创造和圆梦，造梦城内外的反差，白天黑夜的不同状态又是一种父母与孩子的某种内心丝连，其诞生也许成为城市里的一颗最美星星，属于孩子们的星星。

一群不同职业身份的人，他们诉说着自己的心声，工程师叹息着建筑的拆迁，工人麻木了机械化的工厂造作，厨师为了最美好的一道菜舍弃许多少有瑕疵的食材，音乐家上街追寻自然的声音等等，他们看到这些材料不断被抛弃，不断地成为机械化的程序，感叹着那份美好的丢失。

山韵

作　　者　邓子铭

指导老师　易亚运

项目地处广西桂林市七星区，所处位置呈山水环绕之势，故以山为意，建街之形，融山水中，成“山水之中”，有“山水”之理念。随着城市发展，工业化所带来的环境以及空气污染乃至人们生活压力以及节奏日益加剧，说明了当下社会环境发展趋势——绿色生态化的重要性。据此打造一处“城市氧吧”是本方案的首要追求。让城市环境得到改善，让疲劳的人们得到身心的放松。放下脚步，感受自然，感受美好。

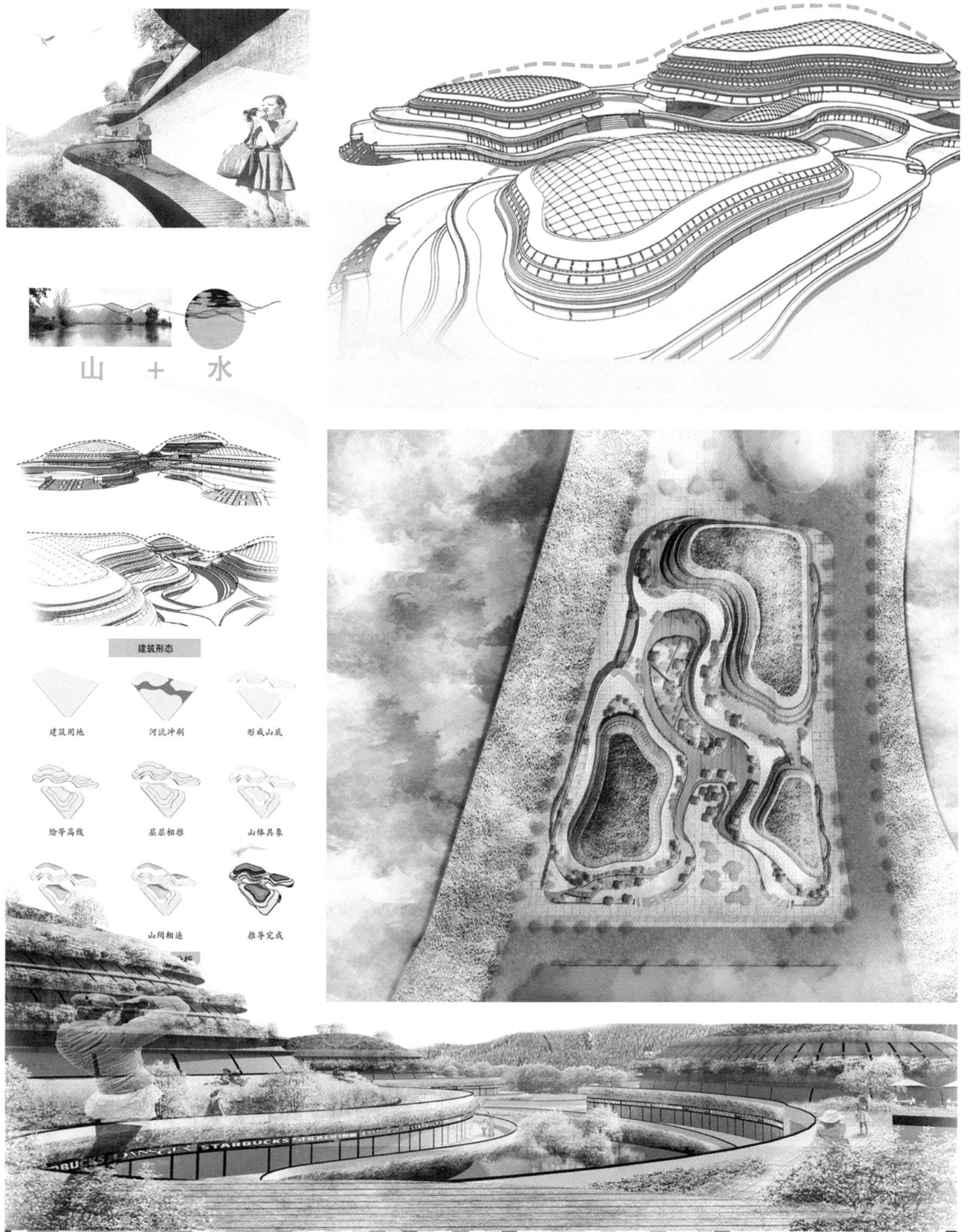
山 + 水
建筑形态
建筑用地
河流冲刷
形成山底
绘等高线
层层相推
山体具象
山间相连
推导完成

桂林理工大学
艺术学院

“翛然”
——度假别墅

作　　者 王敏雪

指导老师 赵　珏

在这个度假别墅设计中，较为注重轻松愉快的感受，让旅客慢下步伐，感受自然风味，在空间上体验通透光感，也是这次设计的重点。度假别墅是放松心情和舒适的场所，它能缓解人们工作中的疲劳和乏累。因此在视野上加大了空间纵深感，在视觉上不再是墙墙阻隔。在装饰上也没有精装，一切从简，更符合与自然的融合。主要是觉得想融入一些自然风格，一切从简，与没有刷漆的混凝土墙面，融入最开始的模样。

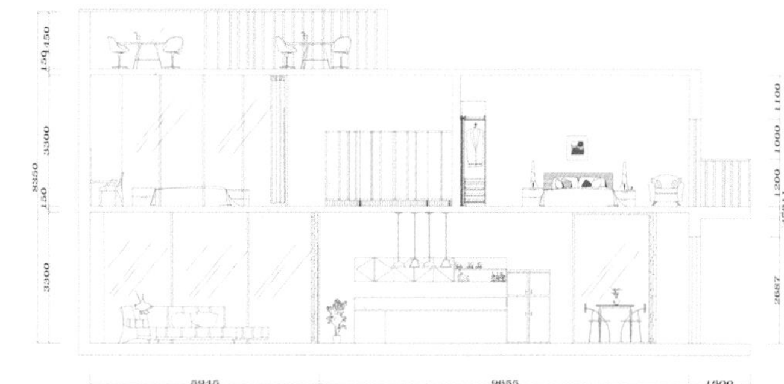
5945
9655
1600
17200

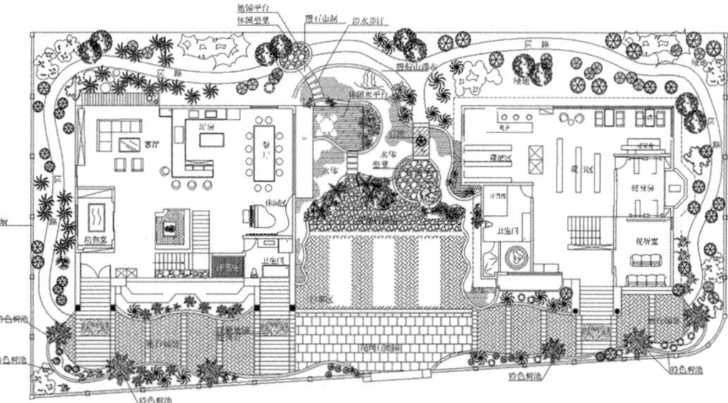

湖北美术学院

行舟曼生
——“旅游+”时代下工业遗址发展新规划

作　　者　梁丽丽 赵敏婷

指导老师　　　　尹传垠

以江西江州造船厂旧址为中心，辐射周边山体、水域、城镇为设计场地，探索“旅游+”的全新模式，联合工业遗址、生态基础设施、文创旅游、艺术活化、公众教育等范畴完成空间整体布局和规划，设计内容还包括视觉系统及深化设计地块等。

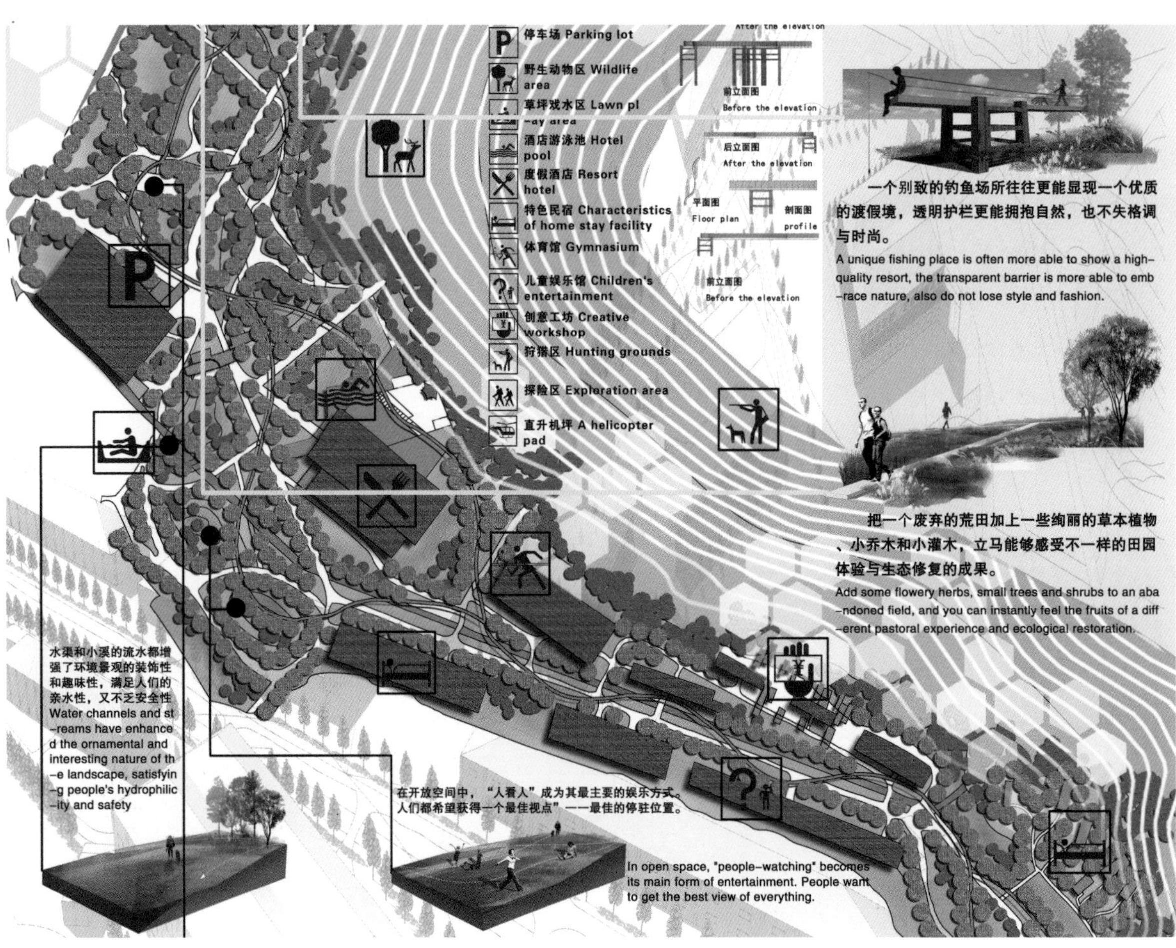

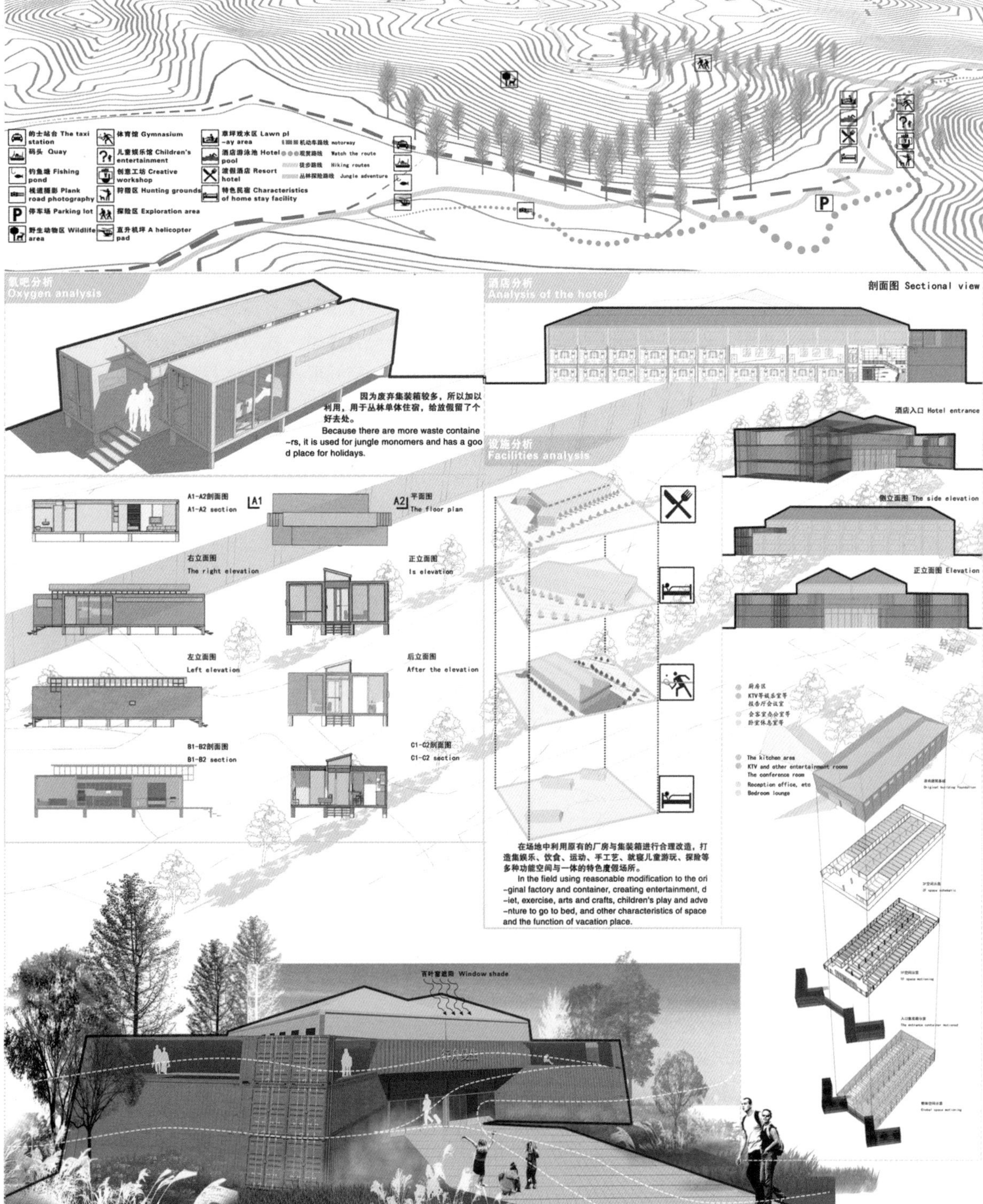

的士站台 The taxi station
码头 Quay
钓鱼塘 Fishing pond
栈道摄影 Plank road photography
停车场 Parking lot
野生动物区 Wildlife area
体育馆 Gymnasium
儿童娱乐馆 Children's entertainment
创意工坊 Creative workshop
狩猎区 Hunting grounds
探险区 Exploration area
直升机坪 A helicopter pad
草坪戏水区 Lawn pl -ay area
酒店游泳池 Hotel pool
度假酒店 Resort hotel
特色民宿 Characteristics of home stay facility
机动车路线 motorway
观赏路线 Watch the route
徒步路线 Hiking routes
丛林探险路线 Jungle adventure
氧吧分析 Oxygen analysis
因为废弃集装箱较多，所以加以利用，用于丛林单体住宿，给放假留了个好去处。
Because there are more waste containe -rs, it is used for jungle monomers and has a goo d place for holidays.
A1-A2剖面图 A1-A2 section
平面图 The floor plan
右立面图 The right elevation
正立面图 Is elevation
左立面图 Left elevation
后立面图 After the elevation
B1-B2剖面图 B1-B2 section
C1-C2剖面图 C1-C2 section
酒店分析 Analysis of the hotel
剖面图 Sectional view
酒店入口 Hotel entrance
侧立面图 The side elevation
正立面图 Elevation
设施分析 Facilities analysis
在场地中利用原有的厂房与集装箱进行合理改造，打造集娱乐、饮食、运动、手工艺、就寝儿童游玩、探险等多种功能空间与一体的特色度假场所。
In the field using reasonable modification to the ori -ginal factory and container, creating entertainment, d -iet, exercise, arts and crafts, children's play and adve -nture to go to bed, and other characteristics of space and the function of vacation place.
The kitchen area
KTV and other entertainment rooms
The conference room
Reception office, etc
Bedroom lounge
百叶窗遮阳 Window shade

湖北美术学院

夹缝重生

作　　者　　李格格 祝楚雯

指导老师　向明炎 王鸣峰 梁竞云 晏以晴

我们选择了湖北省武汉市江夏区栗庙路栗庙新村社区作为研究对象，它位于湖北美术学院新校区附近。社区公寓楼缝隙空间中肆意搭建临时简易建筑，它们严重堵塞了交通，加剧了社区空间逼仄程度，存在极大的消防安全隐患。我的方案以轻质插入体的方式呈现；空间上向上垂直生长，或向内植入增加；空间形态灵活，相似又不同。并且尽量回应居民从传统生活中留存的集体记忆，融于群众生活，维护居住社区整体性。

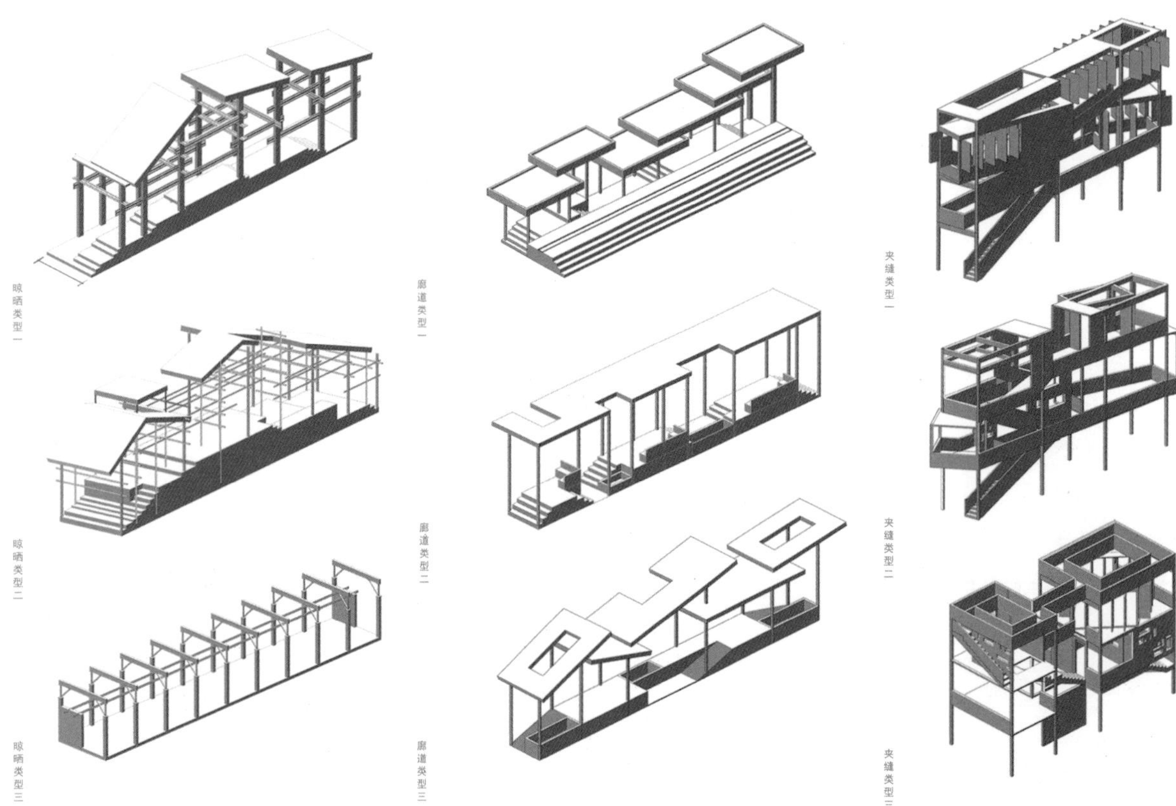

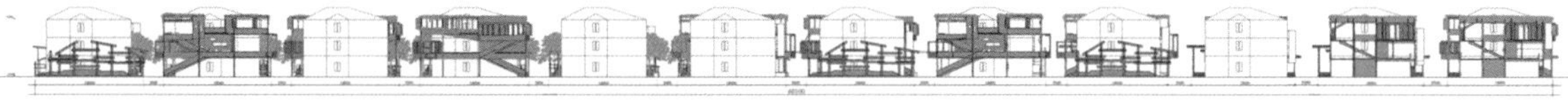

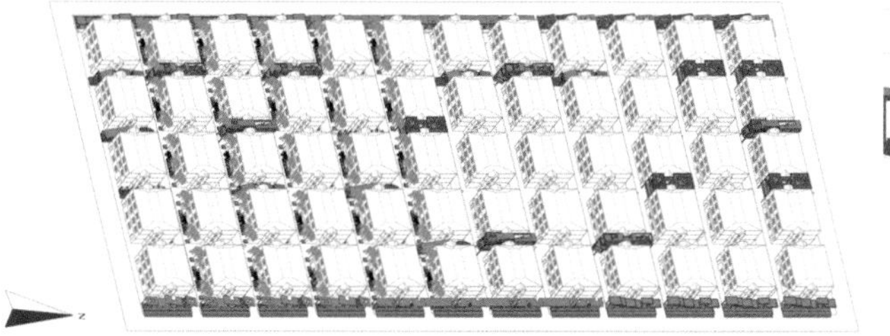

12:00

学生小a下课之后来村里觅食，走进连廊

住户小b趁着上午的阳光晾晒衣物

店主小c店铺开张，在门前的连廊中与隔壁店主聊天

14:00

下午在夹缝中阅读的阅读室阅读

午后在夹缝中的茶室约会聊天

休息时间带着孩子玩耍

16:00

不知不觉走到下一处夹缝中偶遇同学

回家途中路过了在下棋娱乐的邻居们

傍晚回家顺便收拾晾晒好的衣物

18:00

逛累了在秋千上休息，荡荡秋千

快到家了，在家门口看看菜圃长势如何

晚饭后小c继续在这里工作

湖北美术学院

翠幕风微
——汉阳古城商业街区建筑外立面改造

作　　者　梁丽丽 王鸿博

指导老师　　　　尹传垠

建筑空间符合整体业态布局，功能满足居民休憩、购物、餐饮等多种消费娱乐方式且具有一定变通性。AI、A2、B1、B2 四个单体建筑与整个建筑群体风格保持一致，在外部空间上（主要在建筑外立面）运用艺术手法，使其具有观赏性。外部墙体大面积采用玻璃材质，营造通透开放性的空间，建筑二楼连通廊道，A1 设置露天平台，供游客户外体验，沿边设置绿植，既可观赏又形成半开放型活动空间。

PANDORA PANDORA PANDORA

MARC ROZIER
MARC ROZIER
innisfree

LOUIS VUITTON
LOUIS VUITTON

ZARA
COFFEE

innisfree
innisfree
innisfree
PANDORA
PANDORA
PANDORA

湖北美术学院

"时空"药剂·"微创"空间
——武汉市历史文化历史街区微空间改造设计

作　　者　王潇璇 杨　坦

指导老师　　　　尹传垠

本次设计的微空间中空间存量有限，但需求空间较多。首先，为有限的空间植入居民亟须的活动、展示、交流等空间，本案利用构造逻辑的可变性，以及潮汐时间的多维度性，将上述空间在不同时间以不同形式布置，有效地节约和丰富微空间中的需求空间。其次，设计也关注微空间的环境问题，将生态理念植入设计中，利用雨水回收，生态绿化提高微空间中的微气候，微生态。最后为增强在地设计的文化性，本案先通过调研收集代表微空间的文化元素，再结合当代的材料，构造手法等方式植入设计中，将设计锚固在武汉伟英里所在的历史文化街区发展中的长河中。

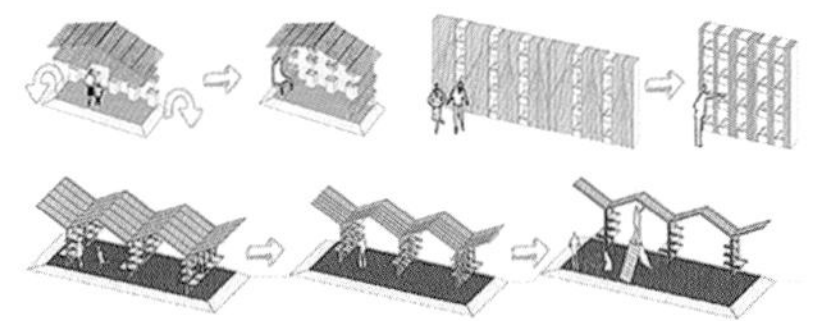

空间去边界·探讨

作　　者　陈凯茵 谢金花 麦倩欣

指导老师　晏以晴

试图通过大量的对比和尝试，试图去探索园林空间的“不可思议”，然后将这些手法归纳总结，运用在自己的设计中。不仅能学习古典园林，而且试图将园林空间用在自己的设计中。更有意思的是园林空间，边界极为明显。砖石结构几乎没有参透性，即便孤立也能成景。钢架玻璃结构和木结构的建筑等同于渗透性建筑，没有围墙不能轻易成景。如何能创造“移步换景”边界模糊的建筑便成为关键。试图探究不同边界处理的方法，让建筑与自然更加融洽，同时又不失去移步换景。没有了这个界限，建筑是否能与人更加亲近？

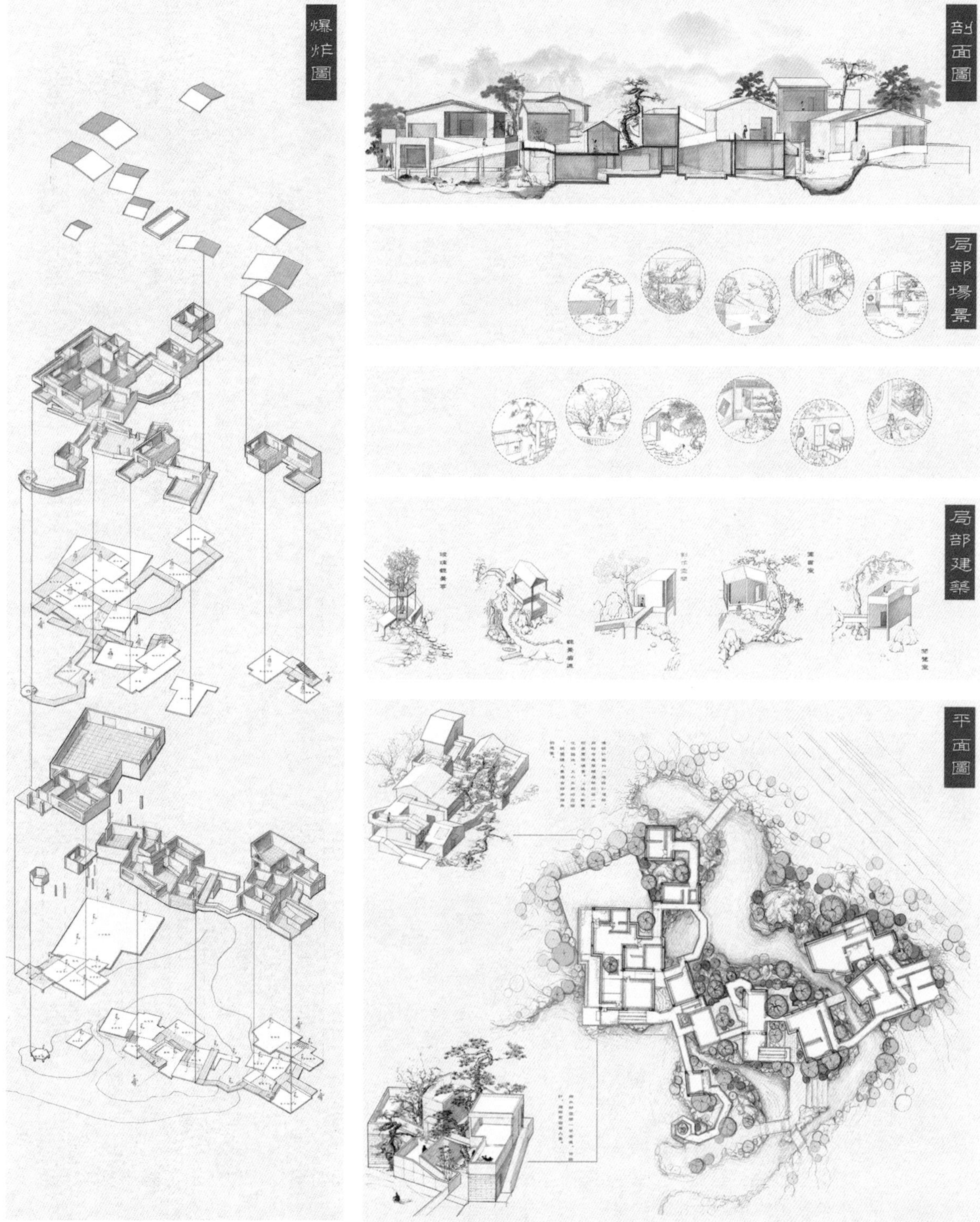
爆炸圖
剖面圖
局部場景
局部建築
平面圖

Wandering Galaxy
——漫步银河电影院方案设计

作　　者　史希超

指导老师　许　奋

湖北美术学院

本设计方案以漫步银河电影院为主题，以水母生物等为造型元素，以极具科技感的空间为承载，打造一个太空银河空间的电影院，旨在让人们享受这种艺术与科技互融互通的氛围，也响应了本届年会跨界·融合的主题。

水何澹澹·山岛竦峙

作　　者　黄笑筠　唐国绩

指导老师　　　　吴　珏

本组方案在武汉南岸嘴建筑的建造中，建筑风格体现历史的传承和现代文明的发展。讲求建筑与自然、市民生活和谐地融为一体，舒适的生活是我们更高的追求。山形的建筑形态可以完美地融入南岸嘴的自然环境中，通过玻璃幕墙的表现方式若隐若现，让建筑彰显在环境之中又不会太过突出破坏建筑与环境的协调性，让建筑可以通过与环境的交流更富灵气神韵。通过建筑的体量感与两江对岸的建筑产生强烈的层次感，融入环境的同时，通过与建筑的对比，让建筑更加具有标志性。

Location
Status analysis
Site analysis
Source of inspiration

湖北美术学院与华中农业大学

“自然而然”
——上鲁村小学改造计划

作　　者　蔡尚志 贺敏文

指导老师　　　　周　彤

2016 年自然教育行业报告统计，在 3379 份问卷中，有 54% 的公众了解过自然教育且有 90% 的公众表示愿意参与体验自然教育，多项数据表明自然教育的良好前景。鄂州市梁子湖区，上鲁小学仅有两个班级仍在使用，过半的空间废置，2km 外的细屋熊村正如火如荼地进行着“美丽乡村”建设。

依托上鲁小学与细屋熊村之间良好的自然地理资源，设计对上鲁村小学进行了适应性改造，设立自然教育路径，设置饲养站、观鸟站等作为休憩构筑，以期形成“居民－学校－自然教育－居民”的拓展路径，加强乡村间的资源共享，发展属于上鲁村的自然教育体系。开放式的教育环境，有助于多学科门类（诸如生态学、植物学、鸟类学）介入并服务于乡村教育。上鲁小学作为“桥梁”连接并融合了本村与他村、本地与外地的人群。

吉林艺术学院

上善若水
水文化生态园游客服务中心设计

作　　者　杨嘉宇

指导老师　刘　岩

对长春水文化生态园游客服务中心设计，满足游客服务中心的引导功能、服务功能、游憩功能、集散功能、解说功能、其他功能等。是传统与时代的深度结合，在满足功能的前提下，既不失传统与本土，又能赋予新的时代内涵。是没有“空间”的空间，弱化室内与室外空间的边界轮廓。是与区域资源的巧妙融合，从长春自然元素、文化元素中提取设计元素。是文化底蕴的凸显，将文化价值延伸，体现当地独特的文化底蕴。是实质空间的提升，使空间达到精神层次的境界——大道之水。

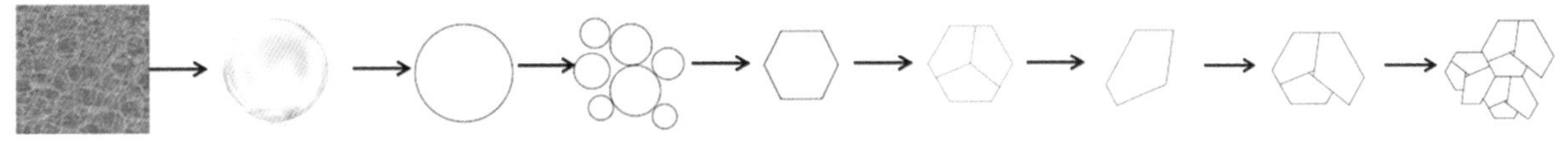

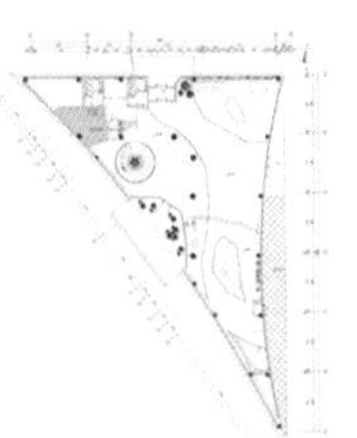

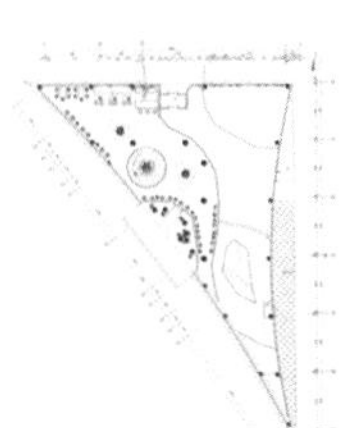

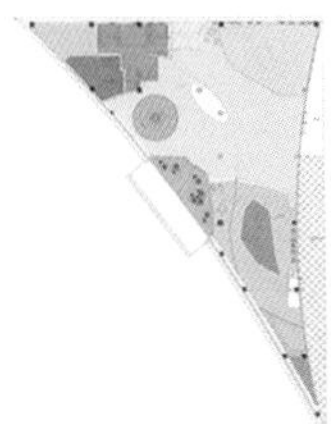

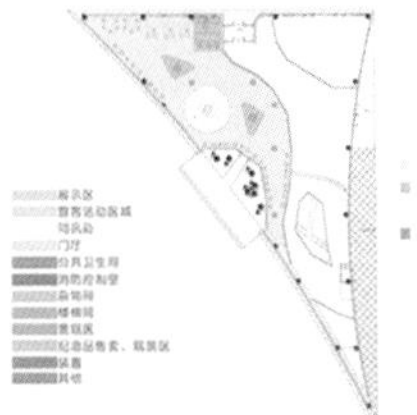

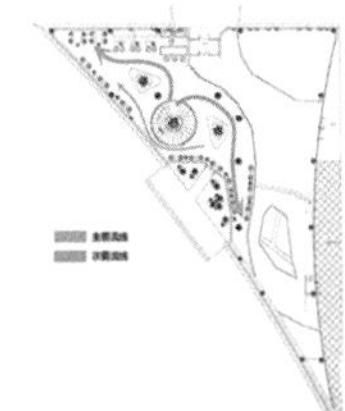

Crossover盒子（无界盒子）

作　　者　龙欣雨 潘子晨 宋　佳

指导老师　　任　杰

如何跨过时间空间的限制将传统与现代技术相融合，成为我们的思考。传统草原建筑因内部空间较为单一，功能分布较混乱。而“时变”为改善这一问题加入“空间可变”这一概念。除基础空间面积固定，牧民可依据自己需要自由改变格局。

传统草原建筑应对天气变化能力较低，导致草原人民居住舒适度较低。新型草原牧居为适应自然环境增加了“中空系统”。建筑底部架起有效防潮防湿。建筑外部以玻璃气砖构成，冬日外墙呈全封闭状态，有效防风防寒。夏季气温高，外部可全打开状态，外部墙体呈现廊柱装，使风在内部形成回流，有效降温。建筑外部仍可呈现半封闭状态，有效防止太阳直射。

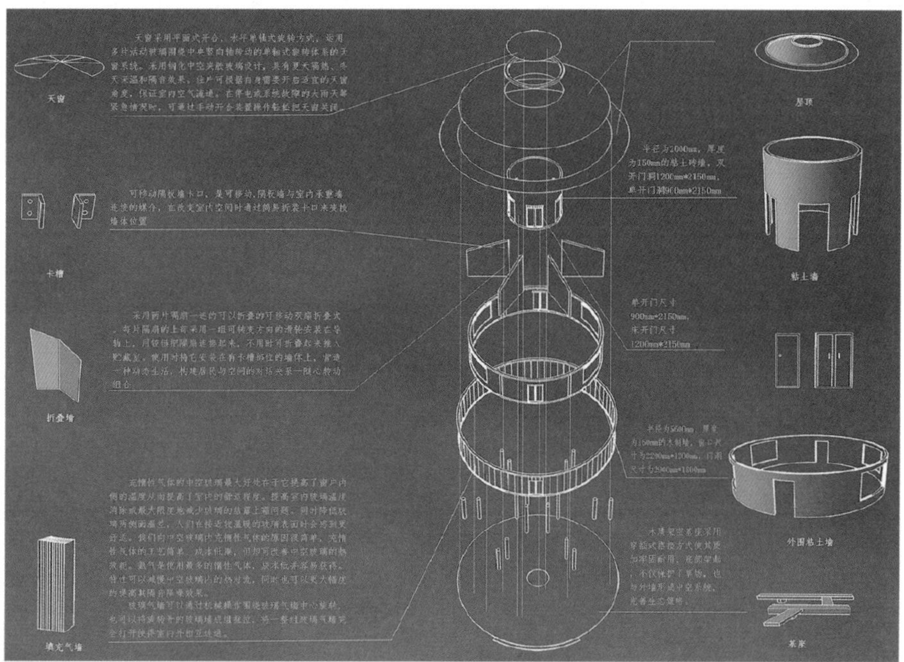
天窗
卡槽
折叠墙
填充气墙
屋顶
粘土墙
外围粘土墙
基座

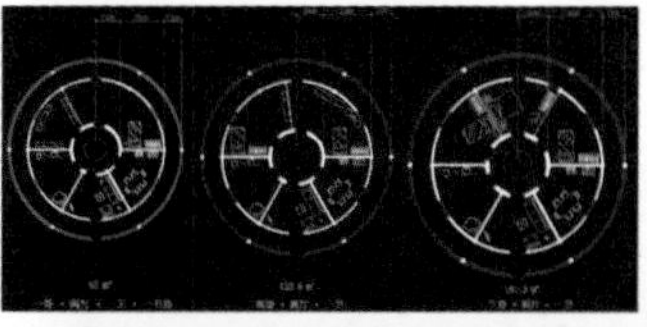

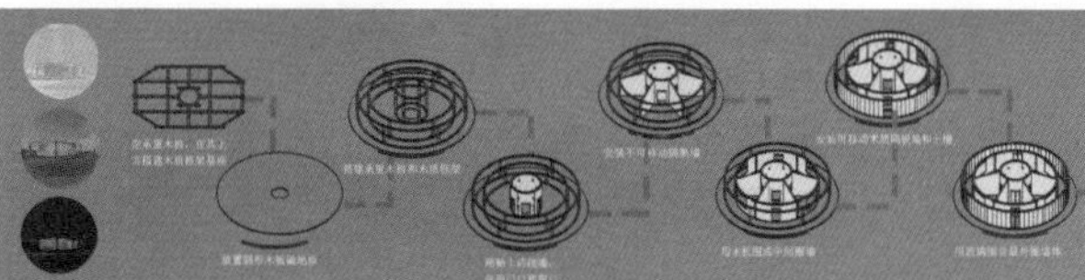

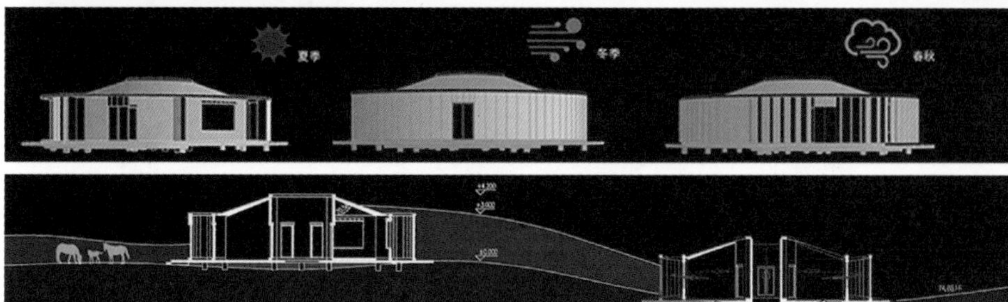
夏季
冬季
春秋

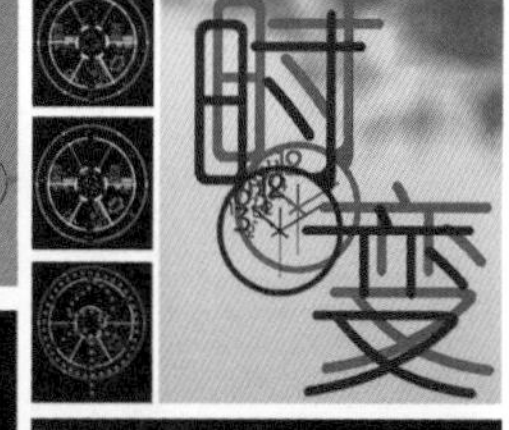
时变

山东师范大学
美术学院

济南泺源回民小区公共空间改造设计

作　　者　　　郑　磊

指导老师　葛　丹　李荣智

泺源回民小区是济南市中心地带的老居住小区，该小区与趵突泉公园相邻，地属市中区泺源街道。自元代始，此地即已成为回族聚居区。该小区公共空间改造设计的元素主要源于回族独特的回纹花式图案，还有伊斯兰教的代表三色（白色代表纯洁、蓝色代表神圣和纯洁、绿色代表吉祥）。两者与现代设计相结合，形成该小区特有的设计特点，如蓝白的地面铺装与绿地，小品也多以蓝白为主。从回纹花式图案中提取花草的曲线与蓝白玻璃搭配形成景观小品玻璃长廊，从伊斯兰建筑特色中提取拱门结构，进行简化线性与玻璃结合形成亭子，鹅卵石进行异化形成长椅。

鹅软石长椅
玻璃长廊
玻璃亭子
山水长廊
中心广场
休闲草坪
儿童活动区
休闲小广场
广场入口
休闲空间
景观湖
灯带步道
创意长廊
枫树
小枫树
樱花
灌木
榉树

苏州大学
建筑学院

长江生态文明体验中心设计
基于地域环境的建筑表达设计

作　　者　鲁家颖

指导老师　申绍杰

在本案中，传统建筑生成技术被打破，设计主题围绕双山岛文化长江文化，从“大江东流，一水双山”这一设计理念入手，选取自然山石的形态，在风与水等外力作用下自然山石会产生褶皱、裂痕，但依然维持其本体的形态整体统一、方整。

从建筑整体形态来看，长江生态文明体验中心按照旧村庄的老街和民宿区域的空间肌理来进行切割，整个建筑被分割成五个空间体块，每个体块被赋予不同的功能，建筑所有部分用混凝土材质一次浇筑成型。整个“巨石”裂开的中间部分设置成整个建筑的交通空间，中间引入水的元素，柔化边界。

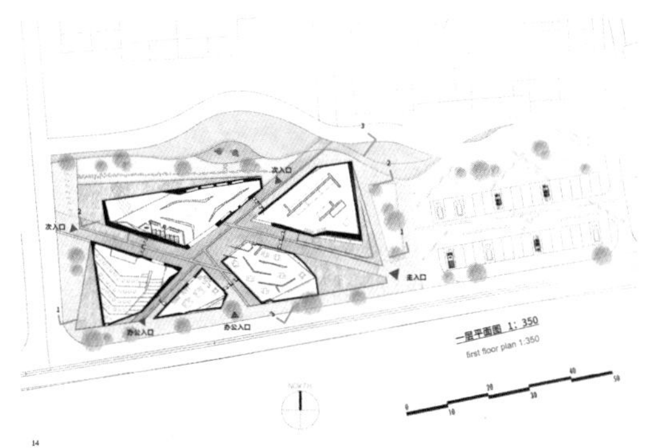
一层平面图 1: 350
first floor plan 1:350

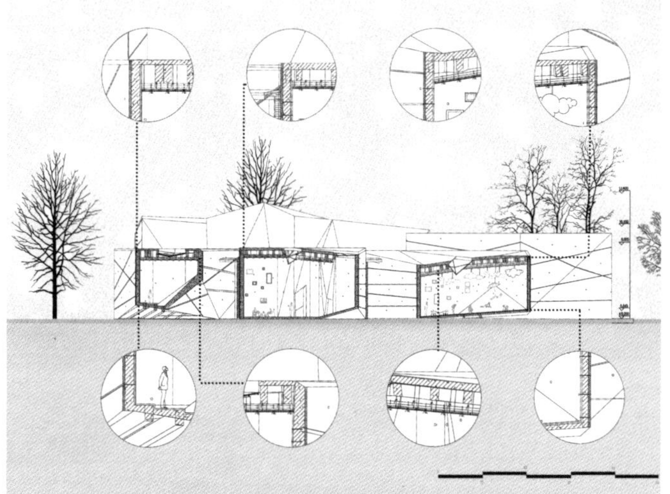

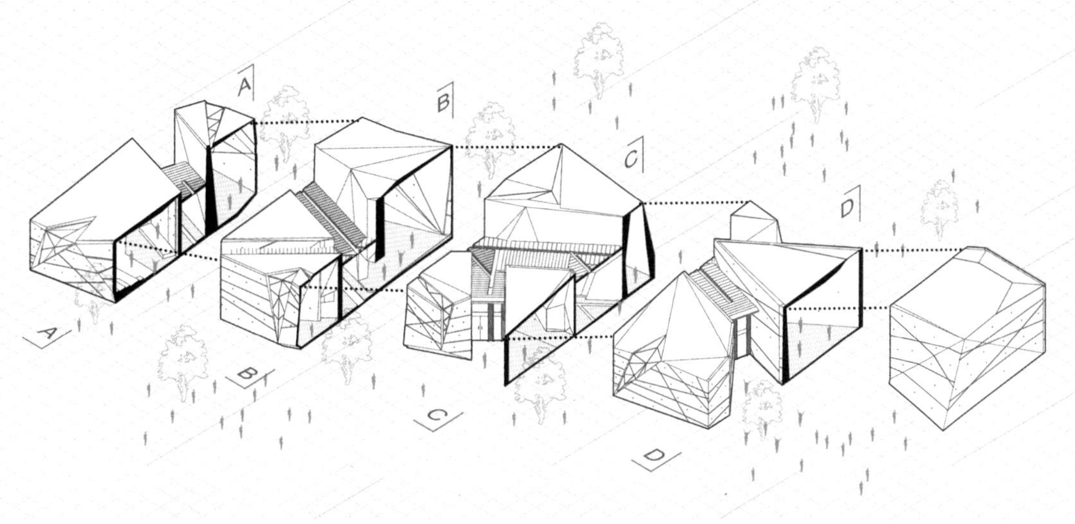
A
B
C
D

苏州大学
建筑学院

高层建筑的社区构建

作　　者 邹　玥

指导老师 陆　勤

设计从人的社会需求和个性需求出发，将社区功能集成到建筑中去，重现丰富且充满人情味的生活，使之成为一个“空中社区”。

从社区营建的角度对办公模式和居住模式进行分析，通过建筑内部公共空间的设计，实现垂直方向上微型传统社区的重建。同时，这种微型的社区模式也是对建筑城市化现象的正面回应。

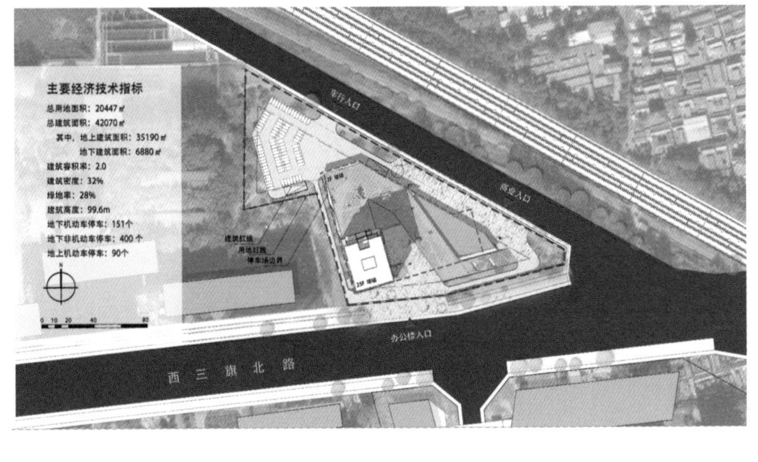
主要经济技术指标
总用地面积：20447㎡
总建筑面积：42070㎡
其中，地上建筑面积：35190㎡
地下建筑面积：6880㎡
建筑容积率：2.0
建筑密度：32%
绿地率：28%
建筑高度：99.6m
地下机动车停车：151个
地下非机动车停车：400个
地上机动车停车：90个
N
0 10 20 40 80
步行入口
商业入口
办公楼入口
西 三 旗 北 路

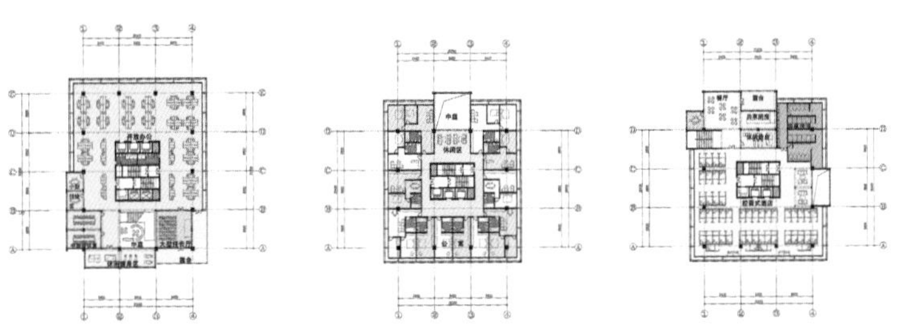
办公层平面图 1:300
公寓层平面图 1:300
胶囊酒店平面图 1:300

苏州大学
建筑学院

长江生态文明体验中心

作　　者　　景奇

指导老师　王斌　叶露

概念起源于中国传统的竹构戏台，通过对于传统戏台大空间的研究，选取适宜于当今中国乡村的空间类型，并采用大坡屋顶这一建筑形式呼应原场地。

为适应乡村中居民举办各种活动的功能需求，在餐厅这一建筑体量中植入大空间，即密斯提出的“通用空间”这一理念。并且考虑乡村项目的实际情况，选取适应施工的材料与结构形式来实现西方建筑空间形式与中国传统建构逻辑在实际乡建项目中的融合，探讨在当前乡村环境下，分析中西方文化对于通用空间设计手法的异同，思考建筑师如何通过设计手法重塑乡村公共空间的场所性，给予中国传统村落空间新的活力与思考。

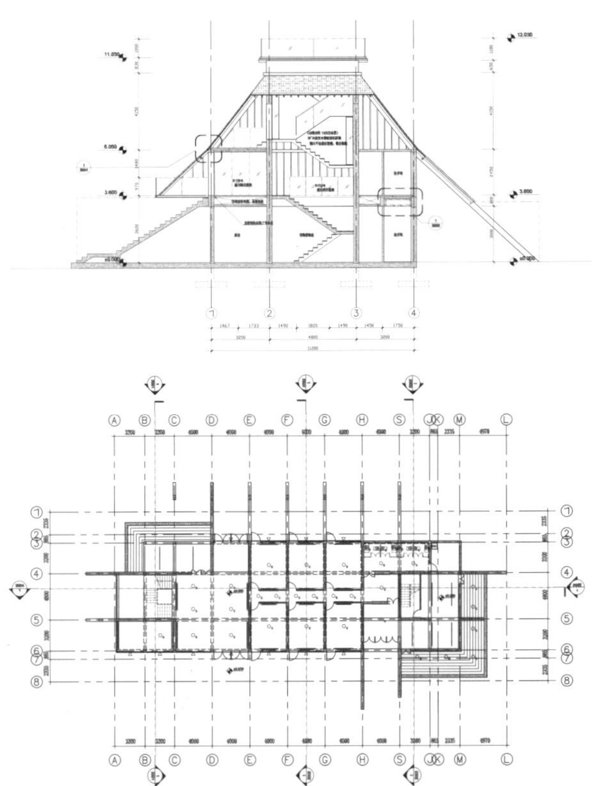

苏州大学建筑学院

渔隐书廊

作　　者　姚秉昊

指导老师　钱晓宏

方案选址位于苏州四大名园网师园（古称“渔隐”）一侧的没落街铺，希望通过书廊的介入，恢复、丰富片区内的文化生活；通过对网师园的研究分析，试图学习其中丰富的视线与路径的关系以及空间流线组织；游过网师，置身书廊之中，抛开粉墙黛瓦和花木山石，游走于书廊路径和视线的交织间，人未到而景先至，目能视而不能及，仿佛仍身处一园之中，一个如网师一般似乎永远难以游尽的园中。

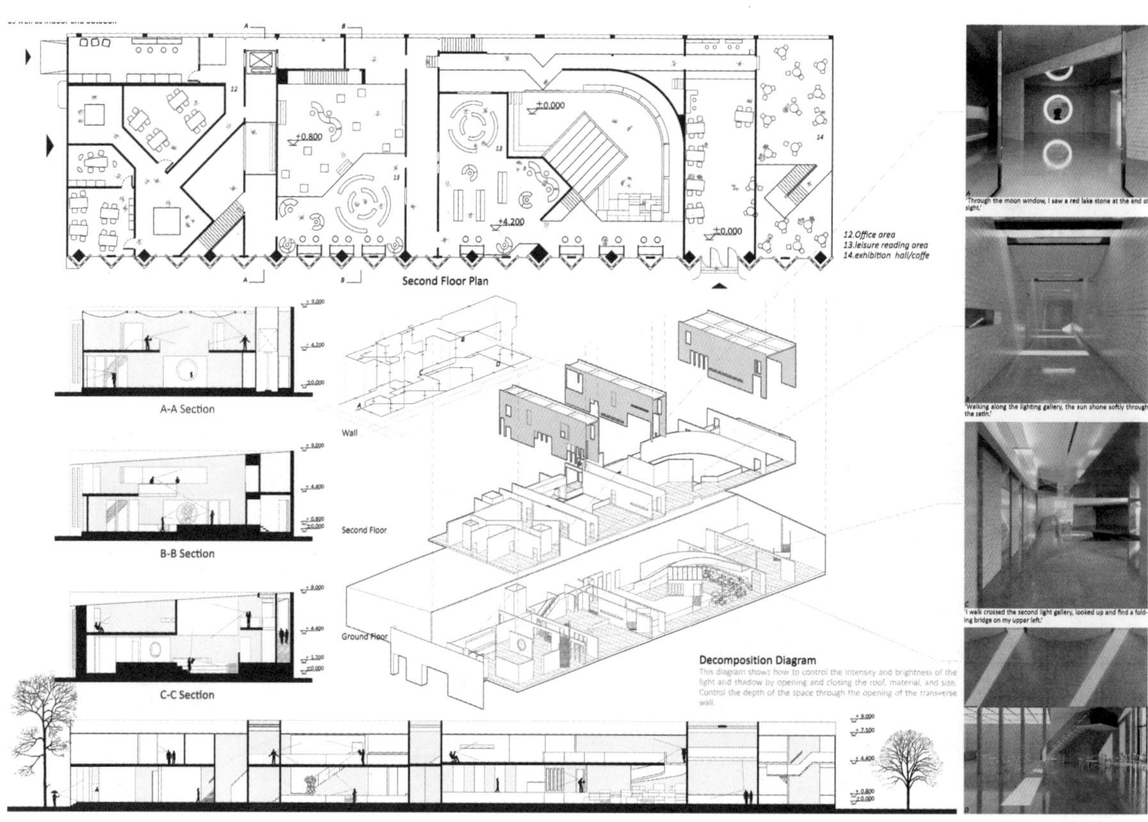

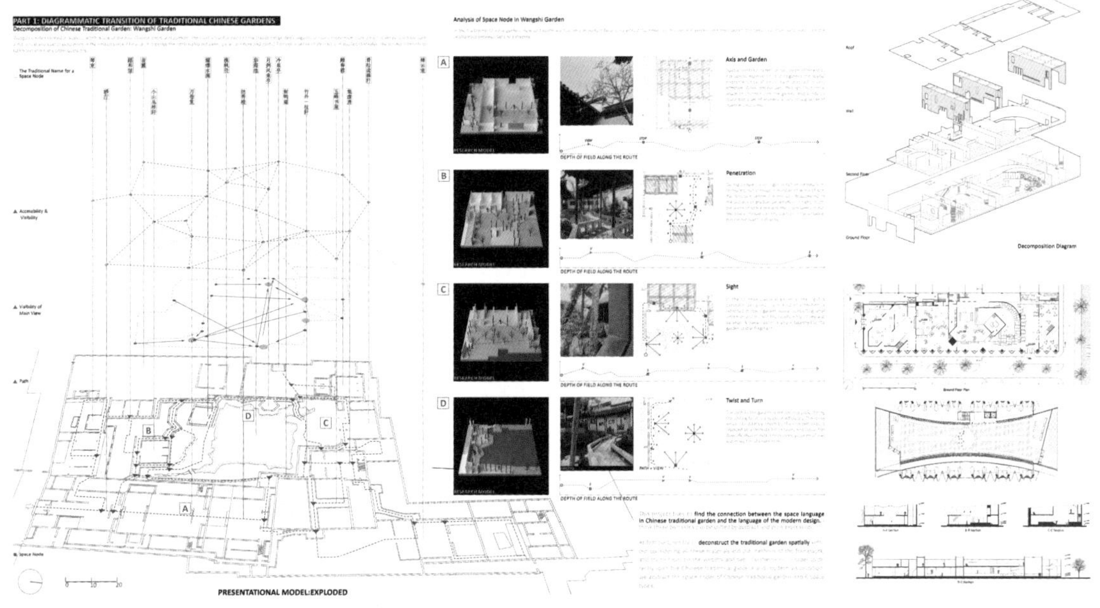
PART 1: DIAGRAMMATIC TRANSITION OF TRADITIONAL CHINESE GARDENS
Decomposition of Chinese Traditional Garden: Wangshi Garden
Analysis of Space Node in Wangshi Garden
Axis and Garden
Penetration
Sight
Twist and Turn
DEPTH OF FIELD ALONG THE ROUTE
Decomposition Diagram
PRESENTATIONAL MODEL:EXPLODED

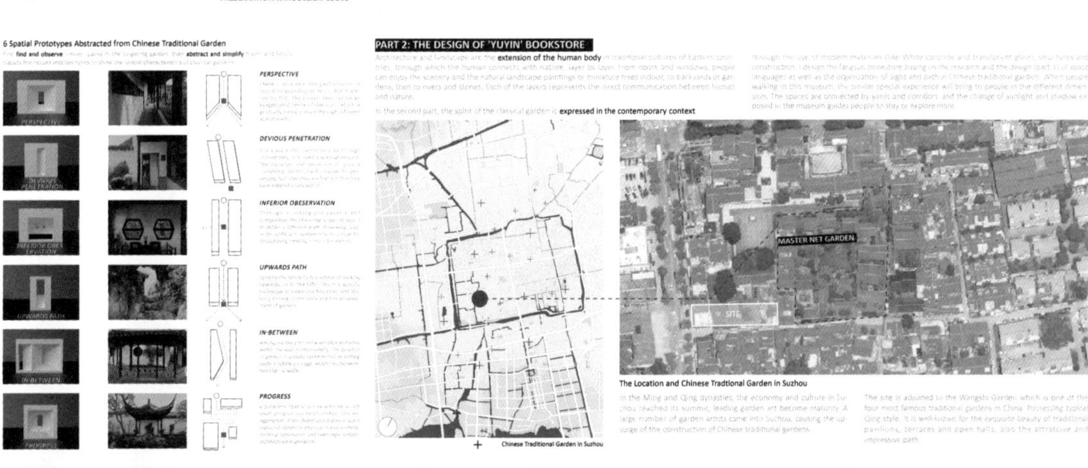
6 Spatial Prototypes Abstracted from Chinese Traditional Garden
PERSPECTIVE
DEVIOUS PENETRATION
INFERIOR OBESERVATION
UPWARDS PATH
IN-BETWEEN
PROGRESS
PART 2: THE DESIGN OF 'YUYIN' BOOKSTORE
In the second part, the spirit of the classical garden is expressed in the contemporary context
MASTER NET GARDEN
SITE
The Location and Chinese Tradtional Garden in Suzhou
Chinese Traditional Garden in Suzhou

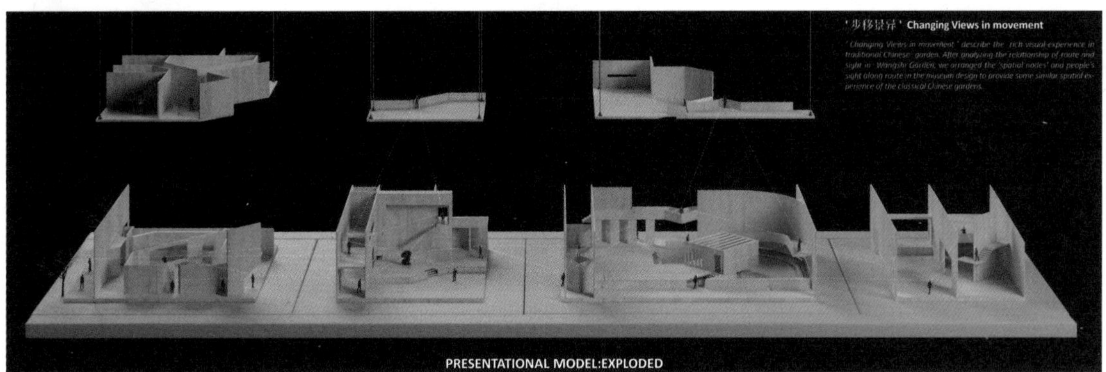
'步移景异' Changing Views in movement
PRESENTATIONAL MODEL:EXPLODED

苏州大学
建筑学院

造字法下建筑的诗意构想

作　　者　汪滢

指导老师　王纲

方案拟从探求一种以造字法和截句组诗为设计线索的框架下构建诗意建筑的可能性。这种可能性可以是具象的，好比款式之于服装，它是形式、是建造、是材料；这种可能性又可以是抽象的，好比山水之于醉翁，它是美感、是诗情、是画意。

对于这片土地，我们以建筑介入的行为，是极为敏感的，是它人工雕琢的开场白。我们处在割裂、冲撞与打破的尴尬境地，又怀着一腔参与、配合与融入的热忱期盼，带着一种宿命式的必然与逆反，坦诚又向往，自嘲于俗世，流连于山水，饮一壶酒，我们都是山水间的醉翁。那么，何不坦诚接纳？

寄山水情于酒水乐，把建筑的形态当作酒水，建筑流动的空间当作山水，它是人文的外壳，却有山水的内核，待它落成，便是写在山间的一首诗，我们这山水醉翁的身份也名副其实了。

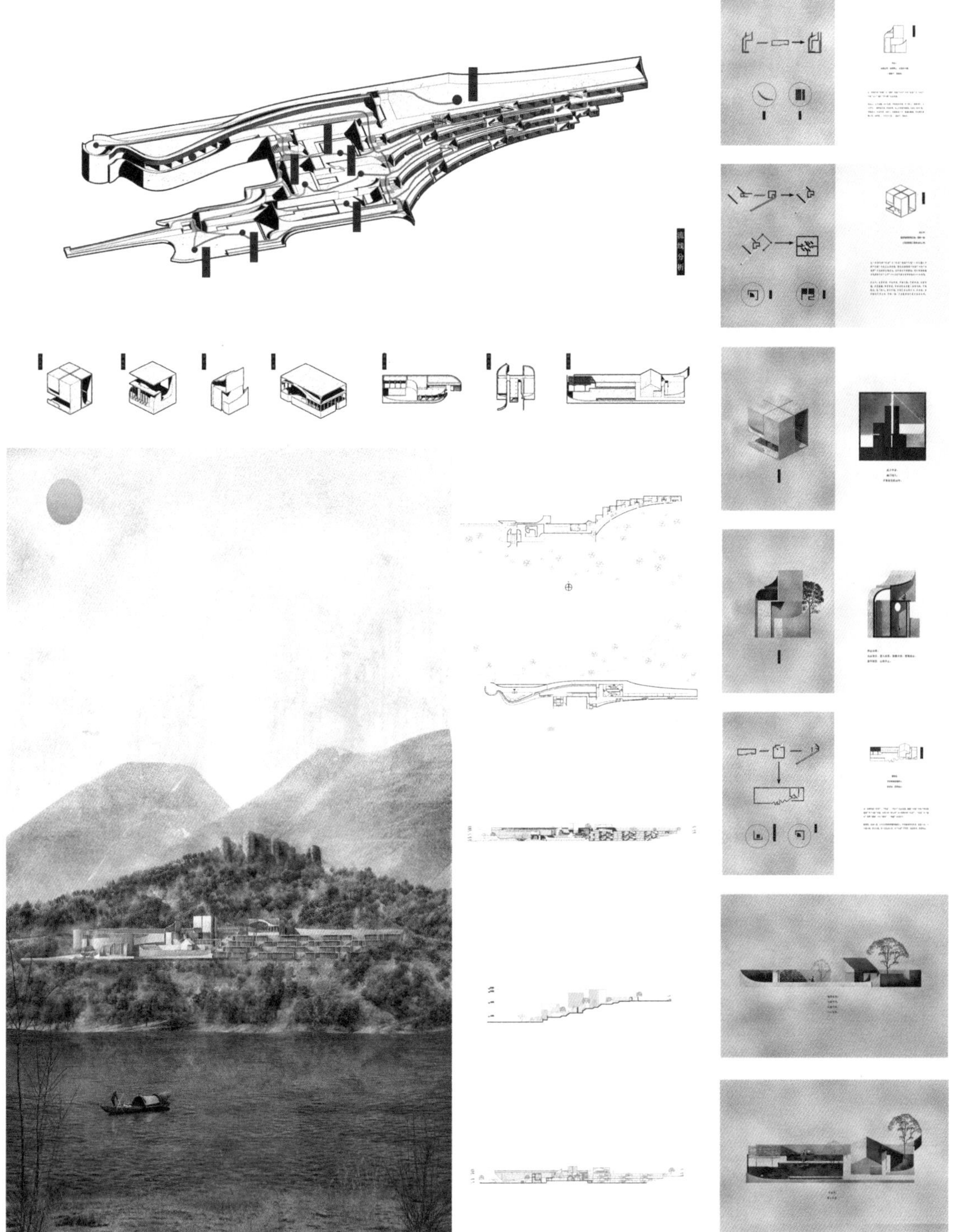

苏州大学
建筑学院

孩童与艺术家的故事

作　　者　王港迪

指导老师　王　琼

儿童艺术教育作为艺术市场的有机组成部分，也是将艺术创作者与社会人群联系的重要纽带。程序化的教学是对孩童想象力的遏制，非但不能培养孩子对艺术的兴趣，反而让他们对艺术保有的美好幻想也被打消。

艺术活动与交流才是艺术发生的地方。孩童与艺术家两者因艺术活动联系在一起，儿童艺术教育市场与文创市场之间的隔阂也随之消失。孩童、家长与艺术家将在此发生一个个有趣的故事，设计也由此诞生。

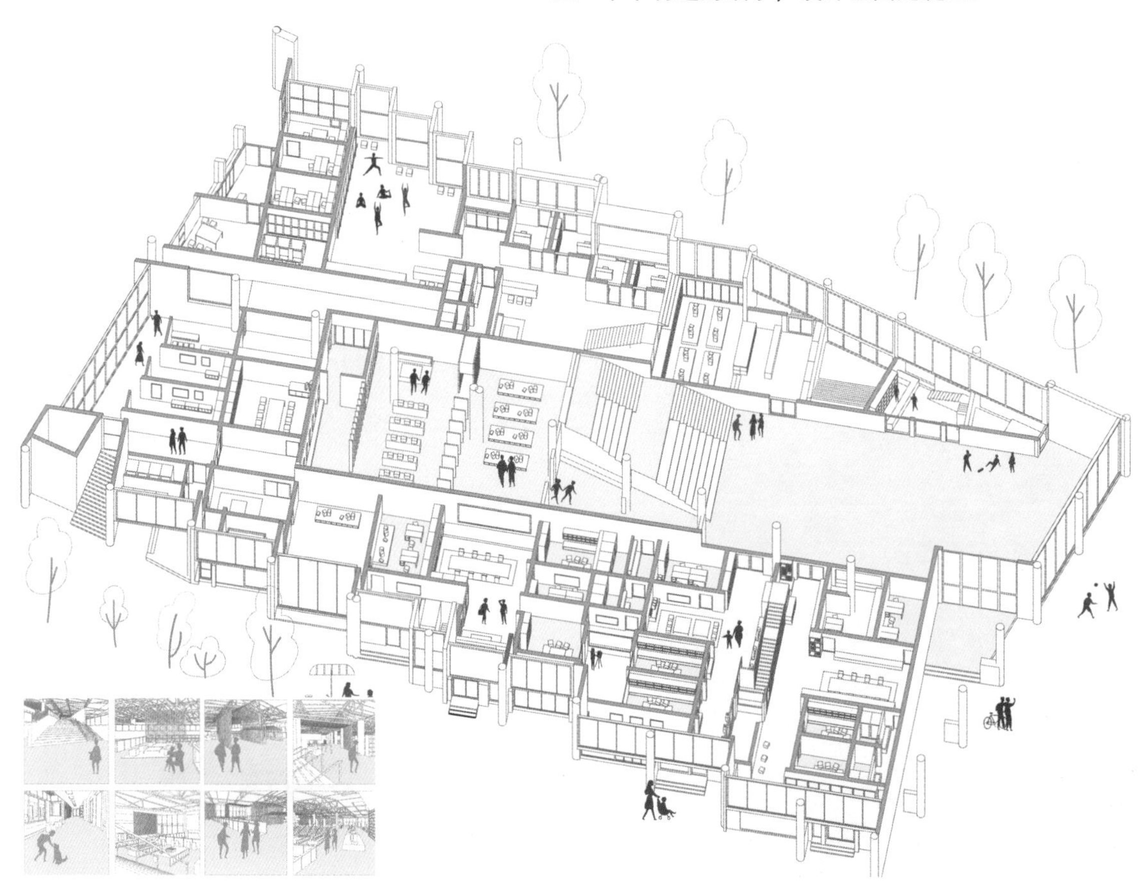

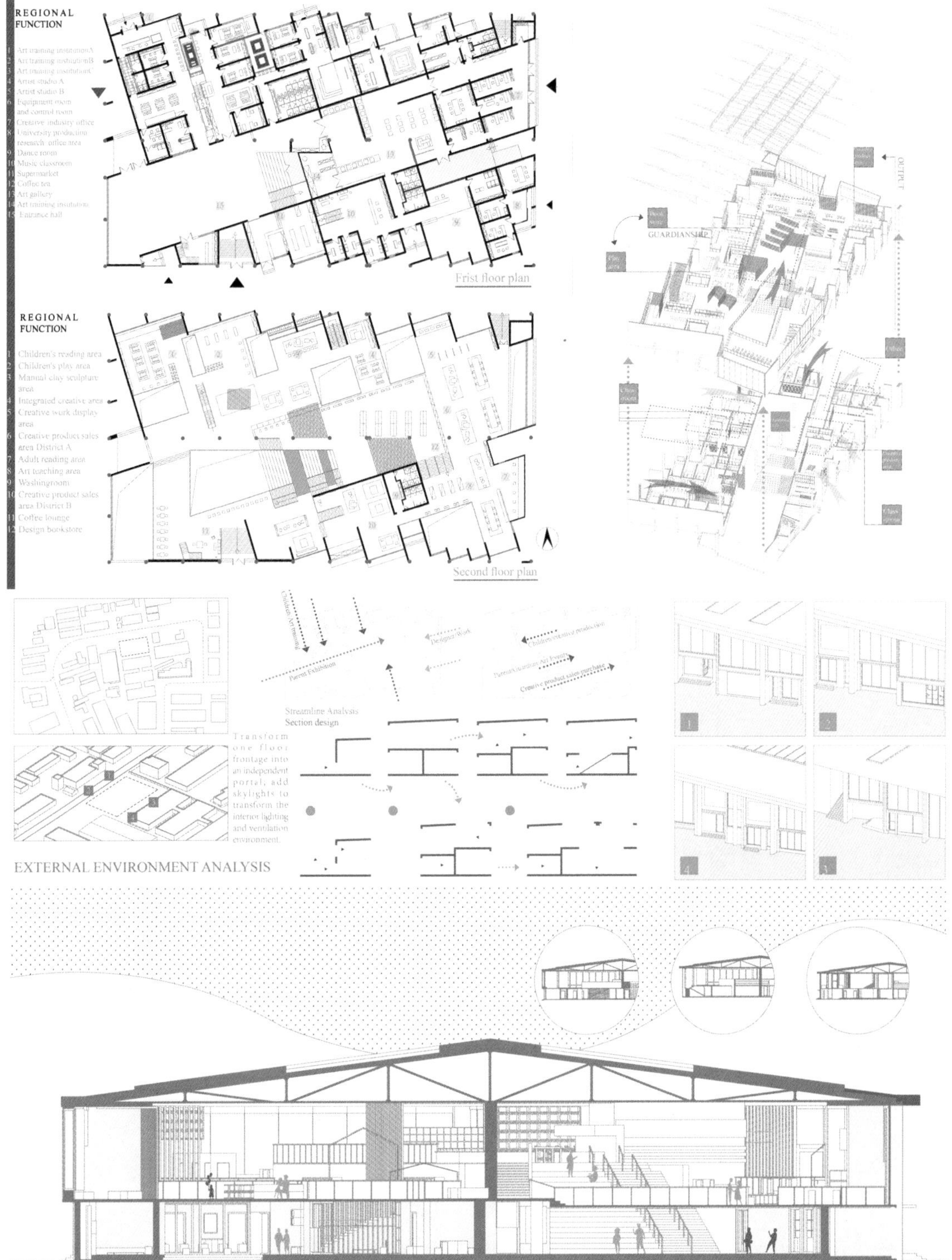
REGIONAL FUNCTION
1 Art training institutionA
2 Art training institutionB
3 Art training institutionC
4 Artist studio A
5 Artist studio B
6 Equipment room and control room
7 Creative industry office
8 University production research office area
9 Dance room
10 Music classroom
11 Supermarket
12 Coffee tea
13 Art gallery
14 Art training institution
15 Entrance hall
Frist floor plan
REGIONAL FUNCTION
1 Children's reading area
2 Children's play area
3 Manual clay sculpture area
4 Integrated creative area
5 Creative work display area
6 Creative product sales area District A
7 Adult reading area
8 Art teaching area
9 Washingroom
10 Creative product sales area District B
11 Coffee lounge
12 Design bookstore
Second floor plan
GUARDIANSHIP
OUTPUT
Streamline Analysis
Section design
Transform one floor frontage into an independent portal, add skylights to transform the interior lighting and ventilation environment.
EXTERNAL ENVIRONMENT ANALYSIS

苏州大学
建筑学院

梦华生活体验中心

作　　者　　　郑妮妮

指导老师　王　琼 汤恒亮

梦华生活体验中心设计可以从横向和纵向两个方向解读。其中纵向轴线分为品牌概念营造和空间建造两个部分，分析了宋式审美与今人生活方式的差异，由勒·柯布西耶的《模数》、雷德侯先生的《万物》和彭一刚先生的《中国古典园林分析》的观点融合形成了本设计独特的方法论。提现的是古与今、中与外的融合。横向轴线以叙事性路径的建构为主，以目标任务评价体系为辅，分为了形而上的概念、形而中的体制和形而下的推演三个阶段。是从宋人生活方式到空间营造手法，再到中国传统山水画向实体空间的跨界融合。

如是，通过主题的输入得出了文创品牌营销体系、文创元素提取体系、空间构成体系等，使得梦华文化创意品牌营造形成体制，在此体制的指导下，梦华可以适应不同的场地生成空间，也可以通过不同文化主题生成系列文创产品。

本设计选取的空间指导为宋画《西园雅集》，在金浦九号设计小镇中的 G 栋中营造一个以北宋樊楼为主题的文化创意品牌体验中心。

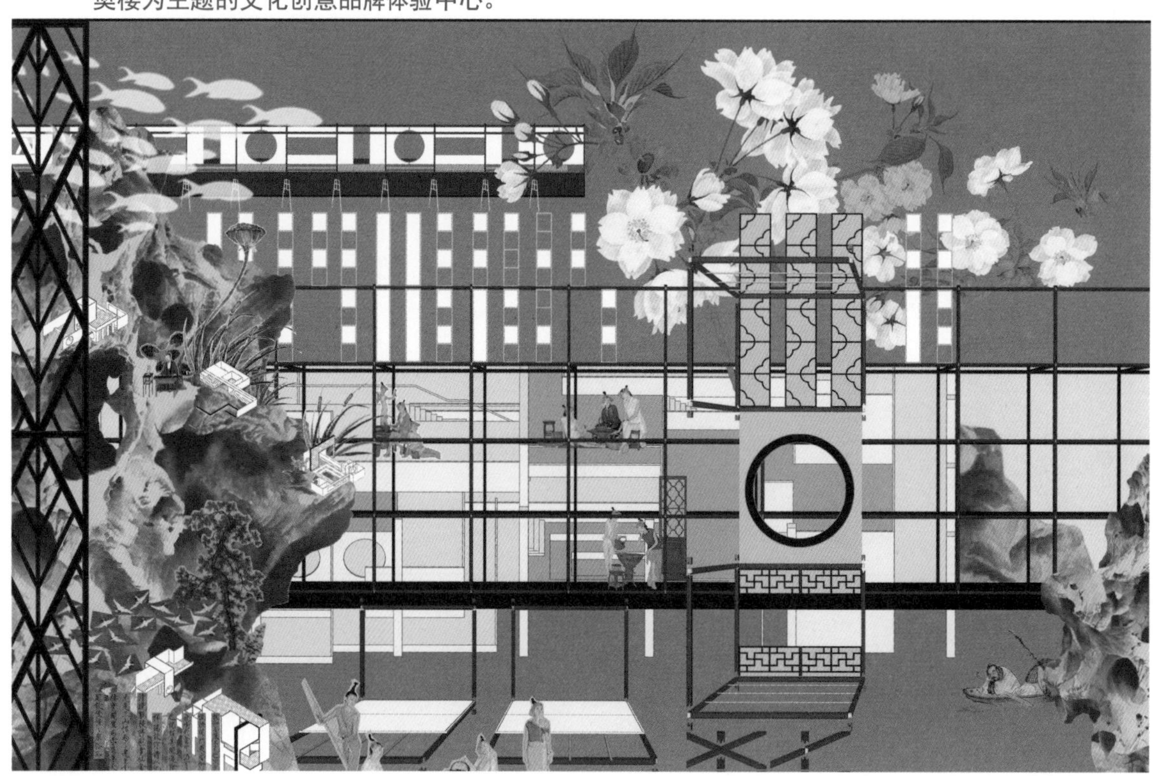

元素
构件
单元
序列

避世墙东

作　　者　张丽君

指导老师　徐　莹

对于矩形场地结构的塑造，灵感来自于飘逸自由的太湖石，旨在以建筑的方式诠释雕塑艺术的魅力。利用流动的隔断与规矩原结构来夹合，形成多种空间，再加上布艺、混凝土等不同材料的使用营造不同氛围。

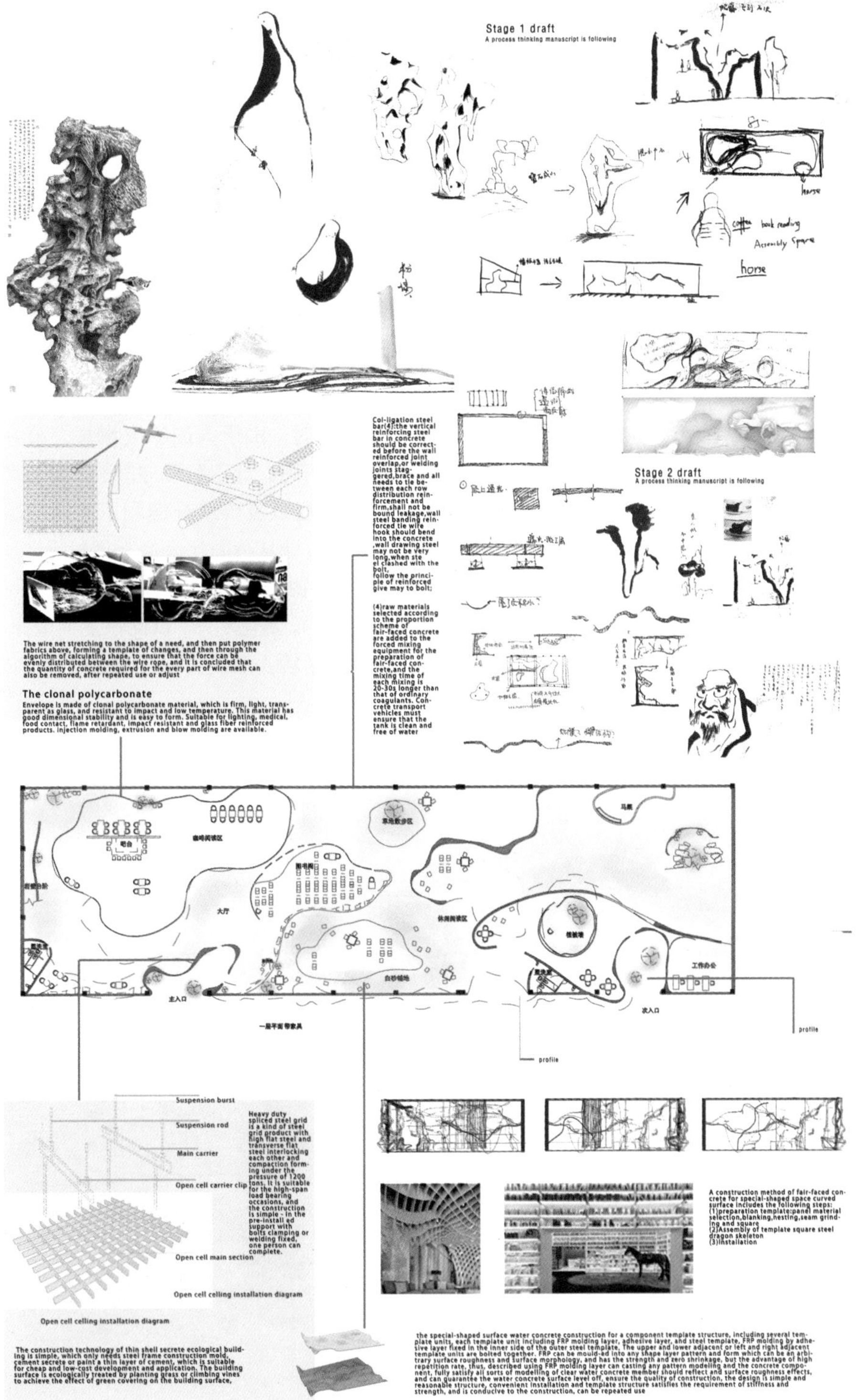
Stage 1 draft
A process thinking manuscript is following
Stage 2 draft
A process thinking manuscript is following
The wire net stretching to the shape of a need, and then put polymer fabrics above, forming a template of changes, and then through the algorithm of calculating shape, to ensure that the force can be evenly distributed between the wire rope, and it is concluded that the quantity of concrete required for the every part of wire mesh can also be removed, after repeated use or adjust
The clonal polycarbonate
Envelope is made of clonal polycarbonate material, which is firm, light, transparent as glass, and resistant to impact and low temperature. This material has good dimensional stability and is easy to form. Suitable for lighting, medical, food contact, flame retardant, impact resistant and glass fiber reinforced products. injection molding, extrusion and blow molding are available.
Col-ligation steel bar(4):the vertical reinforcing steel bar in concrete should be corrected before the wall reinforced joint overlap,or welding joints staggered,brace and all needs to tie between each row distribution reinforcement and firm,shall not be bound leakage,wall steel banding reinforced tie wire hook should bend into the concrete ,wall drawing steel may not be very long,when steel clashed with the bolt, follow the principle of reinforced give may to bolt;
(4)raw materials selected according to the proportion scheme of fair-faced concrete are added to the forced mixing equipment for the preparation of fair-faced concrete,and the mixing time of each mixing is 20-30s longer than that of ordinary coagulants. Concrete transport vehicles must ensure that the tank is clean and free of water
吧台
咖啡阅读区
草地散步区
马厩
图书阅
大厅
休闲阅读区
白砂铺地
工作办公
主入口
次入口
一层平面 带家具
profile
profile
Suspension burst
Suspension rod
Main carrier
Open cell carrier clip
Open cell main section
Open cell celling installation diagram
Heavy duty spliced steel grid is a kind of steel grid product with high flat steel and transverse flat steel interlocking each other and compaction forming under the pressure of 1200 tons, it is suitable for the high-span load bearing occasions, and the construction is simple - in the pre-install ed support with bolts clamping or welding fixed, one person can complete.
Open cell celling installation diagram
The construction technology of thin shell secrete ecological building is simple, which only needs steel frame construction mold, cement secrete or paint a thin layer of cement, which is suitable for cheap and low-cost development and application. The building surface is ecologically treated by planting grass or climbing vines to achieve the effect of green covering on the building surface,
A construction method of fair-faced concrete for special-shaped space curved surface includes the following steps:
(1)preparation template:panel material selection,blanking,nesting,seam grinding and square
(2)Assembly of template square steel dragon skeleton
(3)installation
the special-shaped surface water concrete construction for a component template structure, including several template units, each template unit including FRP molding layer, adhesive layer, and steel template, FRP molding by adhesive layer fixed in the inner side of the outer steel template. The upper and lower adjacent or left and right adjacent template units are bolted together. FRP can be mould-ed into any shape layer pattern and form which can be an arbitrary surface roughness and surface morphology, and has the strength and zero shrinkage, but the advantage of high repetition rate, thus, described using FRP molding layer can casting any pattern modeling and the concrete component, fully satisfy all sorts of modelling of clear water concrete member should reflect and surface roughness effects, and can guarantee the water concrete surface level off, ensure the quality of construction, the design is simple and reasonable structure, convenient installation and template structure satisfies the requirement of stiffness and strength, and is conducive to the construction, can be repeated use

苏州大学建筑学院

因水而活
——圩田智慧下的水网城市复兴

作　　者　任敬　胡光亮　丁璨　张钰　张靖坤

指导老师　翟俊　付晓渝

场地位于苏州市吴江区盛泽镇，属太湖平原水网圩区。自古以来，当地人傍水而居，依圩田而生，纺织业发展蓬勃。雨季降雨量大，极易发生洪涝灾害。近年城市过度工业化大量侵占河网、农田、居住空间，使水系堵塞、断流，导致场地洪涝危机加剧，且纺织废水污染河道。同时，由于人居密度增加，公共空间严重缺乏，居住环境质量大幅下降。圩田肌理被割裂，圩田特色消失。

基于场地原有圩田地貌以及传统圩田利用水网分区分级来进行排洪、灌溉的智慧，本设计从不同尺度提出了对场地问题的层级解决方案，即由大循环、子循环、微循环组成的三级循环网络模式。并引入因水而活的设计理念，活化水体，以此恢复河道原有的净化、蓄洪能力，并且改善人居环境，最终实现圩田水网城市的更新。

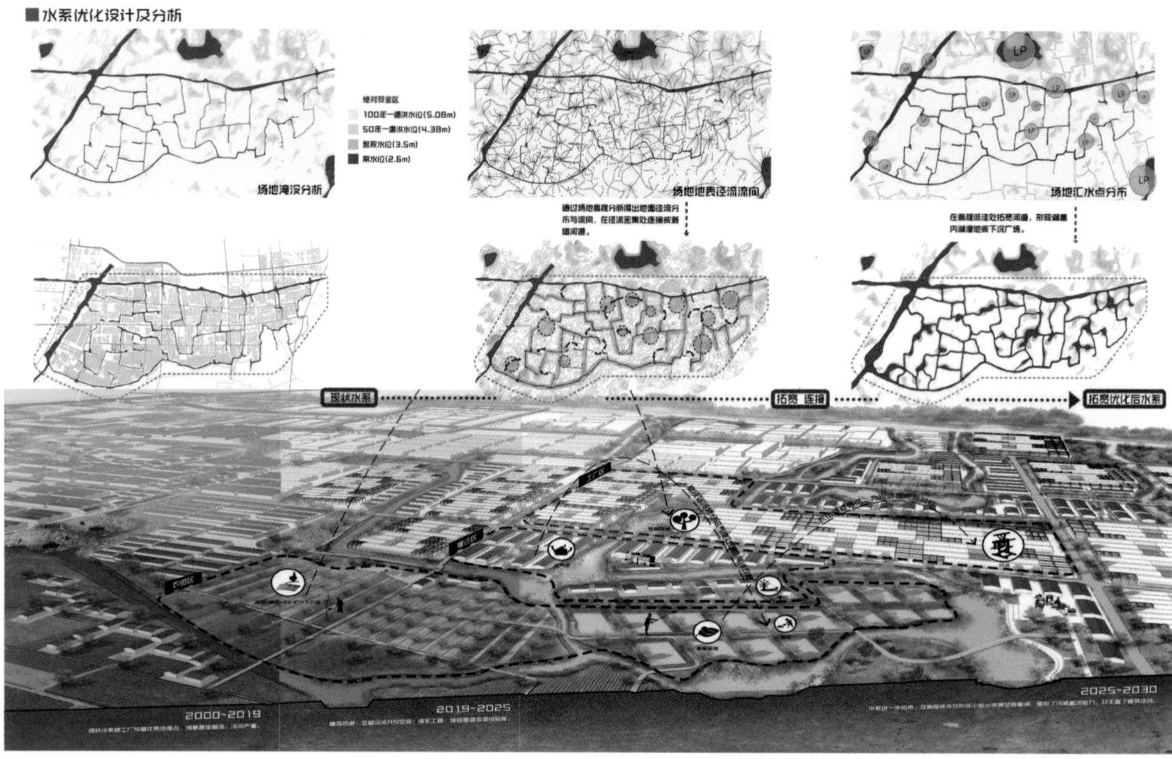

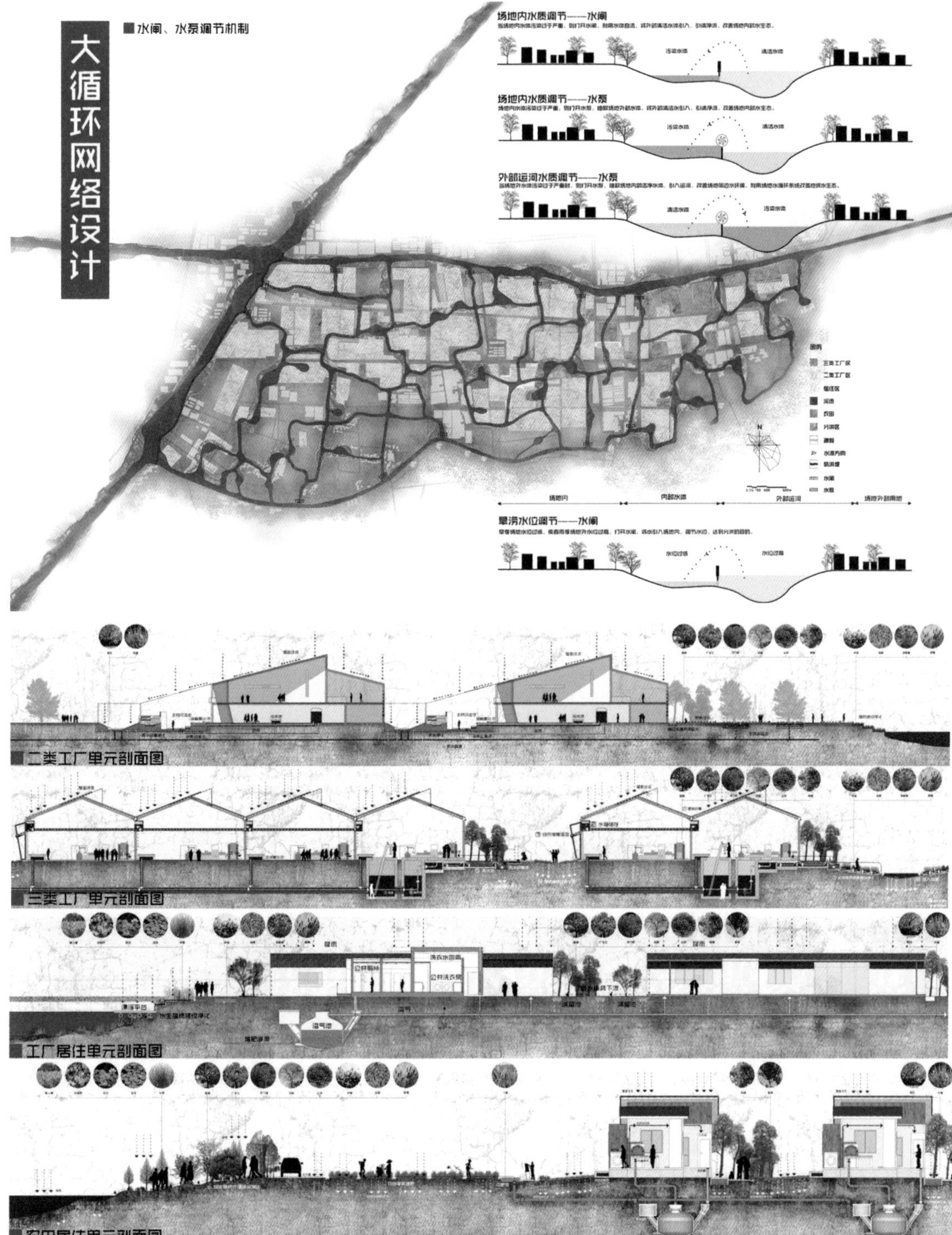

大循环网络设计
水闸、水泵调节机制
场地内水质调节——水闸
场地内水质调节——水泵
外部运河水质调节——水泵
旱涝水位调节——水闸
场地内
内部水体
外部运河
场地外部用地
二类工厂单元剖面图
三类工厂单元剖面图
工厂居住单元剖面图
农田居住单元剖面图

苏州大学
建筑学院

古水利，今陂塘
——三生融合的城市支流消落带景观基础设施规划设计

作　　者　　　李　蓉

指导老师　翟　俊　付晓渝

重庆作为有名的山城，长江、嘉陵江两江环绕，支流密布，为城市的发展提供了良好的自然资源。但是随着城市不合理规划和无序开发及重庆特有山地地形的限制，大量的支流滨水空间成为城市发展规划的失落地。尤其是三峡大坝及大量水利工程的建设，长时间的蓄水放水破坏场地原有的水文。在暴雨的影响下，这些区域面临着严重的水土流失灾害。除此之外，该区域还面临着严重的生态（水质污染、植被破坏，鱼类减少）产业及社会问题。

在挖掘场地时，我们发现，在长期的农耕过程中，山地居民遵从场地地形，收集利用雨水，形成了山地独特的水文管理系统——陂塘系统，该系统由“堰塘—引水渠—冲冲田—河流”组成，具有雨洪调蓄、旱涝调节、水质净化、生物多样性保护等多重功能。

因此，本设计希望通过研究古陂塘水利的肌理及运作原理，挖掘其中的生态智慧，加以创新，用于解决现今场地面临的复杂问题，设计以陂塘水文系统作为场地的基底，从宏观、微观层面提出策略，以期解决雨洪问题的同时，建立“生态、生产、生活”三生融合的景观基础设施，并以此作为催化剂，催化周边城市发展。

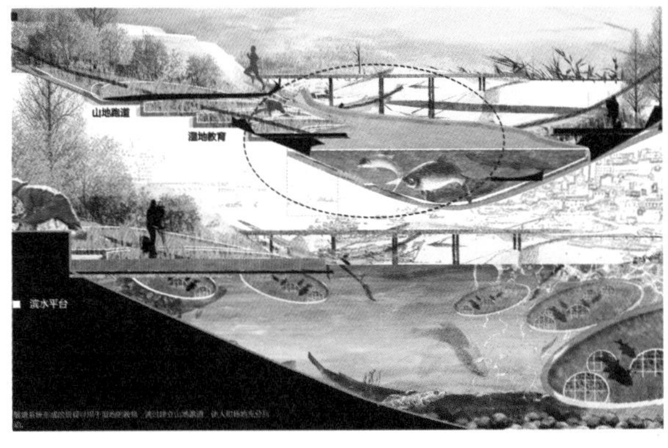
山地跑道
湿地教育
滨水平台

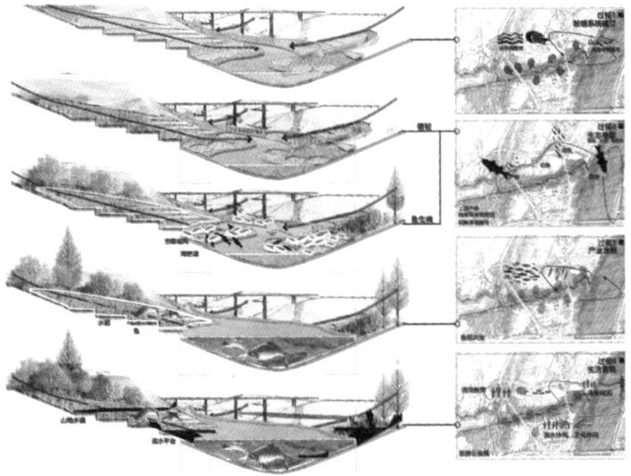

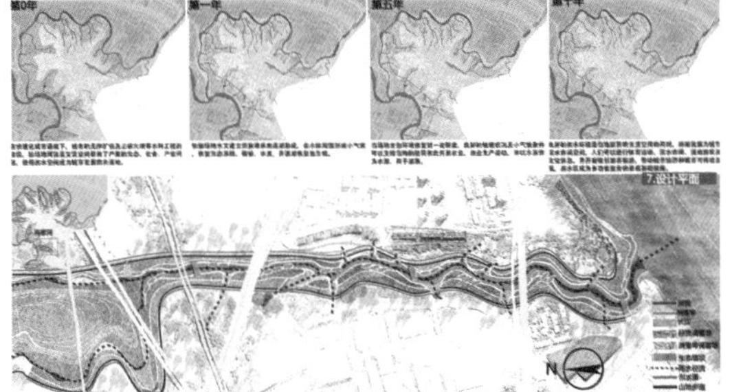
第0年
第一年
第五年
第十年

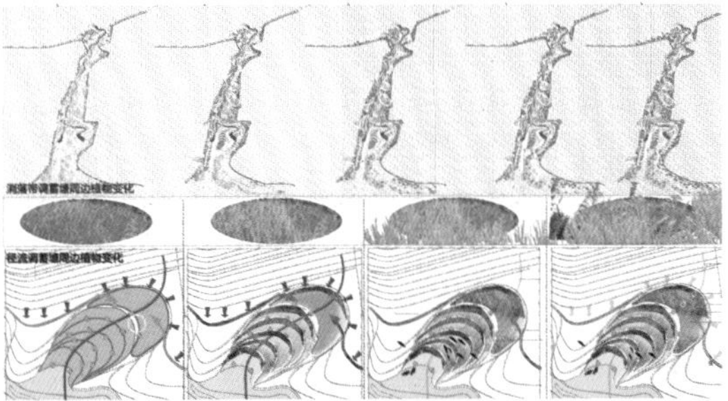

空隙岸坡——越冬
幼鱼
成鱼
育肥塘
柔性饲养结构
产卵
长江
围绕消落带调蓄塘设计粗石结构，且调蓄塘内放置柔性喂食结构，
为长江洄游鱼提供产卵、育肥到越冬栖息场所，从而实现长江鱼类补给

苏州大学
建筑学院

方所
建筑艺术设计

作　　者　施佳蕙

指导老师　钱晓宏

本次城市书店设计，我以阅读环境为出发点，将明暗盒子作为概念，将阅读空间以暗色包裹，而盒子与原厂房结构以及屋顶之前形成灰空间，使人模糊了室内外的界限，在小小的书店空间中拥有丰富的空间体验。

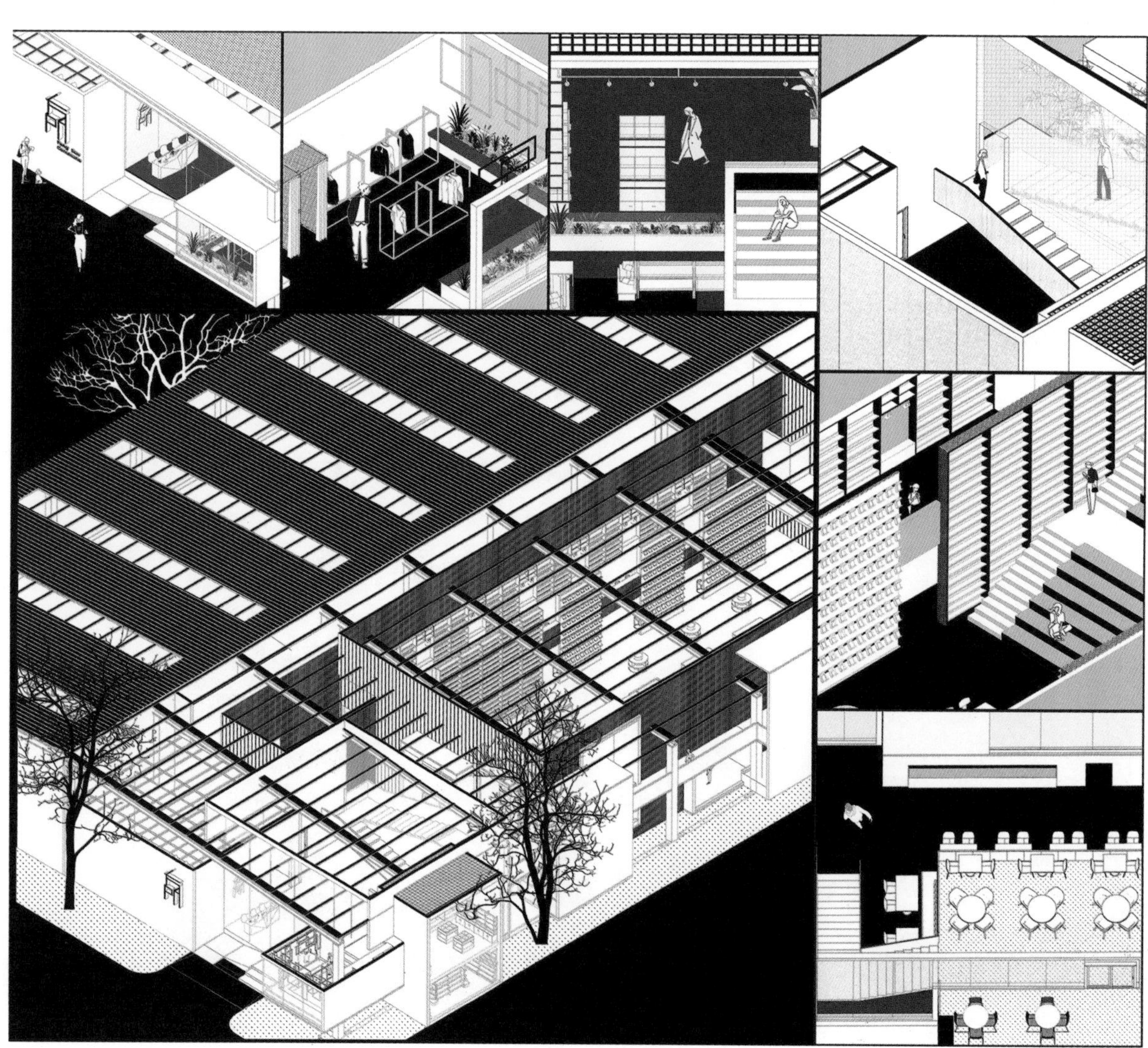

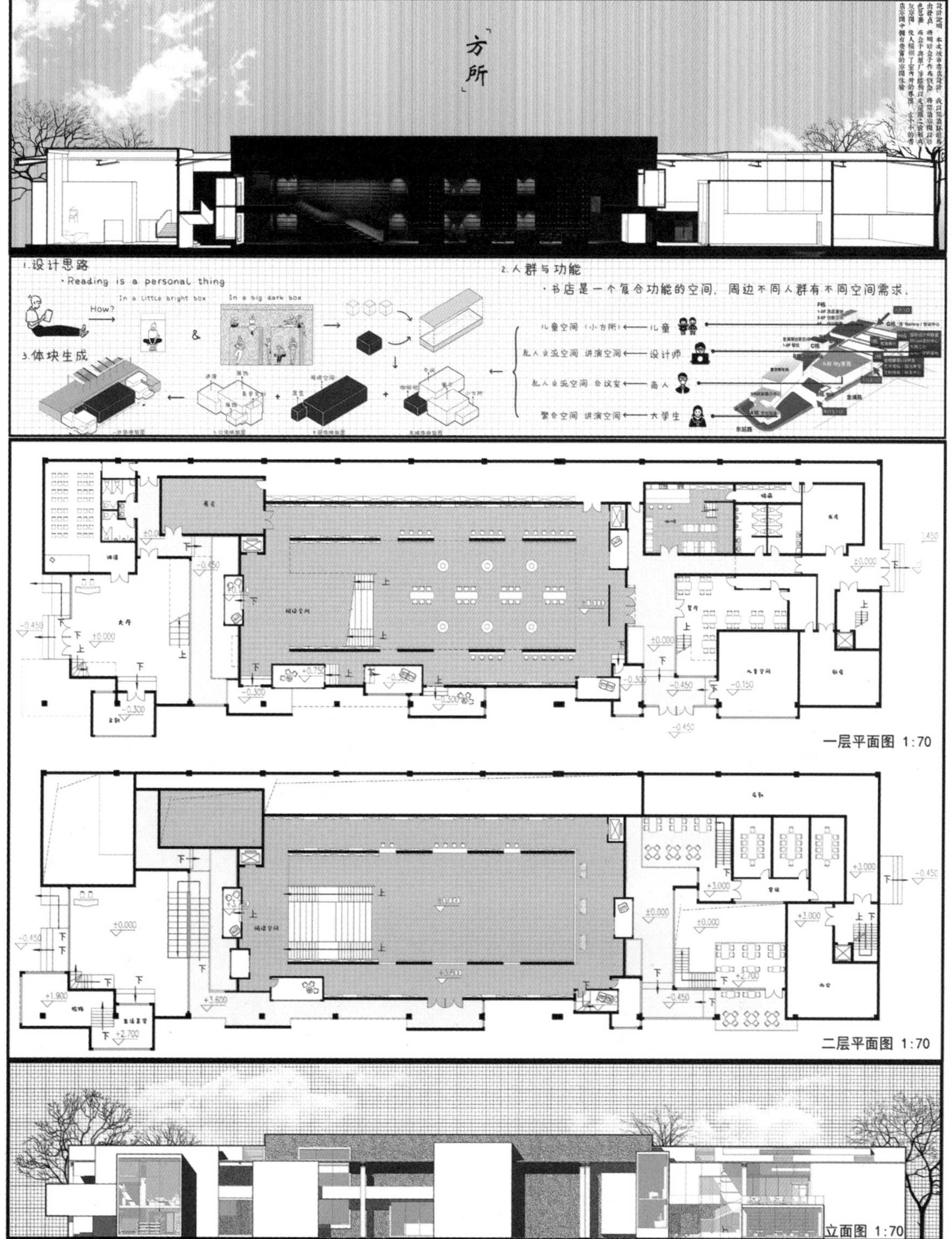
「方所」
1.设计思路
·Reading is a personal thing
How?
In a little bright box
In a big dark box
2.人群与功能
·书店是一个复合功能的空间，周边不同人群有不同空间需求。
儿童空间（小方所）← 儿童
私人交流空间 讲演空间 ← 设计师
私人交流空间 会议室 ← 商人
聚会空间 讲演空间 ← 大学生
3.体块生成
一层平面图 1:70
二层平面图 1:70
立面图 1:70

苏州大学
建筑学院

方所书店
室内空间设计

作　　者　沈梦帆

指导老师　徐　莹

跨进门的时候，我们乘着孑然一身的微妙孤独，终于得以在那份沉默却充满力量的气息中获得宁静，获得庇护和治愈。这是我想营造的方所书店意境。

每个人都是一个孤独的个体，在这个世界独自前行。孤独感不可避免，那么就让孤独感变成归属感，在这个书店中，四处都是黑暗，黑色的墙壁，黑色的地面，黑色的家具，只有昏黄的暖光照亮了书籍，此时，书变成了慰藉，人在书中得到心灵的安宁。

在空间上进行了模数划分，通过大小定义空间，使人在空间中有最直观的感受；在空间界面上，对界面同样进行了模数划分，通过推拉、挤压、组合等一系列空间操作，形成了符合空间气质有独特美观的界面装饰；在空间细节上，方所不仅是人的归属，也是物品的归属，给予了每一个物品一个方盒子，尊重书店中的每一个存在，也是方所书店的精神所在。

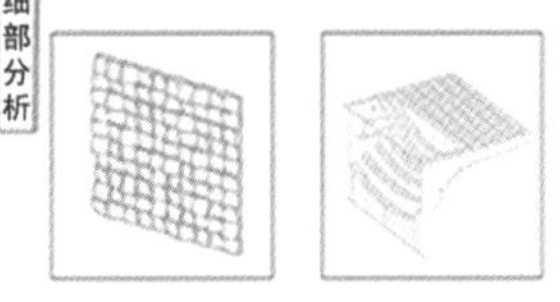

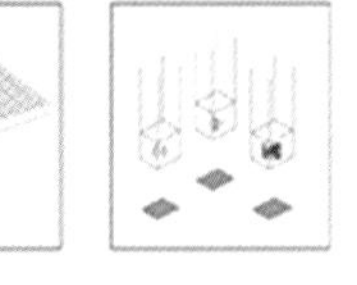
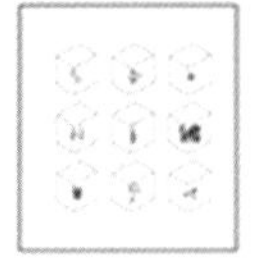

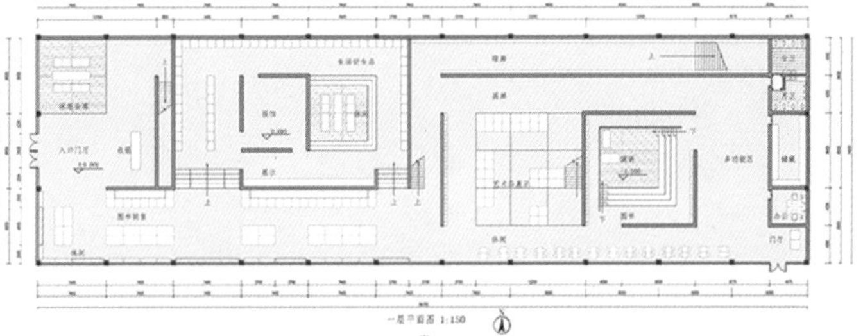

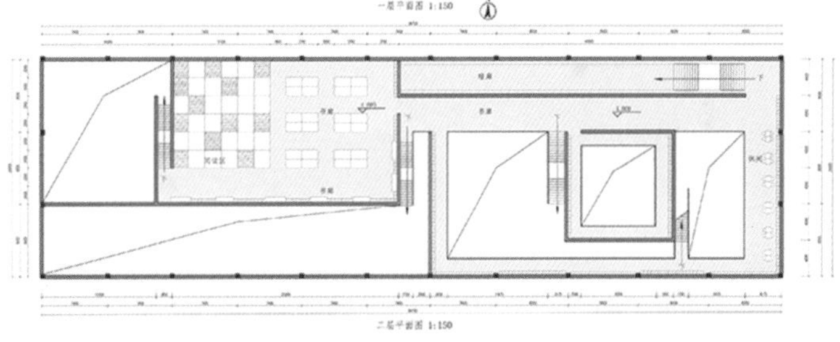
二层平面图 1:150
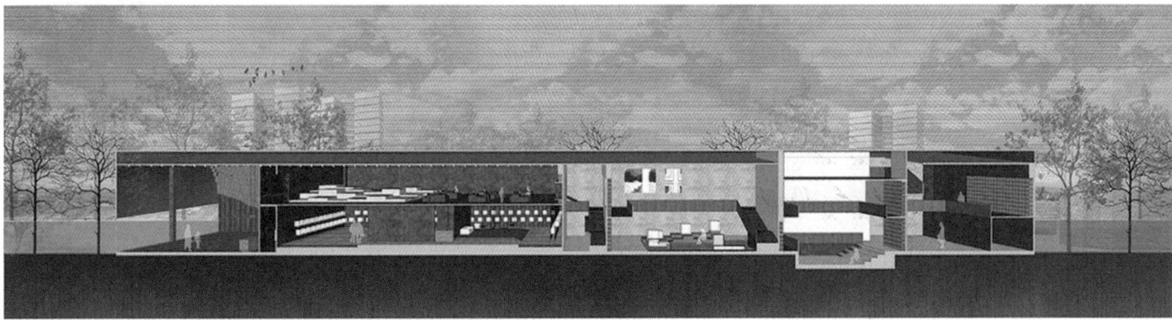

苏州大学
建筑学院

梦粱
生活体验中心

作　　者　　　张永晨

指导老师　王琼 汤恒亮

“梦粱”品牌是宋代历史学、中国传统山水绘画和电商新零售跨界与融合的产物，宋文化为品牌核心内容，出自宋人吴自牧所著的《梦粱录》。项目位于苏州设计小镇，选址为园内G栋，原为一间家具厂房。现将厂房改造为“梦粱”生活体验品牌的体验中心。

场地由“居所”定制化模块单元组成，叠加四个新山水空间片段：行　青烟白道、望　平川落照、游　岩扃泉石、居　幽人山阁。“居所”概念最早由日本建筑师藤本壮介提出，指具有多样密度兼备居住功能的空间。此设计中的“居所”是为适应旧建筑更替和改造背景下产生的为人提供生活功能的固定模数单元，为人提供基本的居住、商业和办公功能。

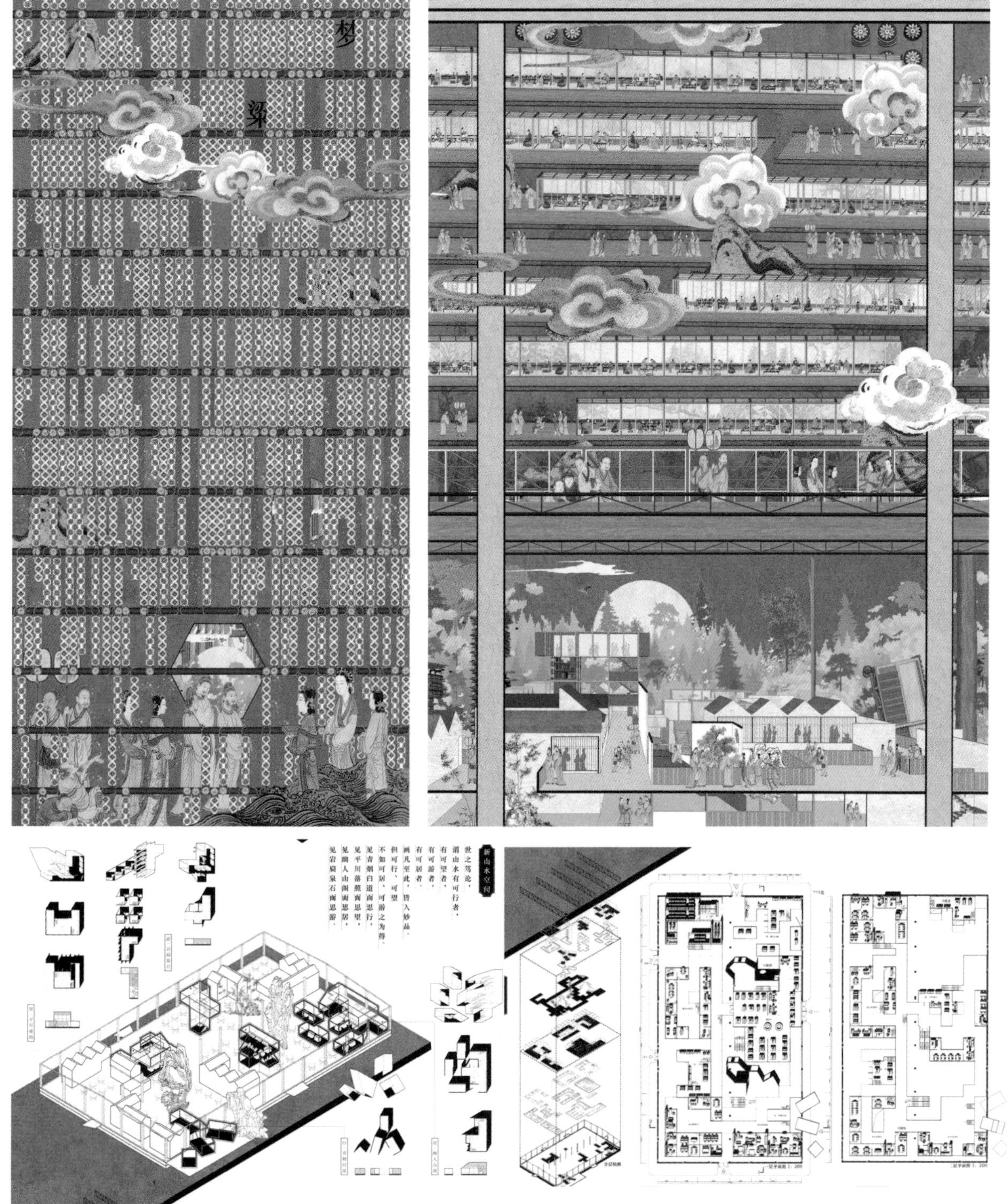
梦
粱
新山水空间
世之笃论，
谓山水有可行者，
有可望者，
有可游者，
有可居者。
画凡至此，皆入妙品。
但可行、可望
不如可居、可游之为得。
见青烟白道而思行，
见平川落照而思望，
见幽人山阁而思居，
见岩扃泉石而思游。

舍
文化创意空间设计

作　　者 任　振

指导老师　陈卫潭

本次设计取题为“舍”，暗合本次年会的主题——跨界·融合。跨界·融合，其方法论一定是“走出去”与“引进来”的过程，“走出去”那就需要开放自己、打破原有固定的空间模式，学会“舍”，才能更好地“合”。设计从建筑的六个界面即建筑的四立面、建筑顶面以及建筑空间，来探讨如何进行“舍”，以达到与环境、与人“合”的效果。

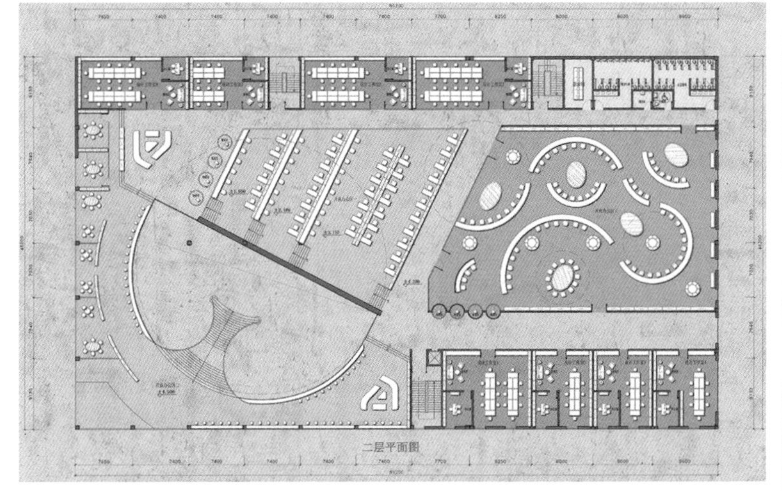
二层平面图

一层平面图

建筑B-B剖面图
建筑A-A剖面图

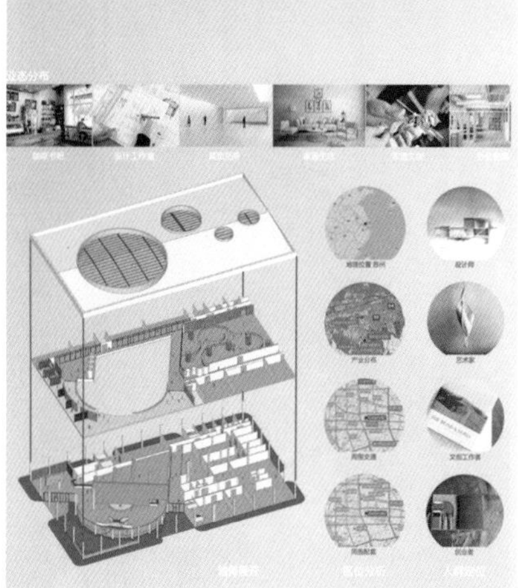

苏州大学
建筑学院

一座旧厂房的共享
从封闭的“BOX”到大众参与的文化创意空间

作　　者 王海东

指导老师 王　琼

苏州市工业园区金浦9号G栋是城市更新过程中被保留下来的单层工业厂房之一，地理位置优越，建筑结构完整，空间适应性高，具有非常大的改造价值。此次改造设计尝试结合设计小镇业态、周边人群以及苏州开放包容的城市精神，将封闭的“BOX”进行共享，以模糊建筑边界、区分室内外空间，同时激活建筑三面广场，创造大众参与的文化创意空间，重塑社区精神。在对建筑基地、结构、环境、业态、人群、动线等要素进行深入分析后，开始建筑与室内改造设计。设计探讨了建筑与社区、城市融合共享的可能性与具体模式；研究了单层厂房建筑改造中结构与形式的转化，从建筑到室内设计的推演、应用；提出了拱形可移动结构模式下的办公空间组合方式；尝试了融合建筑历史记忆与场所精神的室内设计手法。

在设计过程中，人的行为与内心活动得到了高度重视：办公人群既可以拥有贴近流动人群的社区精神空间又可以享受丰富可变的空间组合方式，摆脱封闭冷漠的办公环境，享受个性化、体验式文化创意工作空间。流动人群可以穿过转角剧场、重重柱廊，拾阶而上，闻过书香，品一杯咖啡，三三两两，围坐轻谈，休息罢，再去看看展览，选购最新的文创产品。从广场到室内时刻感受到这座建筑、这座城市的包容。

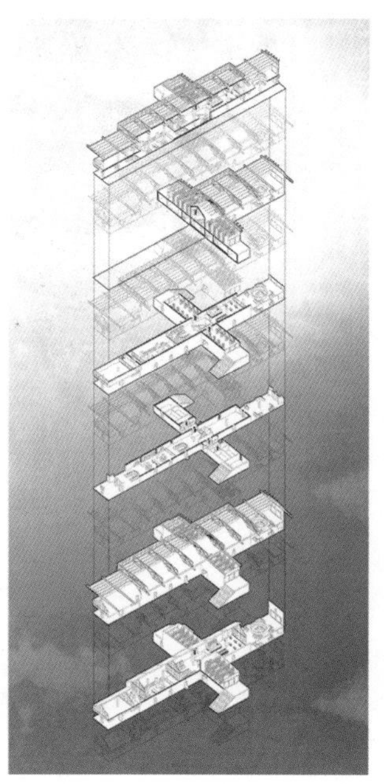

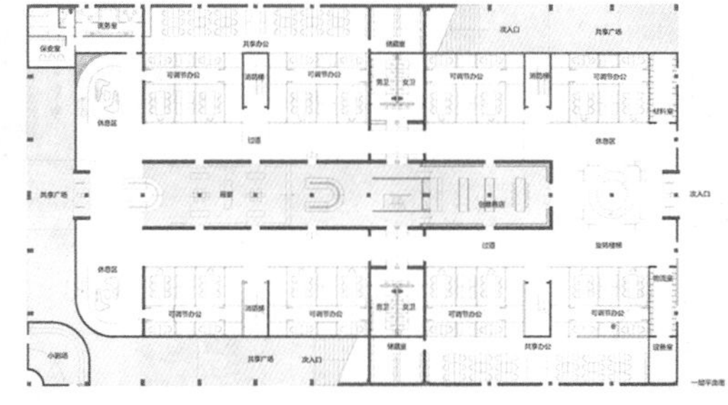

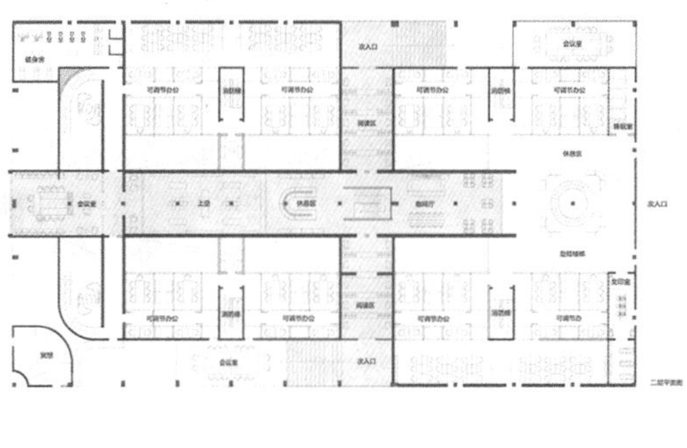

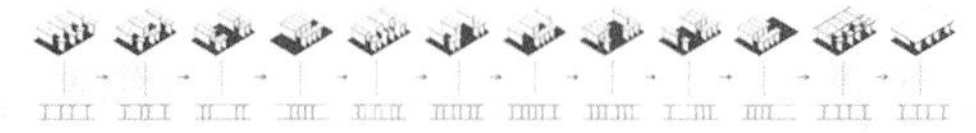

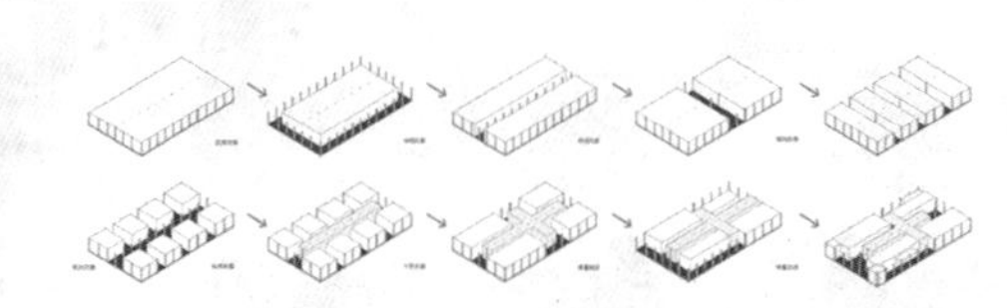

苏州大学
艺术学院

宠物犬乐园景观设计

作　　者　秦震

指导老师　孟琳

双友好：弥补对犬类身心需求关注的缺失，运用现代科学研究，解决由宠物犬引起的问题。标准化：指针对国内不同的空间类型，提炼归纳出适宜宠物犬活动的主要场所形式，提高其可推广性。

尺寸：宠物犬体型大小；功能：帮助宠物犬不同位置的肌肉，帮助增强力量；视觉：人类视觉系统与犬类视觉系统的不同；听觉：不影响周边居民；关注嗅觉：良好的通风。

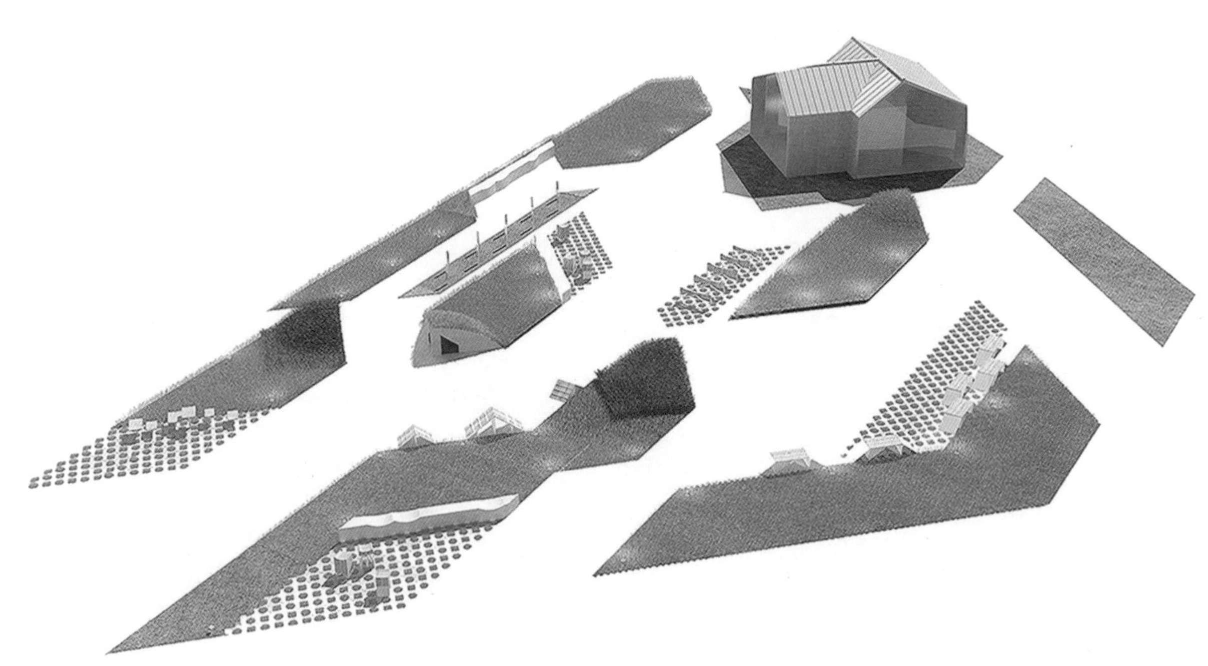

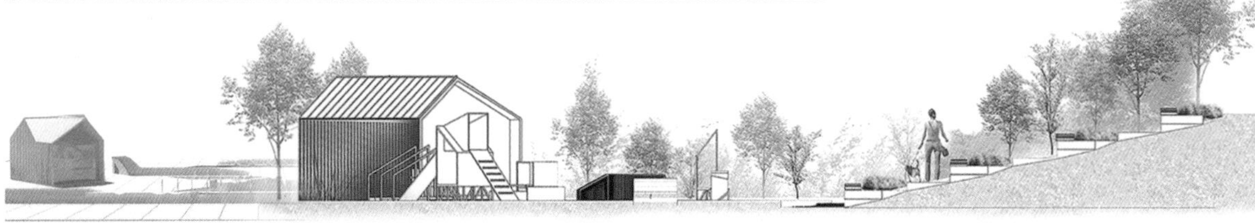

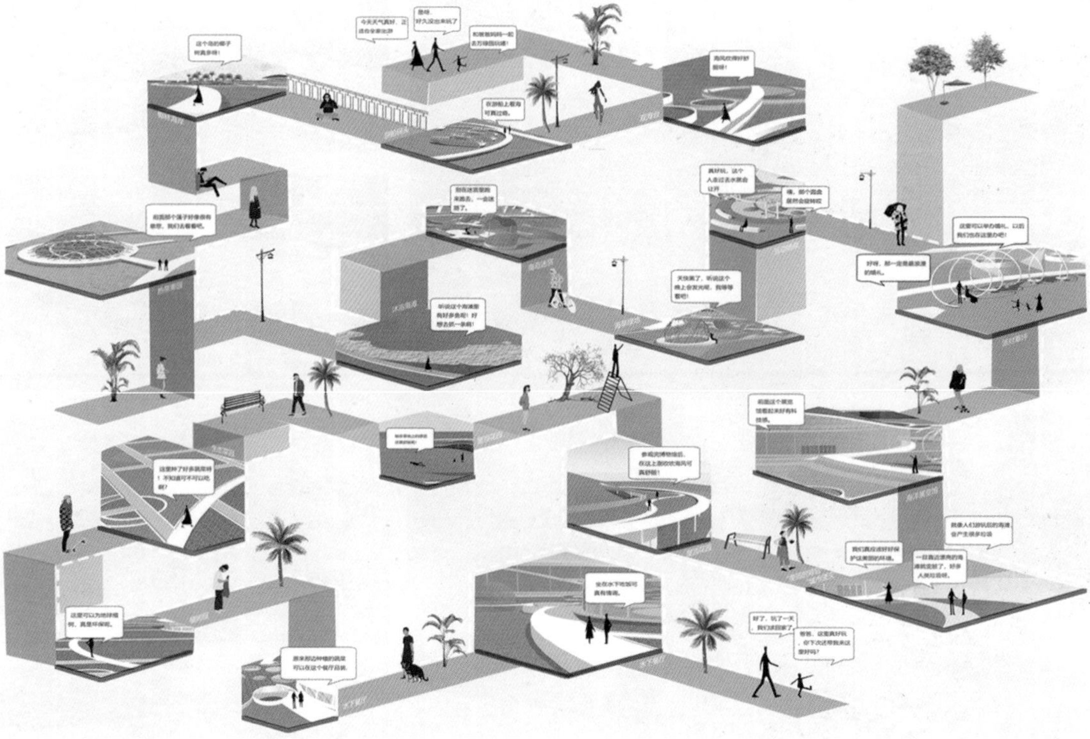

岛

作　　者　赵嫚　雷雅玲

指导老师　　　周玉明

该项目着眼于地球气候变化和城市的应对之策。试图探索弹性化、可持续、低污染、零排放的生态景观，并希望通过人文场所的营造向当地居民及游客传达这种危机意识。

营造三个主题岛屿：美丽—污染—提升。通过营造强烈的对比和冲击，唤起对自然破坏的危机意识和环境的保护意识。最后进入行为改善阶段设计了生态农场、植树体验林、水底餐厅、生态湿地、红树林缓冲带、太阳发电等景观改善措施。

苏州大学艺术学院

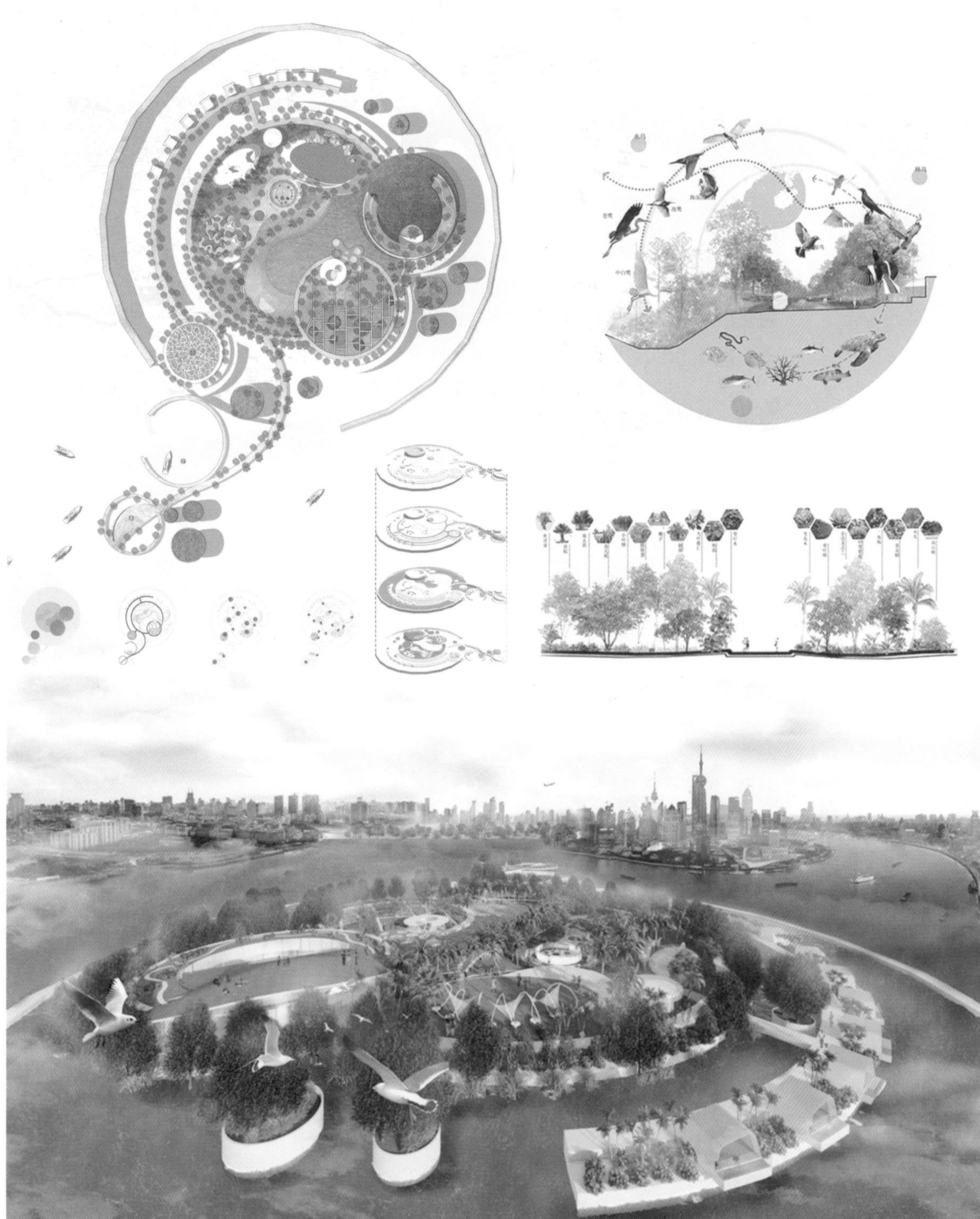

苏州大学
艺术学院

共生C计划
苏州平望南大街历史街区景观活化改造

作　　者　杨智尧 陈雅君

指导老师　　　　孟　琳

设计方案以“共生”为主题，运用服务设计理念以及参与式设计方法，将平望镇南大街历史街区中的人、环境、事物整合成一个系统，一个能够共同生长、自我进化的系统。通过提升历史街区中的利益相关者（原住民、外来人口、商户、管理者、游客……）与场所因素（环境、社会、文化、物质……）的综合参与度，达到“共生”，以此来提高人的体验需求，从而带动平望的经济效益、文化效益、社会效益，最终活化平望历史街区。

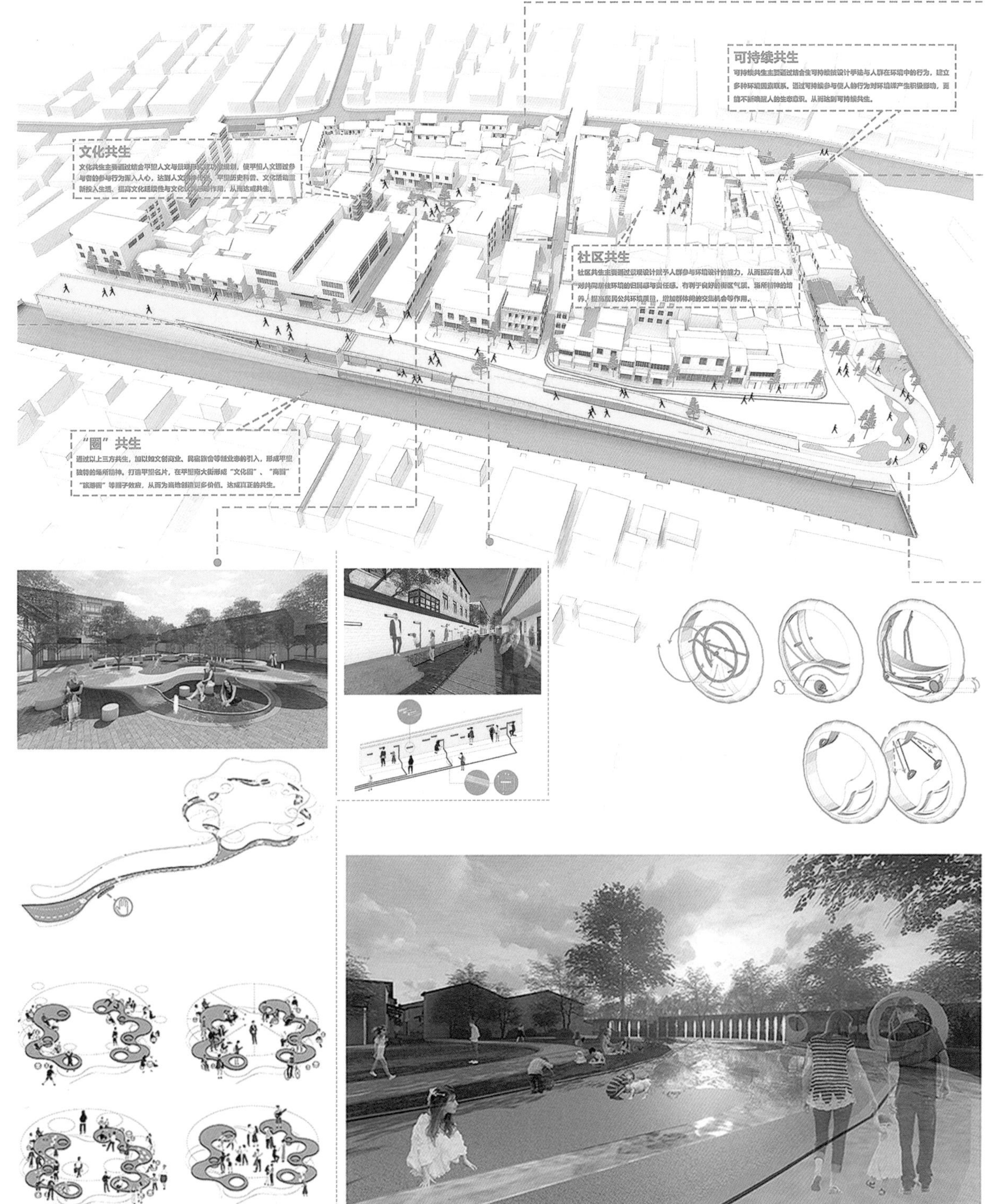
可持续共生
可持续共生主要通过结合生可持续技设计手法与人群在环境中的行为，建立多种环境因素联系。通过可持续参与使人的行为对环境媒产生积极影响，更能不断唤醒人的生态意识，从而达到可持续共生。
文化共生
文化共生主要通过结合平望人文与景观形式及功能规划，使平望人文通过参与者的参与行为深入人心，达到人文精神传承、平望历史科普、文化活动重新投入生活、提高文化延续性与文化认同感等作用，从而达成共生。
社区共生
社区共生主要通过景观设计赋予人群参与环境设计的能力，从而提高各人群对共同居住环境的归属感与责任感，有利于良好的街区气质、场所精神的培养，提高居民公共环境质量，增加群体间的交集机会等作用。
“圈”共生
通过以上三方共生，加以如文创商业、民宿旅舍等新业态的引入，形成平望独特的场所精神，打造平望名片，在平望南大街形成“文化圈”、“商圈”“旅游圈”等圈子效应，从而为当地创造更多价值，达成真正的共生。

苏州大学
艺术学院

基于装配式住宅下青年小户型空间的模块化设计研究与应用

作　　者　黄明钊

指导老师　马晓星

通过对优秀的小户型住宅空间案例的逐渐理解，如何在满足当代青年的功能需求同时增加住宅空间的舒适体验度是比较难的问题，所以在面对装配式建筑住宅的大背景，加快推动建筑、结构、机电设备以及室内装修的模块化生产，会有效推动迎接新一轮的住宅产业，提高模块标准化，结合工业化生产和互联网物联，我相信模块化设计在装配式建筑住宅中会影响到方方面面，也为我们这种青年群体在可利用收入不多的情况下享受更加美好的居住空间。

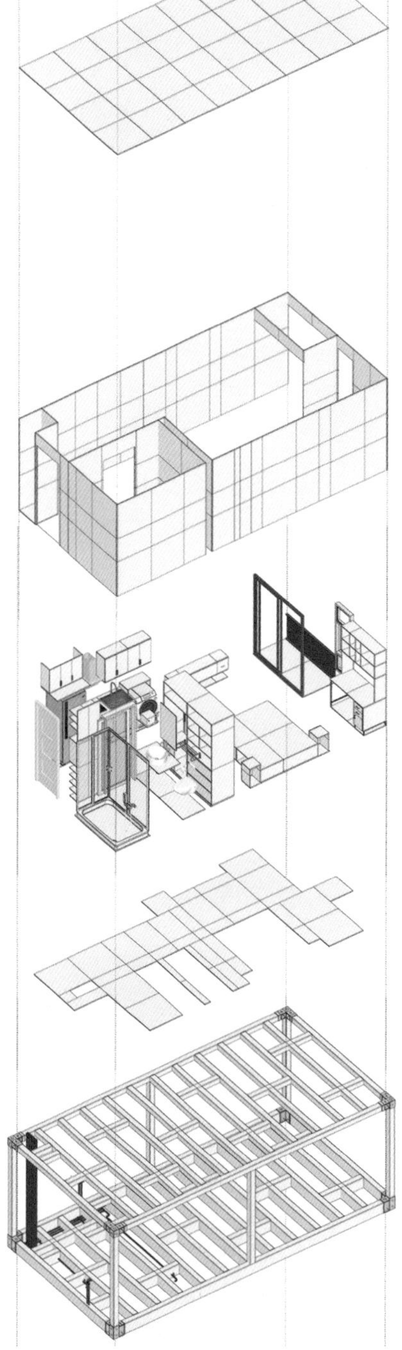

常熟火车站站前广场设计
曲水流觞

作　　者　顾航菲 徐嘉颖 吴 洲 刘紫薇

指导老师　王泽猛

本方案以曲线贯穿整个设计空间，蜿蜒曲折的天桥形式取自自然之水，象征生命的轮回不息。道路沿着曲线的流动感顺势划分，使广场被分为天桥、休闲区、雨水花园、艺术中心、下沉广场、旋转楼梯、负一层通道七个主要功能空间，暗喻常熟“七溪”之意。天桥一层一层不断相互穿插，永不停息地变化，创造出了“道”的空间，而桥下的艺术中心以桥面为顶，桥下空间为建筑室内空间，此时，天桥又变成了“建筑”的空间。整个方案体现出了人与自然的共生、建筑与自然的共生，人在建筑之外看风景，人置身于建筑之中自己也变成了风景。

苏州大学艺术学院

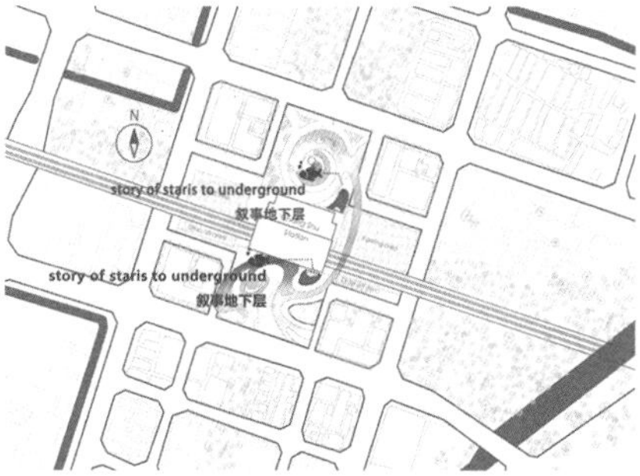

story of staris to underground
叙事地下层
story of staris to underground
叙事地下层

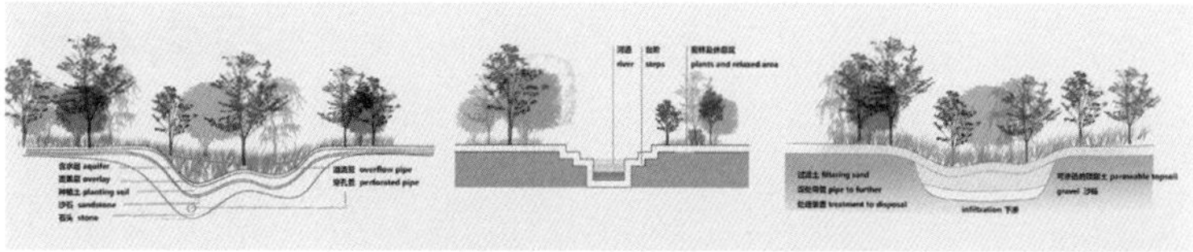

剖面图

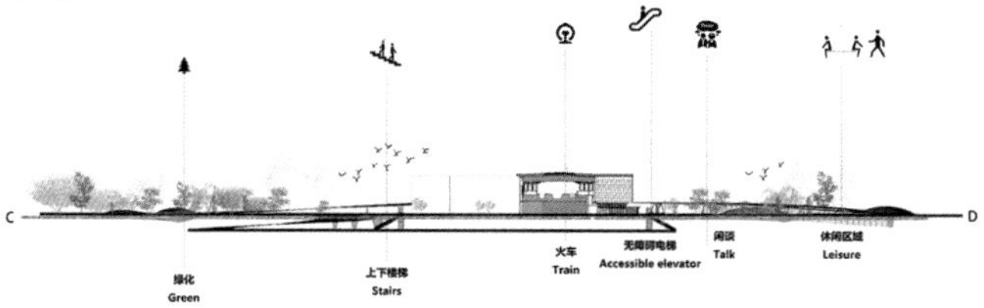

C D
绿化 Green
上下楼梯 Stairs
火车 Train
无障碍电梯 Accessible elevator
闲谈 Talk
休闲区域 Leisure

立面图

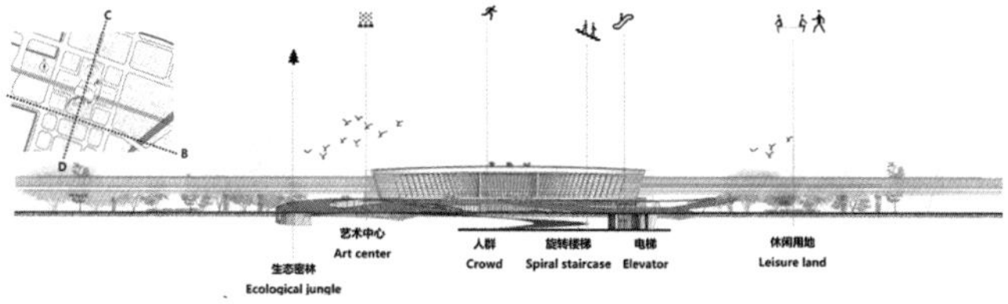

生态密林 Ecological jungle
艺术中心 Art center
人群 Crowd
旋转楼梯 Spiral staircase
电梯 Elevator
休闲用地 Leisure land

苏州大学艺术学院

探索夜市空间 · 空间功能模块化公园景观设计

作　　者　李政潼 陈奕斌

指导老师　　　　江　牧

本设计主要是为了服务边缘人群在现代城市中的定位，重塑他们在高速发展的城市中找到归属感。对于原来场地空心化的状态进行规划设计。将场地进行重构塑造，让整个文萃周边的空间更加完善，让整体高教区的空间得到重塑。两条主要贯穿场地的道路，对其再进行演变，丰富流线形态及功能使整个区域内的四大空间：夜市区、慢行步道、展览区、中心广场能够相连贯通。在各个区域相连，道路节点设计装置，当其中某些装置封闭时便会形成两个连通的功能空间，而当装置打开时，便是整体的公园。

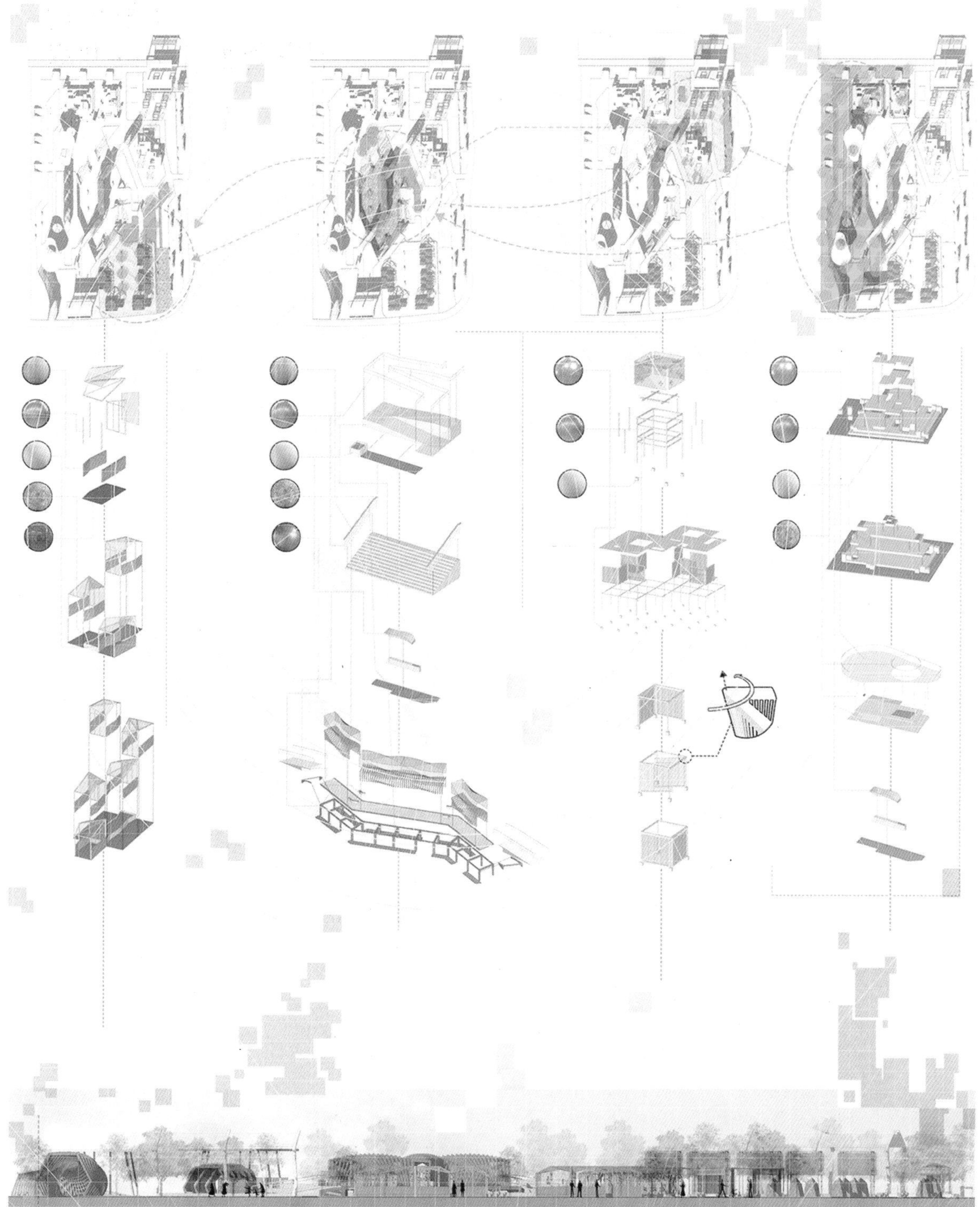

苏州大学
艺术学院

小居大宅
小户型生活空间共享

作　　者　赵明明

指导老师　王　琼

结合当代背景特点应运而生，住宅用地供应减少，地价上涨，小户型住宅模式走入人们的视野中；其限制了一些功能的施展，被迫做出功能的取舍，导致生活质量下降。

将居住者生活中的功能进行归纳提取，分为公开化行为与私密化行为，与之对应的生活空间也划分出小户型私密生活空间和共享生活空间两部分，让功能完备的共享空间来弥补小户型生活空间中功能的不足。

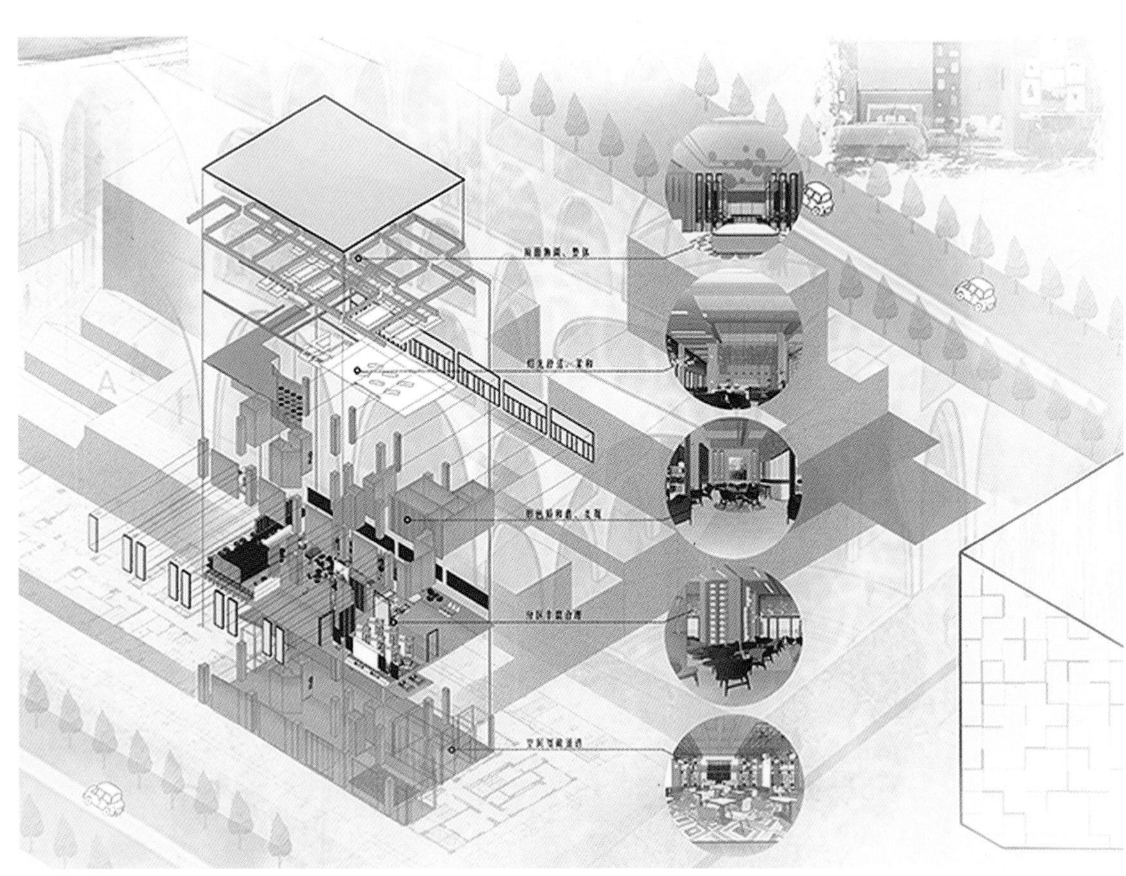

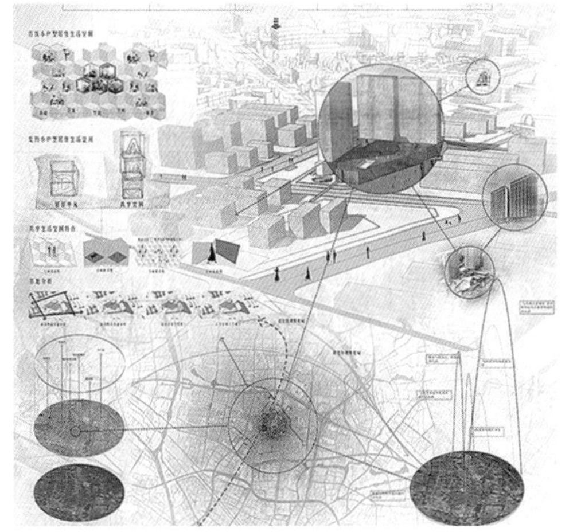

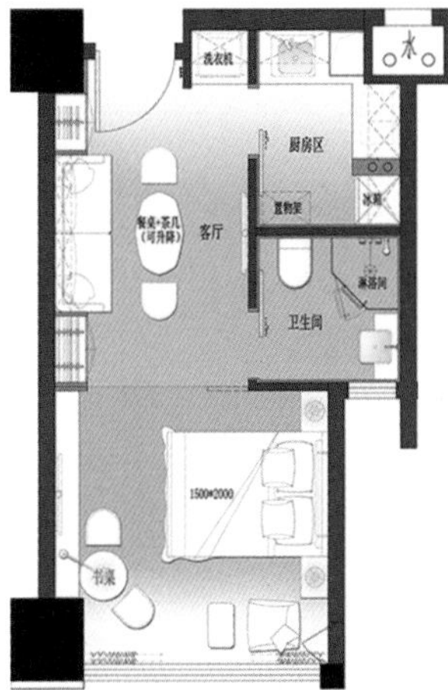
洗衣机
厨房区
冰箱
置物架
餐桌+茶几
（可升降）
客厅
淋浴间
卫生间
1500*2000
书桌

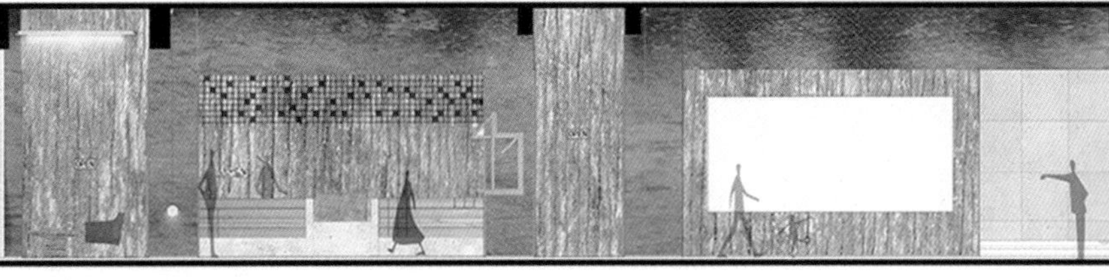

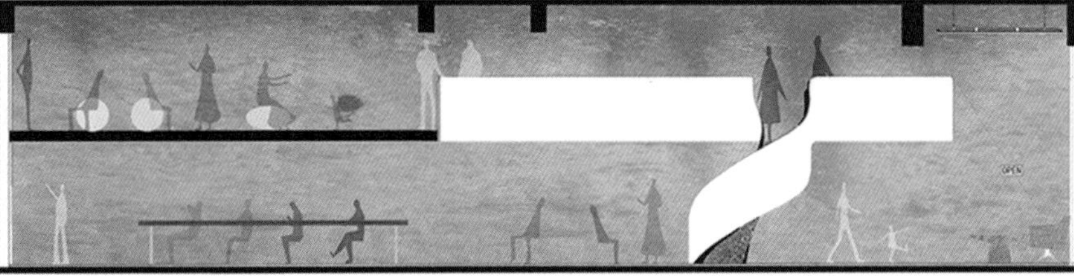

天津美术学院
环境与建筑艺术学院

福州东湖万豪酒店室内设计

作　　者 王常圣

指导老师 彭　军

大堂、总统套、茶室的灵感都来自于福州的人文和环境。主题“山水”取福州三山一江，“屏断”则是深挖山水内涵去做东方气质的延伸。整体设计立足于万豪酒店的国际化商务特性，结合“山水屏断”试图用最少的元素去打造东方气质的国际化商务酒店空间。在设计的呈现上追求“少即是多”，用尽可能少的元素和图案，着重利用线条、空间分割和比例去凸显空间内在的东方神韵。

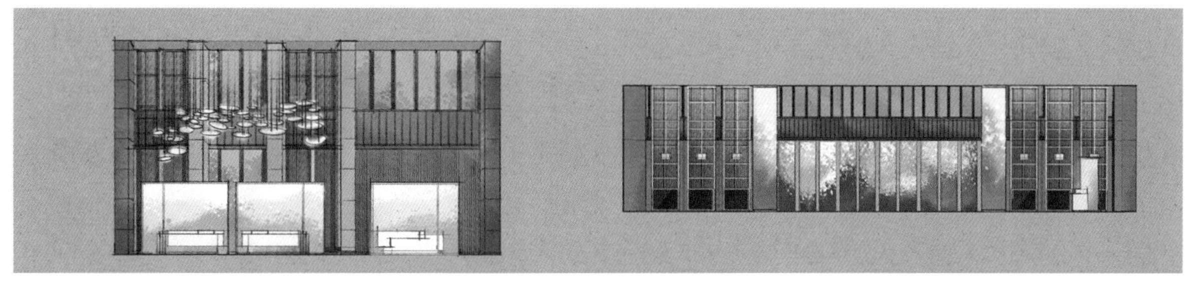

天津美术学院
环境与建筑艺术学院

南山
养老设施综合体建筑及室内设计

作　　者　　谢香银

指导老师　　彭　军

根据功能分区进行外观设计，结合当地地域元素，打造古典与现代相结合的新型乡村养老综合设施。采用古典的中式元素与山水元素相结合，给老人一种家的感觉，使老人在传统古典的中式山水中体验悠然见南山的怡然之乐。

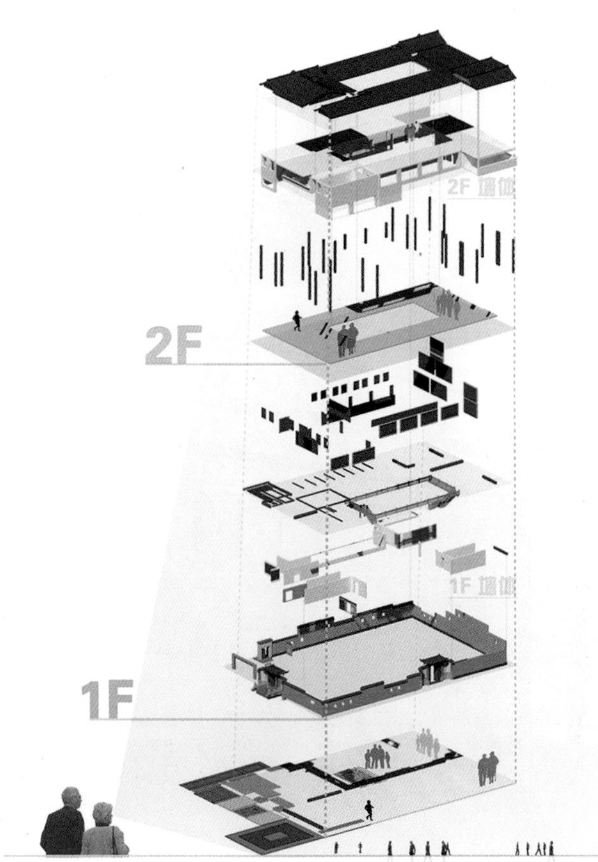

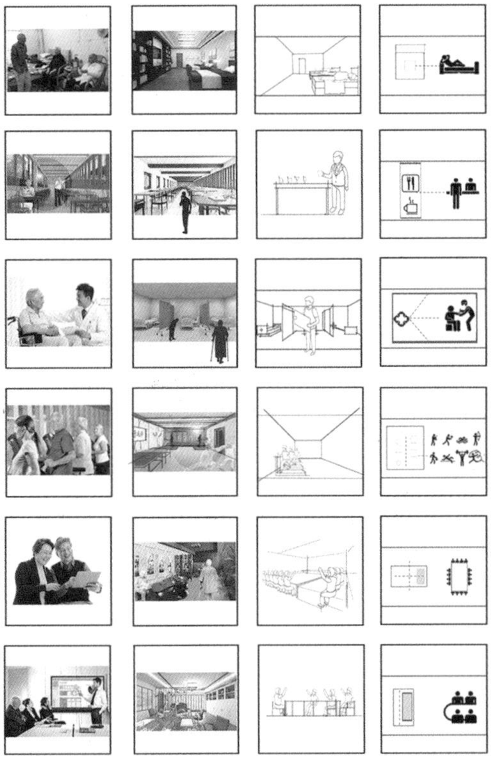

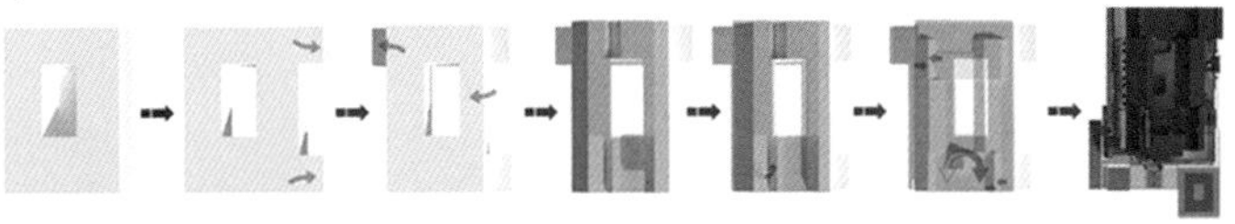

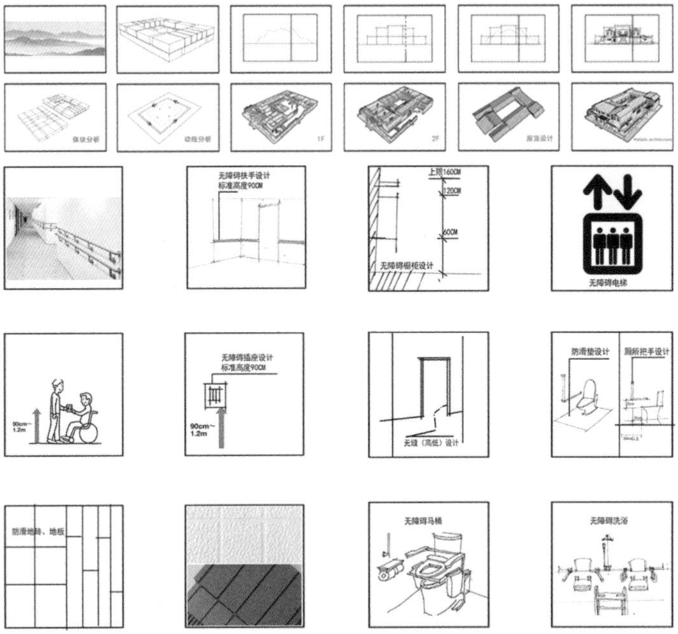
体块分析
动线分析
1F
2F
屋顶设计
无障碍扶手设计
标准高度90CM
上限160CM
120CM
60CM
无障碍橱柜设计
无障碍电梯
90cm~
1.2m
无障碍插座设计
标准高度90CM
90cm~
1.2m
无缝（高低）设计
防滑垫设计
厕所把手设计
防滑地砖、地板
无障碍马桶
无障碍洗浴

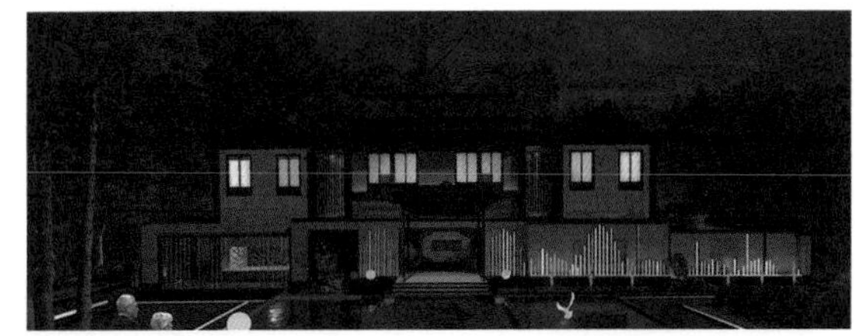

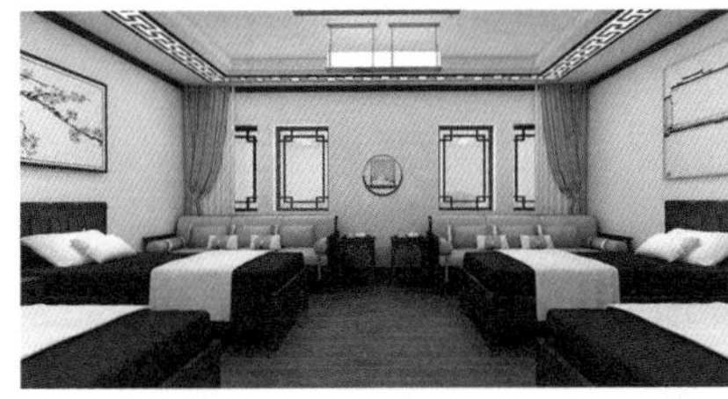

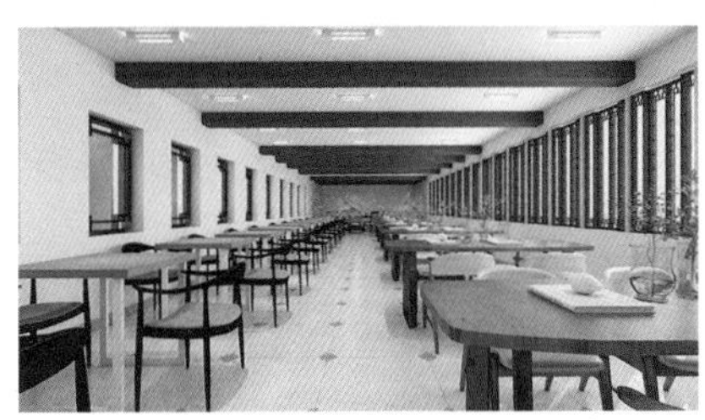

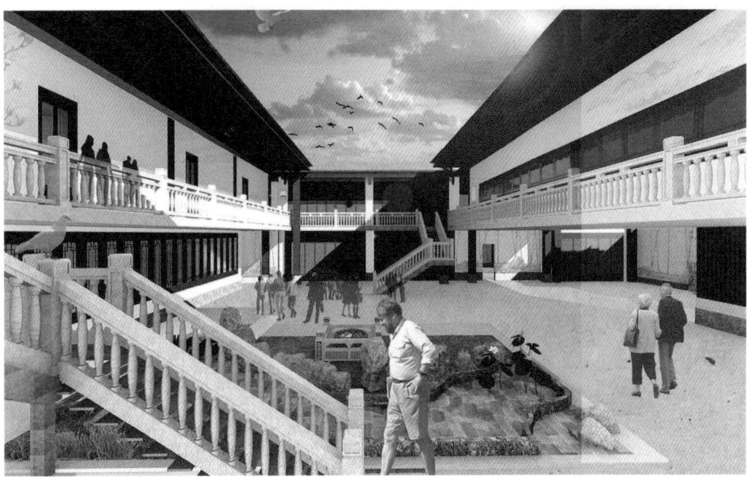

箐竹遗丝
四川长宁蜀南竹海花竹溪村设计实践

作　　者　　邱慧春 唐艺珊 米　雪

指导老师　龚立君 彭　军 孙　锦 孙奎利 杨申茂

天津美术学院
环境与建筑艺术学院

本设计旨在打破原有蜀南竹海景区传统原生态式的旅游概念。在设计中，采用可持续发展的策略，通过转化较为落后的旅游模式并予以改造，实现场地修复与功能置换，在迎合其功能需求与场地环境的同时使开放空间最大化，增加区域的社交和景观空间。景观规划中最大的特点是建筑和景观装置的竹结构与竹构造，与环境相融合，以及桥核心区的当地人聚集地——篝火广场，突出地域特色。

主题“箐竹遗丝”指长满竹子的山谷中遗落下的“白丝绢”。

13516
浴缸
淋浴
12000
多媒体室
上
上
上
上
客厅
5600
11950

天津美术学院
环境与建筑艺术学院

趣·璇
天津市远洋体育公园

作　　者　　朱云祥 廖嘉俊 陈殷锐

指导老师　龚立君 彭 军 孙 锦 孙奎利 杨申茂

将体育元素与公共艺术融合在一起。以三原色（红、黄、蓝）为公园主要色调，创造一个地下、地面、桥的三层空间，充分考虑城市中小型绿地的高效利用；在一个城市中，景观处理的是公共空间，公共空间品质决定城市公共生活的品质；以叙事性景观小品融合在一起，将商业与公园两种跨界空间融合在一起，巧妙地进行空间规划，加强区域的识别性，空间层次感、流动性，提供人们驻足停留体育休闲的空间。

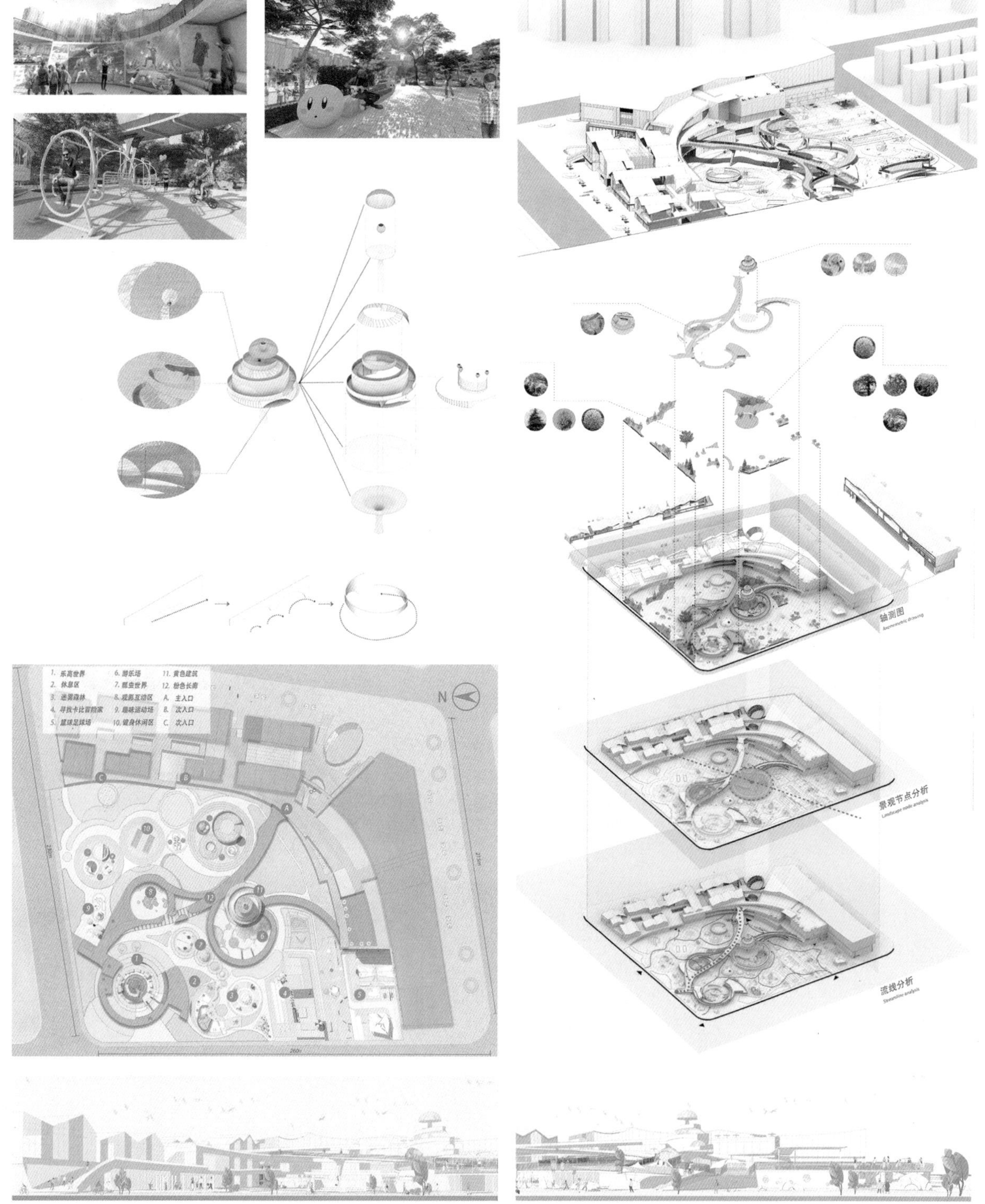

1. 乐高世界
2. 休息区
3. 迷雾森林
4. 寻找卡比冒险家
5. 篮球足球场
6. 游乐场
7. 瓢虫世界
8. 观影互动区
9. 趣味运动场
10. 健身休闲区
11. 黄色建筑
12. 粉色长廊
A. 主入口
B. 次入口
C. 次入口
N
轴测图
Axonometric drawing
景观节点分析
Landscape node analysis
流线分析
Streamline analysis

天津美术学院
环境与建筑艺术学院

融
北京市朝阳区奥运公园改造项目

作　　者　　王心妍 吴佳恒 王　迪

指导老师　龚立君 彭　军 孙　锦 孙奎利 杨申茂

以“融”为主题，借由传统的穴居及覆土建筑理念，希望建造融合自然与建筑的体育运动空间。区别于传统的运动场馆室内外分明的界限，将公园与场馆一体化，在保证体育场馆面积和景观面积的同时，创造了更丰富的连贯空间，提供给市民不一样的运动休闲体验。建筑与景观、运动和生长、现在和过去在这里彼此重叠，建筑和场所在这里融合在了一起。

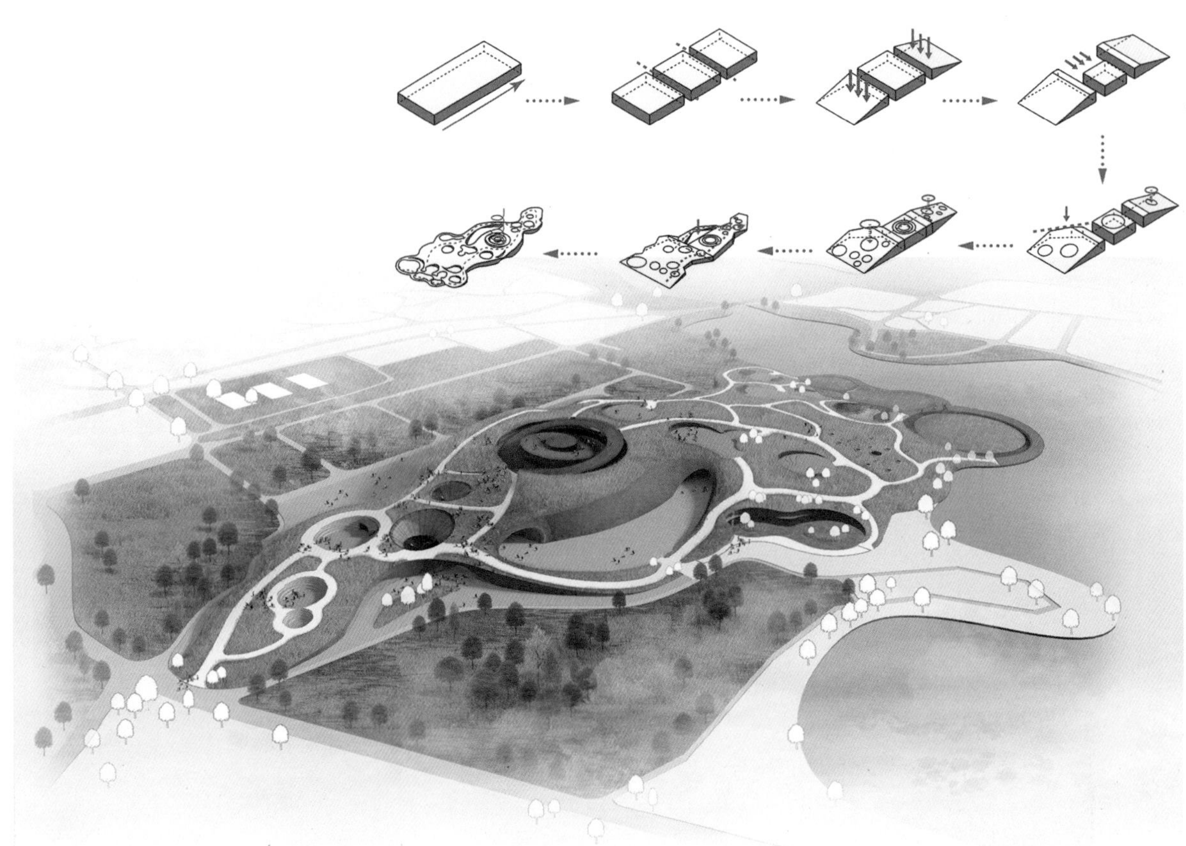

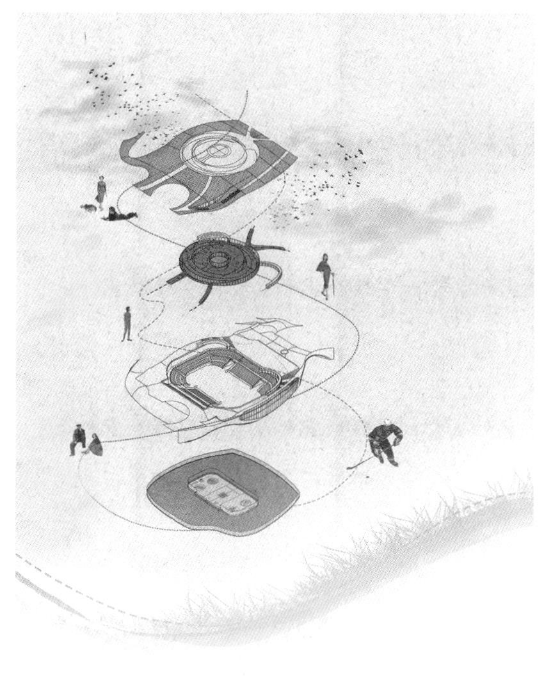

天津美术学院
环境与建筑艺术学院

望山

作　　者 张赛楠

指导老师 彭　军

该项目的设计方案将分为三个部分，首先是对村内一处被废弃的满族旧宅进行改造，因为年久失修，无人居住，因此将其改造成满族文化体验馆，对内可以作为村民学习满族文化的场所，对外则是满族文化的展示与体验的基地，设计的第二部分是满族文化体验馆对面的民族广场的提升改造设计，使其具备满族祭祀活动、体育运动以及娱乐休闲的场所，并设立停车场，满足村内居民、外来游客的停车需要。第三部分是坐落在山腰平坦地段的望山体验营，是一组主要面向外来游客的体验营地，集望山、交流、野营、住宿、当地特产文创衍生品体验为一身的建筑群组。

天津美术学院
环境与建筑艺术学院

衔津入市
津味历史街区的断点修复

作　　者　周祖缘 周群群 张　璐

指导老师　　　　孙　锦 杨申茂

以人为核心，用生活街区重新整合城市人居单元；回望天津历史文化基础和特色生活习性，促进解决历史街区中的实际问题。采用推导的设计手法，对当地问题进行整合罗列，植入天津、佛教艺术文化，更新城市核心功能，添加现代化元素和虚拟化艺术手法。此外，采访了多位不同方向城市问题的有识之士，他们从各个维度更深入地阐述了城市更新过程中的经验、观念与理想，使我们对天津城市更新的理解与认知更加全面、客观和丰满。

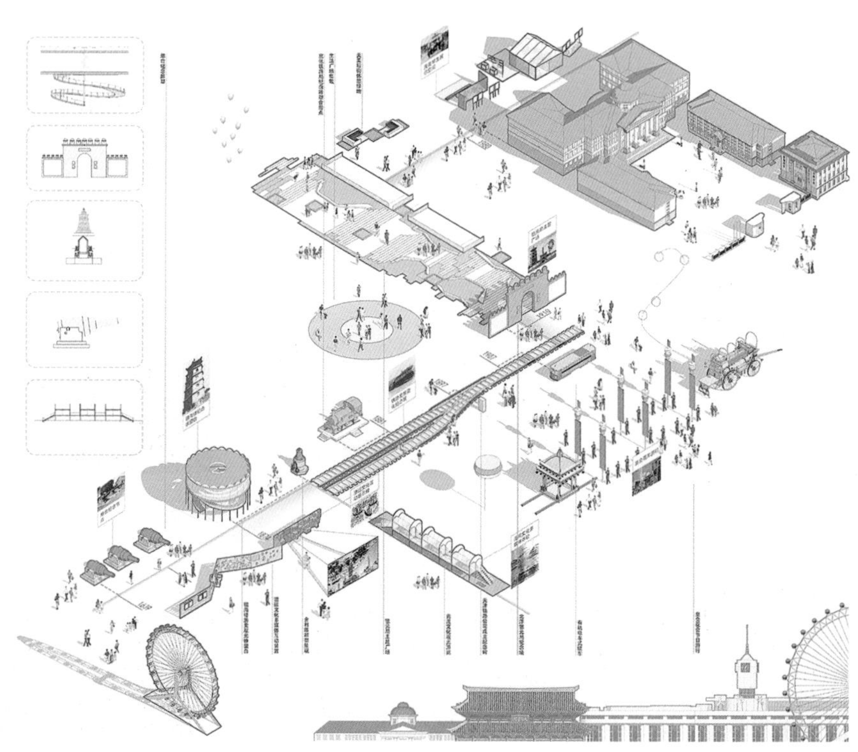

天津美术学院
环境与建筑艺术学院

隐堂
文化街区碧江村老城区改造

作　　者　　　　　　张天颖 龙诗华

指导老师　金纹青 都红玉 鲁　睿 王　强

留住祠堂文化——“祠堂活化”。推陈出新——赋予新的功能性的创新，与现代生活融合。选取三座祠堂作为设计节点，建筑设计延续老城古建院落式空间和天井空间结合，空间与空间之间以原始建筑保留下来的巷道相互串联。景观上循溪溯源镌刻文化印记，并运用于整个设计脉络连接。节点串联的区域，融入了多种功能性——展厅、茶饮、学堂等。利用了“五兽把关”中的山名，作为庭院设计的内容，并将街道的大小广场与内部庭院相呼应，作为景观点的串联。“五兽”之名分别为“温鱼、伏龙、浮石、狮诸冈、昆岗”，大小广场名为“聚龙沙、镇土”。

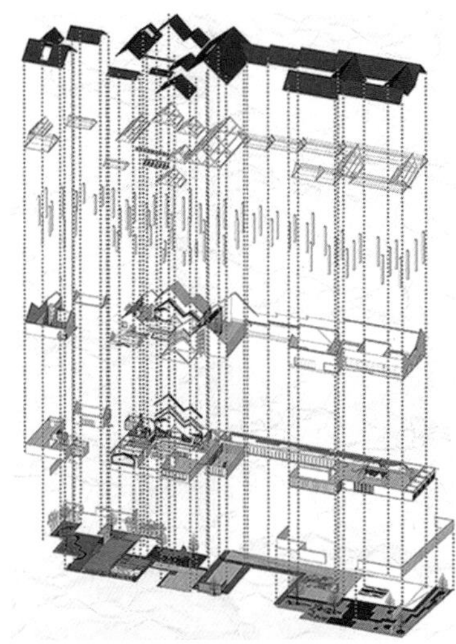

天津美术学院
环境与建筑艺术学院

活化四合院建筑与再现胡同文明
院家·家愿

作　者　许博文 刘　策 刘　莹

指导老师　龚立君 孙　锦 杨申茂 孙奎利 彭　军

大杂院在时代的更替下由合院演变而来。如今杂院多数为空、原住户多为孤寡老人、年轻人逐渐流失等问题正是本次设计要解决的。在设计思路上采用微更新，把原有违建演变成新的小插件安放在院子里使整体空间得到改善，从外观看起来并没有多大的变化。并且引入年轻创业者与原住户形成很好的共生模式，激活街道激活合院，做到城市更新。

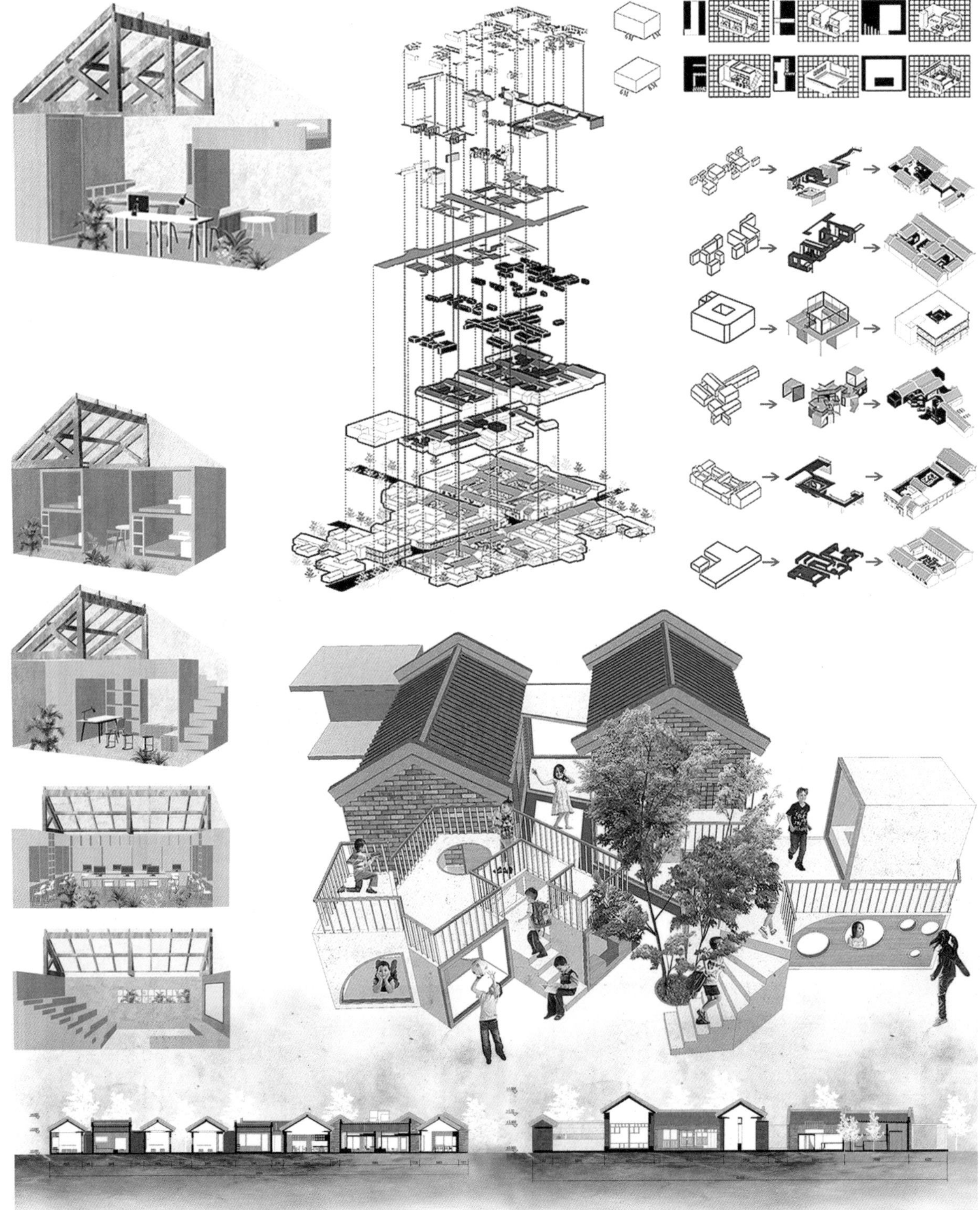

天津美术学院
环境与建筑艺术学院

聲象
——声音体验空间概念设计

作　　者　车悦 焦娜

指导老师　　　高颖

声音体验空间概念设计，从声音的角度，重新思考声音在生活中的重要性，以及声音在人与人、人与自然，以及人与环境中的关系。作品在前期调研的基础上，展开建筑与室内的体验空间概念设计。在建筑设计中，将声音由近及远的强弱变化，应用到建筑外延表皮肌理上，随着阳光和空间的尺度，呈现出光影强弱的层次变化。结合建筑的空间功能和声音的发散状，将功能与形式有机结合，演变建筑的整体形态，使建筑的功能划分和可视化表现由内到外整体贯穿。在室内空间设计中，将声音与视觉、动感、嗅觉转换，具象声音通过情感心理等的因素，转化成图像、色彩、动感等，通过其他感官系统展现，引起人们对声音的重新思考，同时，声音体验空间也积极思考声音与听力障碍者的关系，通过其他形式满足残疾人群对声音的体验，也唤起人们对听力障碍者的关注。

一层平面图

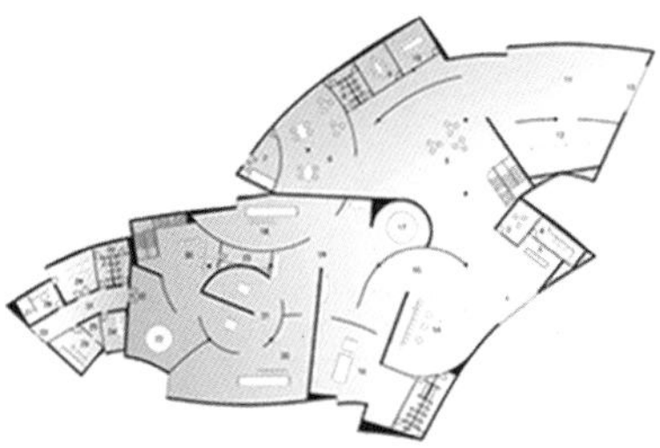

1.主入口
2.洽谈区1
3.前台/服务台
4.前台办公区
5.公共活动区/休息区
6.餐厅
7.后厨区
8.卫生间
9.综合会议室1
10.综合会议室2
11.过渡空间
12.廊桥
13.出口
14.休息区1
15.次入口
16.体验区1
17.体验区2
18.体验区3
19.过渡空间
20.体验区4
21.体验区5
22.体验区6
23.储藏区
24.行政库房
25.更衣室
26.行政办公区
27.更衣室
28.策展办公区
29.策展库房
30.卫生间
31.过渡空间
32.员工出入口
33.员工出入口
34.卫生间
35.休息区2

二层平面图

36.体验区7
37.体验区8
38.体验区9
39.过渡空间
40.体验区10
41.体验区11
42.卫生间
43.休息区3
44.体验区12
45.体验区13
46.放映/互动区

东立面图

南立面图

功能分区

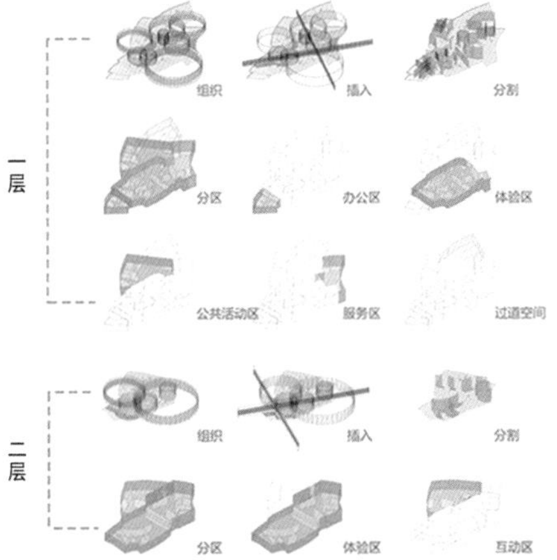

一层：组织　插入　分割　分区　办公区　体验区　公共活动区　服务区　过道空间

二层：组织　插入　分割　分区　体验区　互动区

灵感来源——声波

形态演变

气味装置

气体发散强弱变化

音乐

雾气

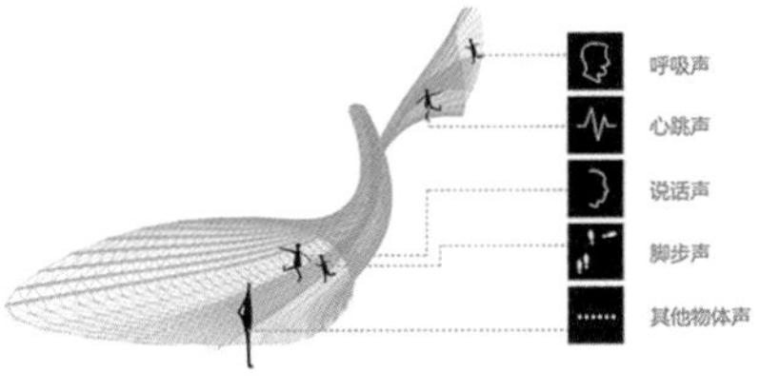

呼吸声

心跳声

说话声

脚步声

其他物体声

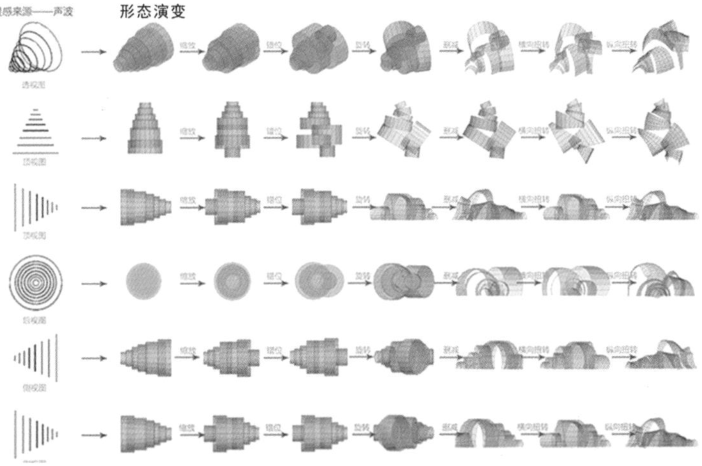

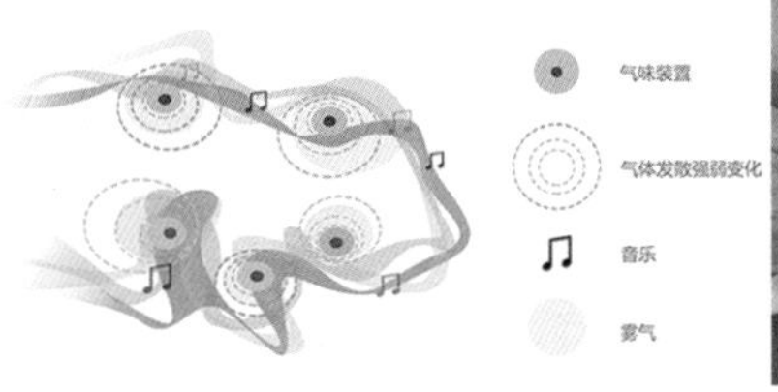

天津美术学院
环境与建筑艺术学院

裂谷艺术中心

作　　者　周寒煜　赵家佳

指导老师　　　　都红玉

设计灵感来自于地震的裂缝，建筑的形状像石块破土而出的感觉，中心高起，四周倾斜到地面。建筑里面的浏览顺序设计也是从下至上的顺序。观众先从入口直接到地底最下面的一层，然后慢慢向上浏览，参观展品，感受从地表上方裂缝里照进的阳光。光可以透过到地下的空间，给人一种在黑暗中感受到光明的感觉。

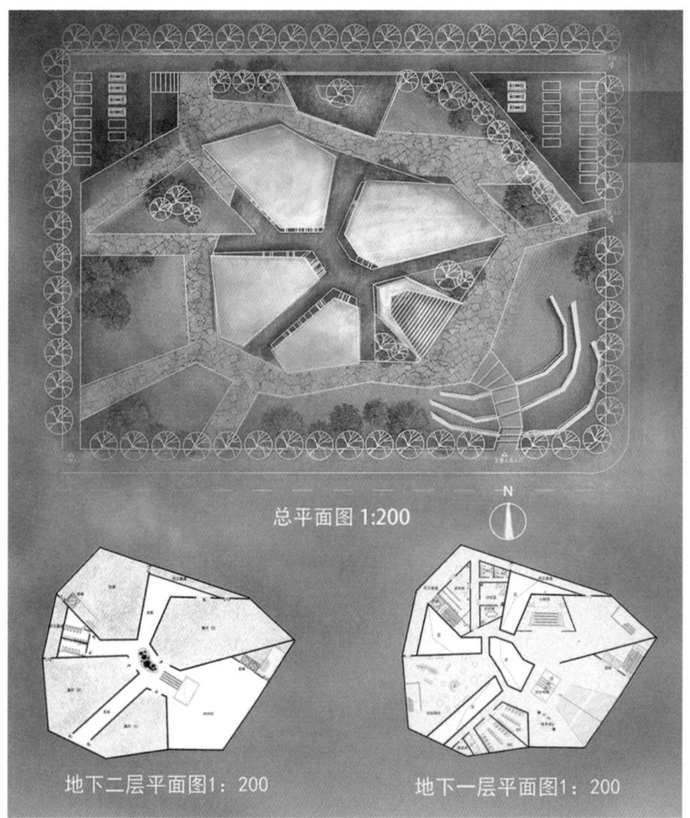
N
总平面图 1:200
地下二层平面图1：200
地下一层平面图1：200

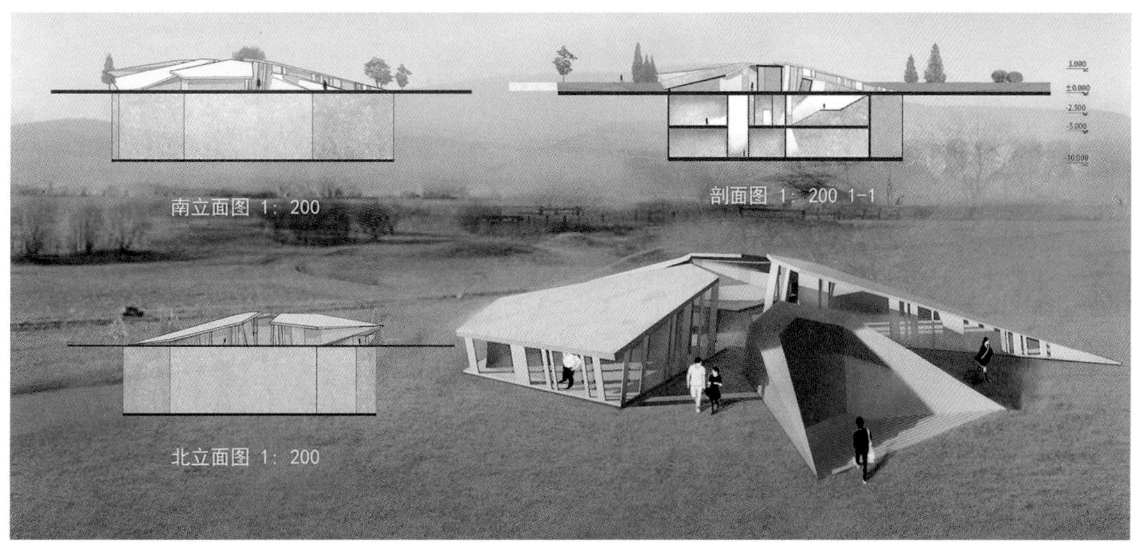
3.000
±0.000
-2.500
-5.000
-10.000
南立面图 1：200
剖面图 1：200 1-1
北立面图 1：200

西安美术学院

微世大美
——西安下马陵传统社区微更新改造

作　　者　吴韵琴 左洵 潘一楠 吴浩平

指导老师　李　媛

对位于陕西省西安市碑林区的下马陵地区进行的一系列更新设计。对该场地进行了为期半年的调研，在足够了解该场地的情况下，对其场地进行“自下而上”的人性化设计。通过原有场地提升设计、前瞻创新设计、城市历史人文设计等设计手法，对其场地进行改造。旨在设计之后能够让该地区的居民们获得更多的幸福感和便捷性。

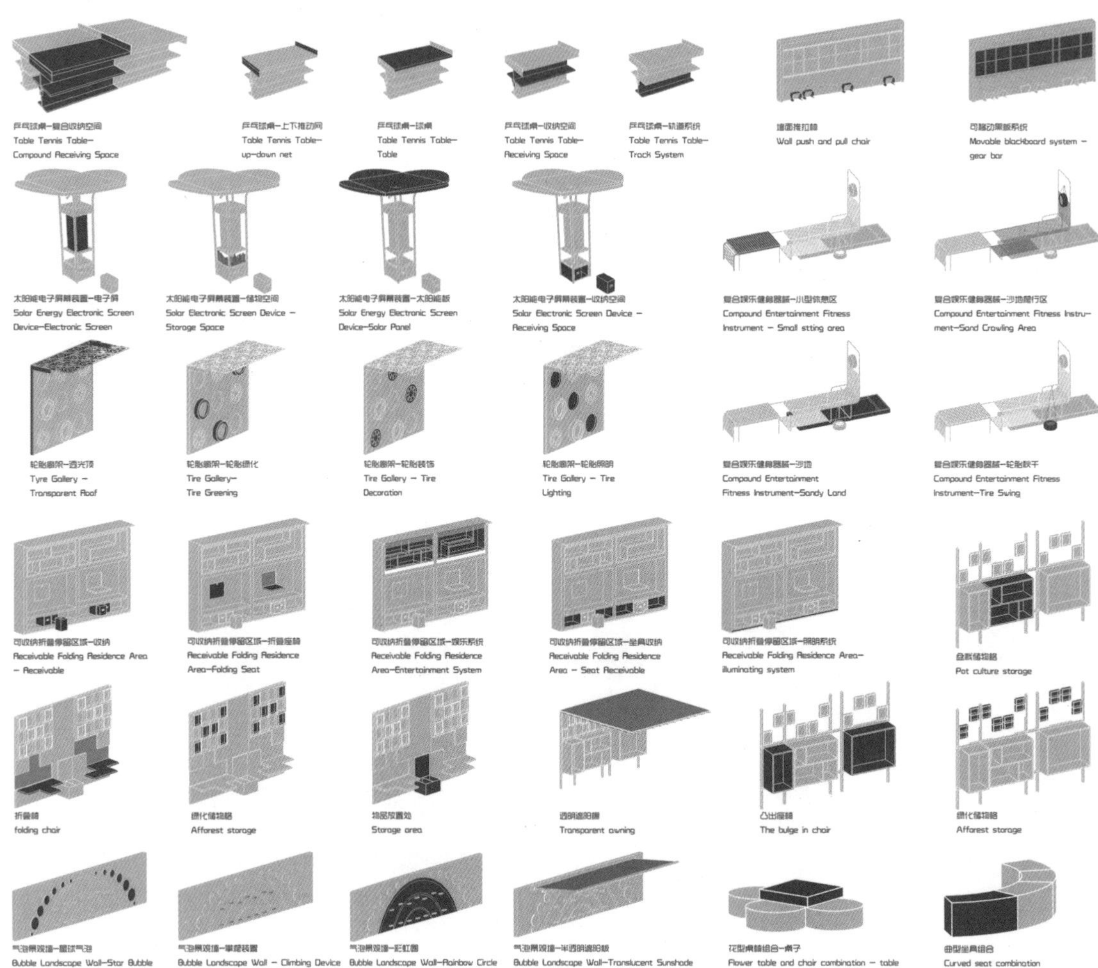

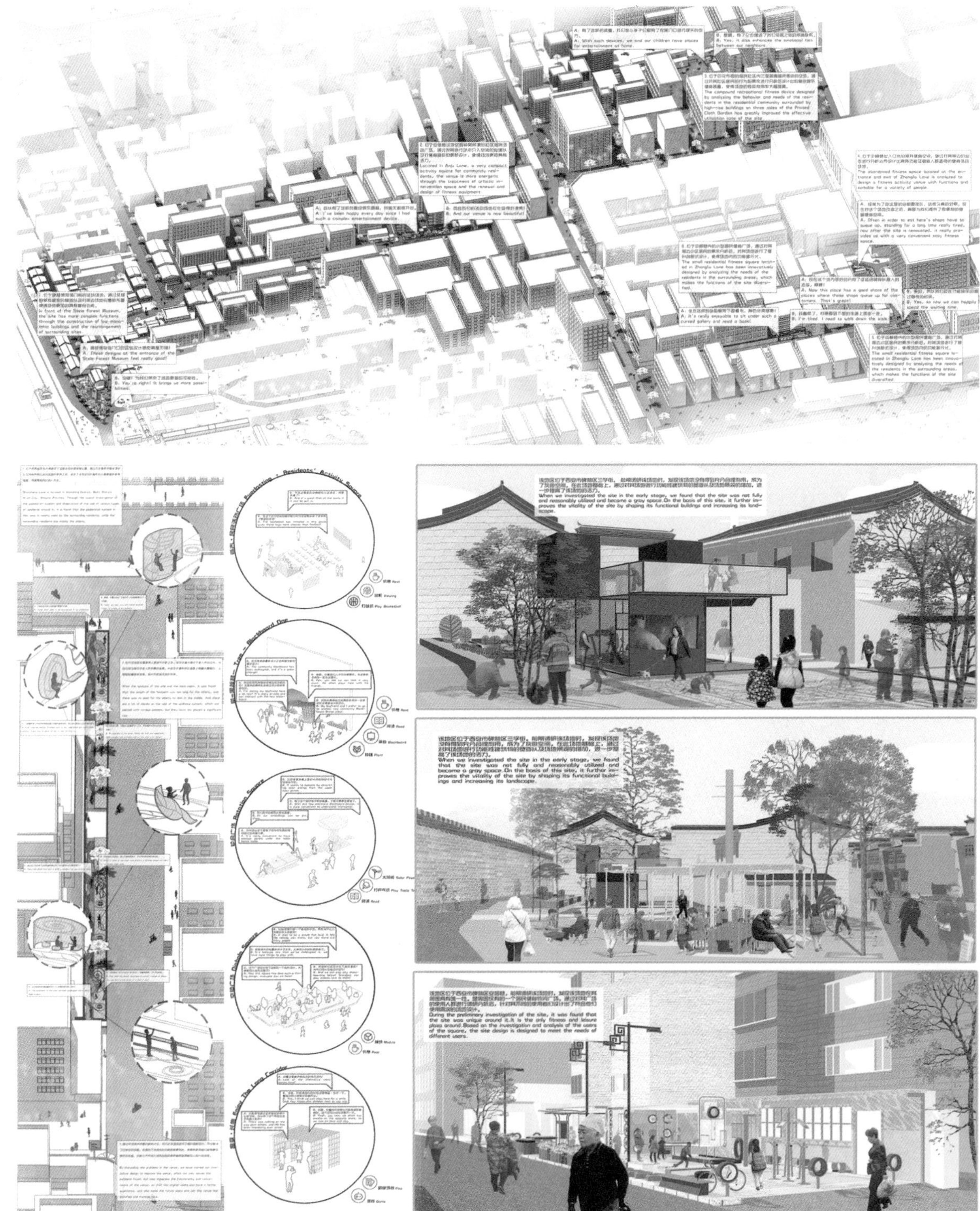
When we investigated the site in the early stage, we found that the site was not fully and reasonably utilized and become a gray space.On the basis of this site, it further improves the vitality of the site by shaping its functional buildings and increasing its landscape.
When we investigated the site in the early stage, we found that the site was not fully and reasonably utilized and become a gray space.On the basis of this site, it further improves the vitality of the site by shaping its functional buildings and increasing its landscape.
During the preliminary investigation of the site, it was found that the site was unique around it.It is the only fitness and leisure plaza around.Based on the investigation and analysis of the users of the square, the site design is designed to meet the needs of different users.

巷世界
——西安书院门巷内景观更新设计

作　　者　周姝伶 沈 悦 张园茜 肖骊娟

指导老师　　李 媛

我们以书院门除主街道以外的巷内环境问题出发，从如何改善空间布局、提高公共空间利用率与结合书院门特殊的文化背景等为切入点，深入满足人的心理需求，以人、文化、场所三者之间的关系为核心，将书院门的巷内空间按功能分类，针对不同的巷内大小与类型，总结符合其特性的巷道空间营造策略。缓解场地居民对长时间居住于高密度空间的压抑感来实现“以人为本”主旨的人性化景观设计，使这些小巷寻回温馨和谐的市井景象与多元活力的生活氛围，是我们希望为这里所做的事。

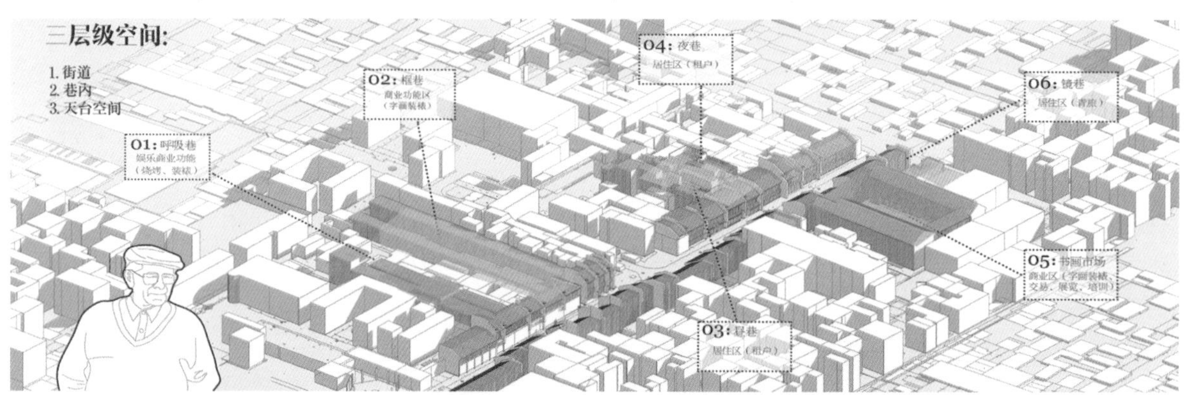

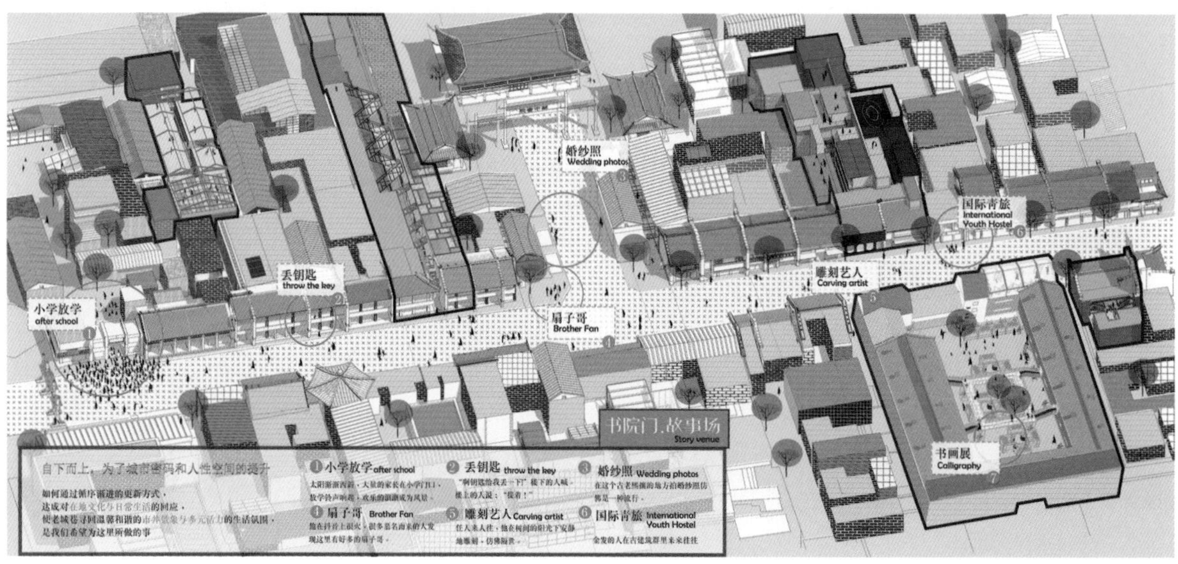

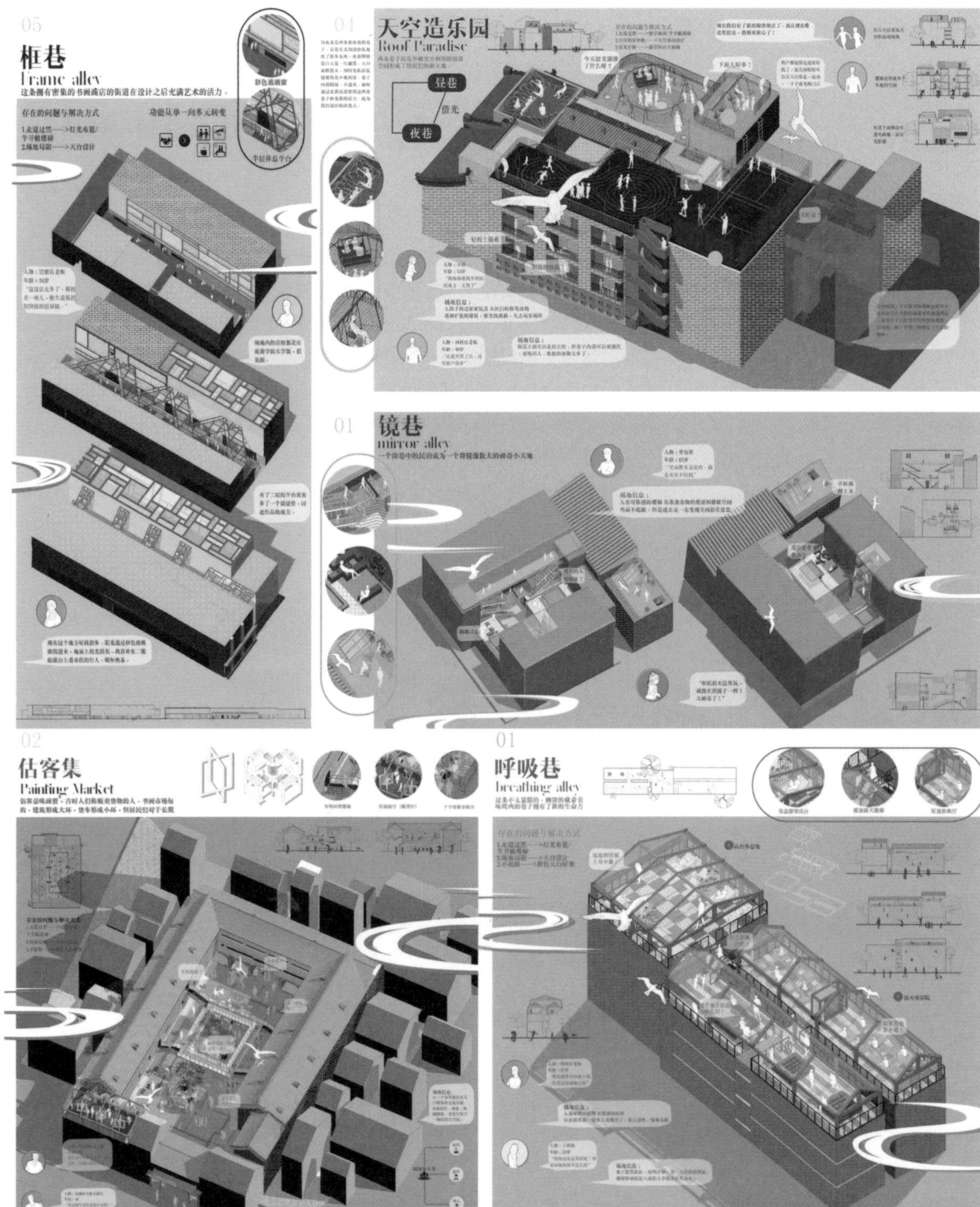
05
桓巷
Frame alley
这条拥有密集的书画藏店的街道在设计之后充满艺术的活力。
存在的问题与解决方式
功能从单一向多元转变
1.走道过黑——>灯光布置/
半开敞楼梯
2.场地局限——>天台设计
彩色玻璃窗
半层休息平台
01
天空造乐园
Roof Paradise
昼巷
借光
夜巷
01
镜巷
mirror alley
一个深巷中的民宿成为一个得镜像放大的神奇小天地
02
估客集
Painting Market
估客意味商贾，古时人们称贩卖货物的人。书画市场标的，建筑形成大环，货车形成小环，但居民们对于长期
01
呼吸巷
breathing alley
这条不太显眼的、幽深的藏着美味的巷子拥有了新的生命力
存在的问题与解决方式

西安美术学院

预见未来
——基于过去百年景观发展下的对未来二十年景观设计发展研究

作　　者　李淑君 王代君 陈年研 李金铭

指导老师　孙鸣春 吴文超

我们通过梳理过去二十年来人的行为及意识变化、社会发展变化趋势以及百年来景观发展中的转折节点，寻求发现历史中节点阶段的发展倾向、转变趋势。将二者结合，从工作、交通、娱乐、生态、居住五个方面去构思二十年后新的生活模式和城市发展模式。并且如何在这种新的城市生活模式中从最大限度去激发个人的潜力并且提高生活品质的新构思进行了探讨。为未来城市空间景观发展变化提供指导性、趋势性变化依据。

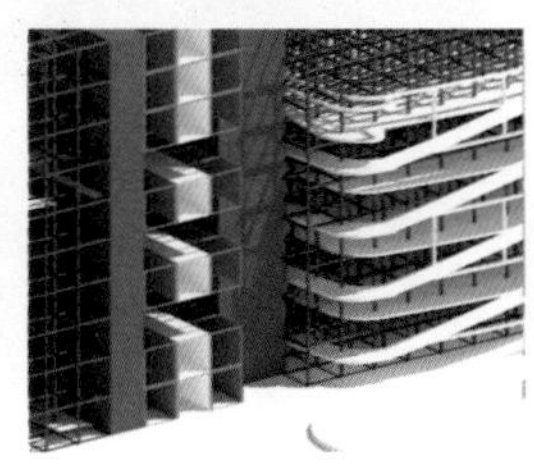

B612
——心心特殊儿童发展中心建筑更新改造计划

作　　者　洪梦莎 王琼建 唐小渡 江子印

指导老师　石　丽

本案聚焦于智力残疾儿童，充分立足于其实际需求旨在将原来破败陈旧的心心特殊儿童发展中心改造成一个功能实用多样、氛围童趣温馨、陪伴成长的建筑空间。整体建筑的形态从星球、星云的意向中汲取意向，将星云中星球的大小、位置状态抽象后得到了最初的几个母题，然后通过阵列获得了建筑的整体外部形态。在内部功能上将原来呆板的串联式功能模块全部打乱，结合安全规范、空间活力、对外开放程度、使用主体重新进行结构组合，并最终得到了一个分区明确、安全性高、流线丰富、隐私性高、充分结合师生实际需求的内部功能空间，并增加了大面积的中央室内活动区域，屋顶天台的更新设计满足了发展中心集会和夏日，以及冬日不同的体育活动需求。在家具和游乐设施设计上，具体结合发展中心的人员构成秉承了通用化和包容性设计原则，并将复健训练融入游乐设施的设计中，充分满足了发展中心学生、教师和来访者多元的需求。在建筑材料上采用了双层白色磨砂玻璃做外立面，并通过轻钢结构进行加固，满足了采光、隔热、安全的需求。

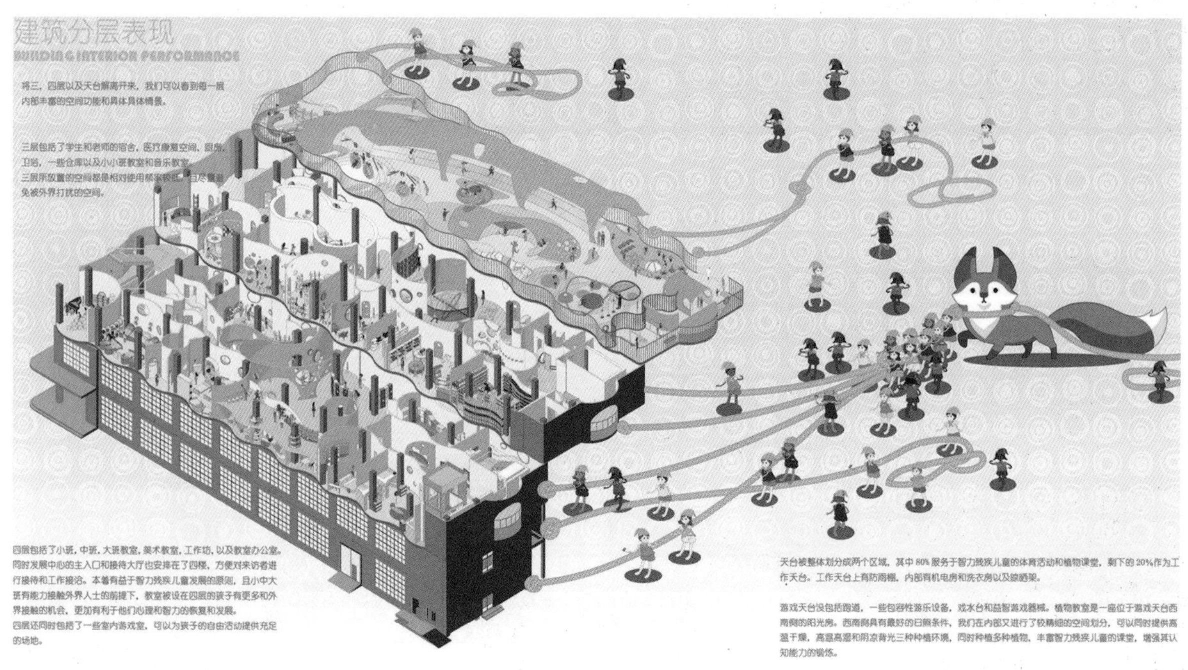

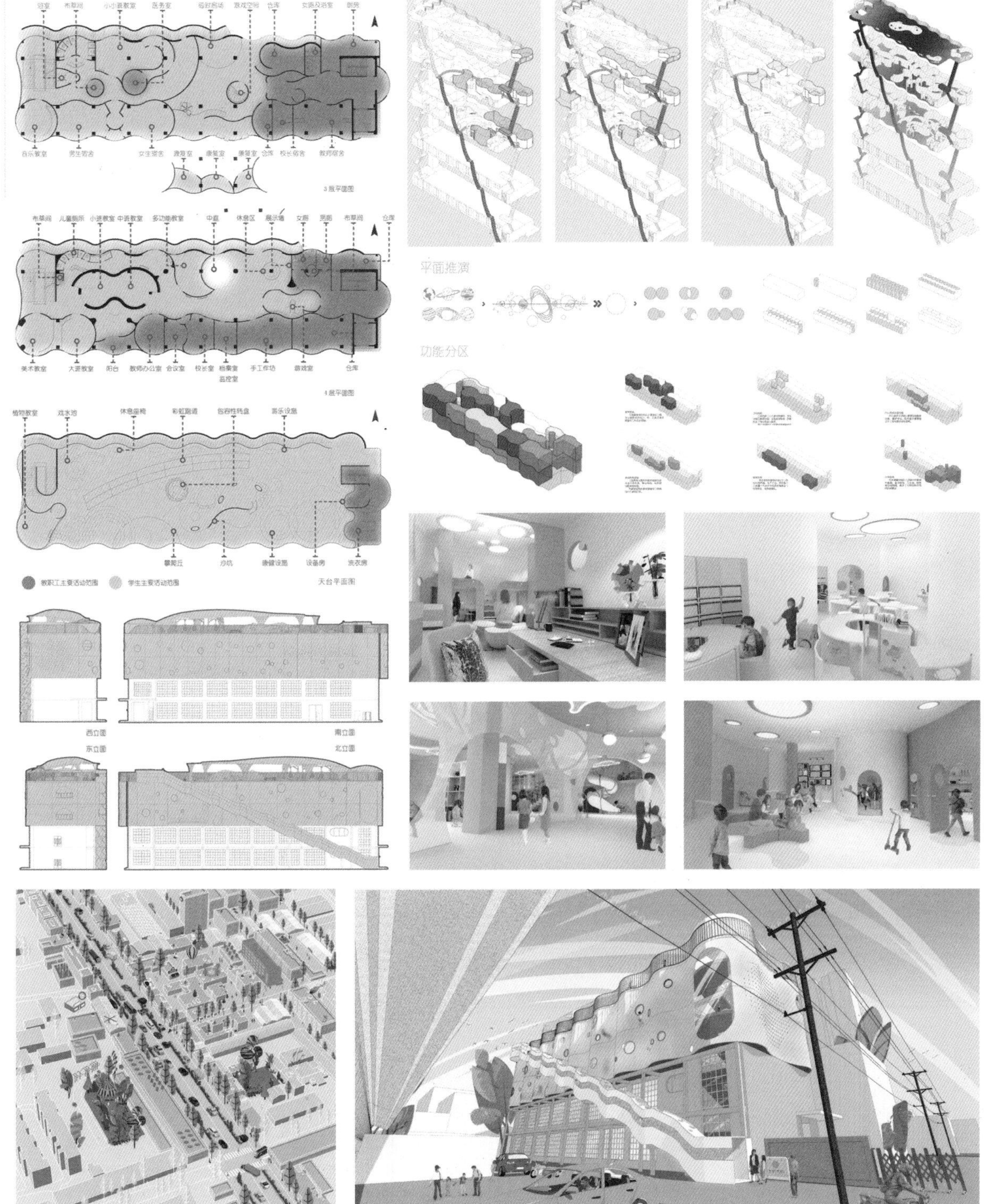
3 层平面图
4 层平面图
天台平面图
教职工主要活动范围
学生主要活动范围
西立面
东立面
南立面
北立面
平面推演
功能分区

爿墙之间
——艺术家工作室空间设计

作　　者　任思哲 宋雨丹 孙若男

指导老师　周　靓 周维娜 胡月文

通过对关中地区民居特征形式语言的探究，如何传承与发展传统民居的特色，成为本案关注的重要方向。以西安美术学院长安校区国际艺术家工作室为设计语境，与其功能内容相结合，浓缩出“爿墙之间”的设计语汇，是传统建筑特性元素与现代艺术功能之间叠加的诠释与脚注。运用爿墙元素将空间划分为不同的艺术专业需求板块，以有机开放的庭院将多样化艺术空间并联，形成丰富多样空间的同时，又赋予艺术工作室实至名归的艺术样貌。

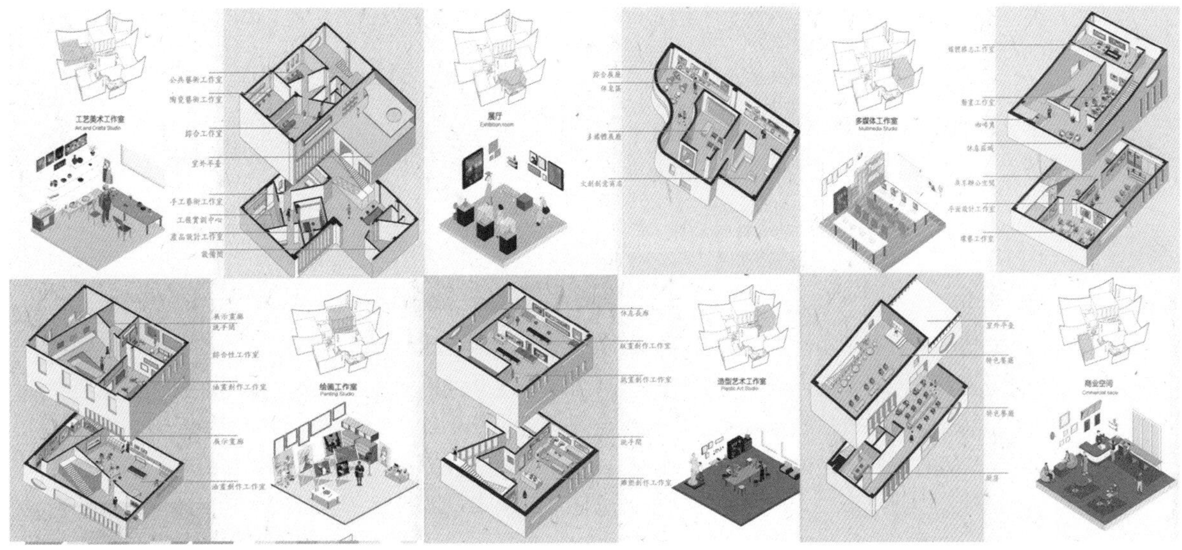
工艺美术工作室
Art and Crafts Studio
展厅
多媒体工作室
绘画工作室
造型艺术工作室
商业空间

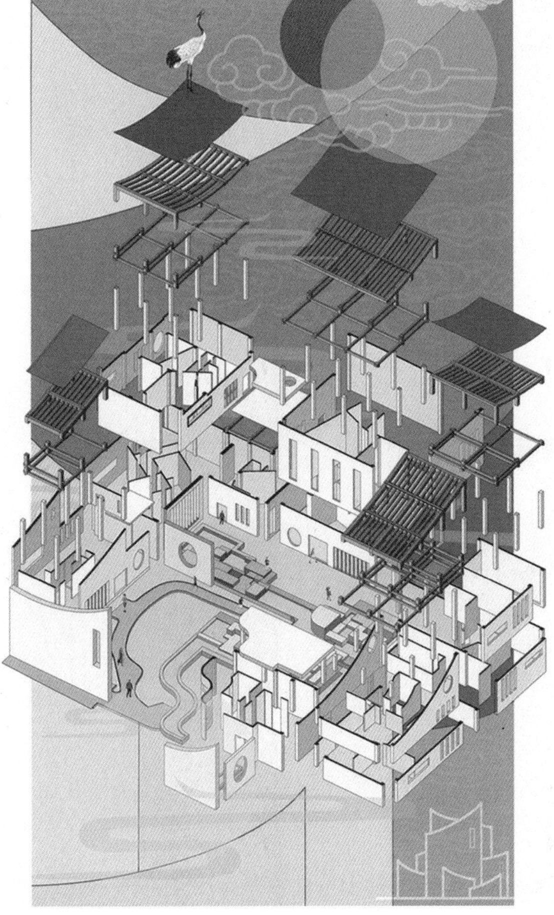

西安美术学院

厝落
——镇海角闽南艺术馆空间设计

作　　者　杜晓鹏 吴苑 李禹天 王　聪

指导老师　　　　周靓 周维娜 胡月文

“厝”是闽南语房子的叫法，“厝落”=“错落”是建筑依附于场地形态的错落关系。本次设计主要受闽南传统建筑风格的影响，运用闽南当地的建筑材料打造具有本土特色的现代化艺术馆，意在使人们能够重新拾起对当地古厝文化的重视。在空间设计中探究建筑与文化的融合、人与自然的互动关系、人对空间尺度的感受以及光感在空间的运用。闽南建筑一直是独特的存在，但这种独特的建筑样式正在被新型的房子慢慢取代，而传统的建造工艺在新一代人中慢慢流失。本次设计希望通过提取闽南传统的建造元素及材料，用现代设计语言打造一个闽南特色的艺术馆。通过空间表达及材料运用，让参观者能够对闽南建筑于文化产生全新认知和重视，同时希望能给当地居民的生活带来正面影响，丰富他们的日常活动。

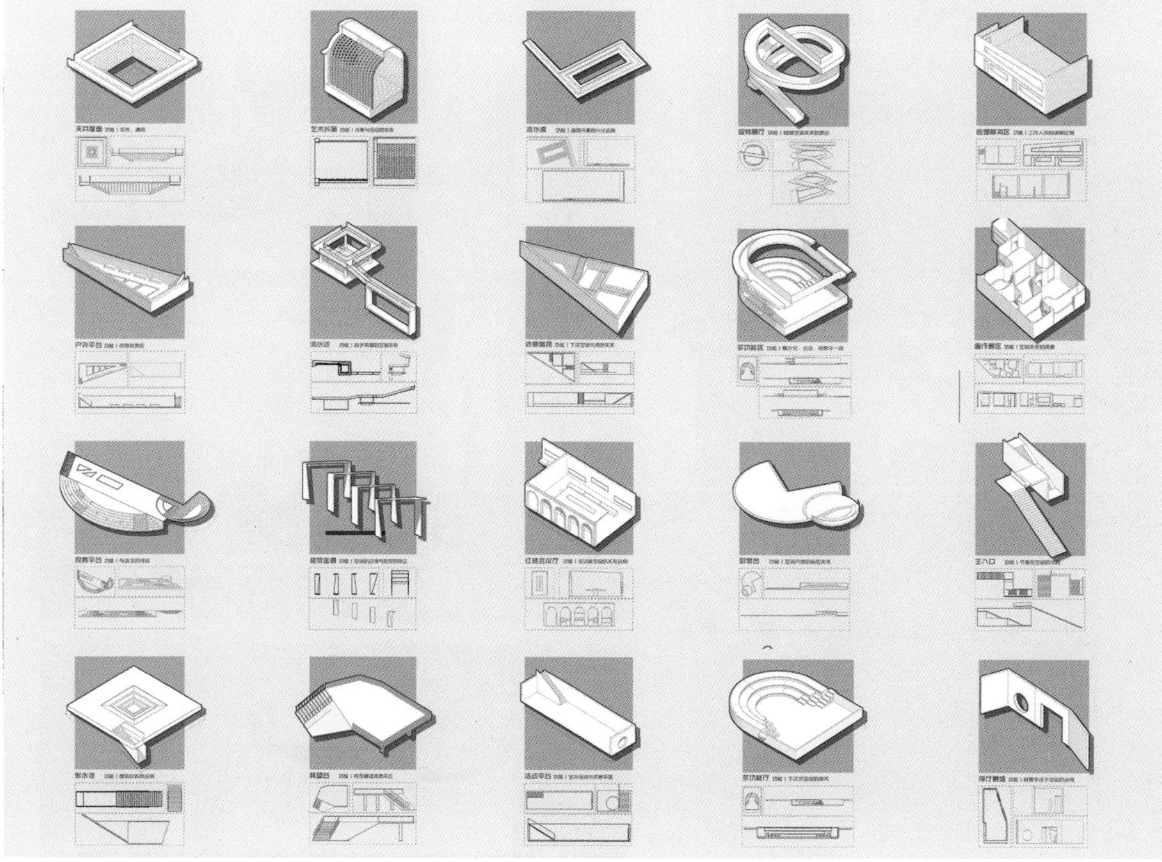

左剖面
正剖面
右剖面
1栋正剖面
1栋背剖面
2栋正剖面
2栋背剖面
3栋背剖面
3栋正剖面

天窗
顶层+天窗
柱网
旋转展厅
办公
多功能厅
景区
展廊
内部结构
公共区域
艺术区域
服务区域
建筑外墙体
+功能分区
景观区域
过道
基座+景观+过道
全体

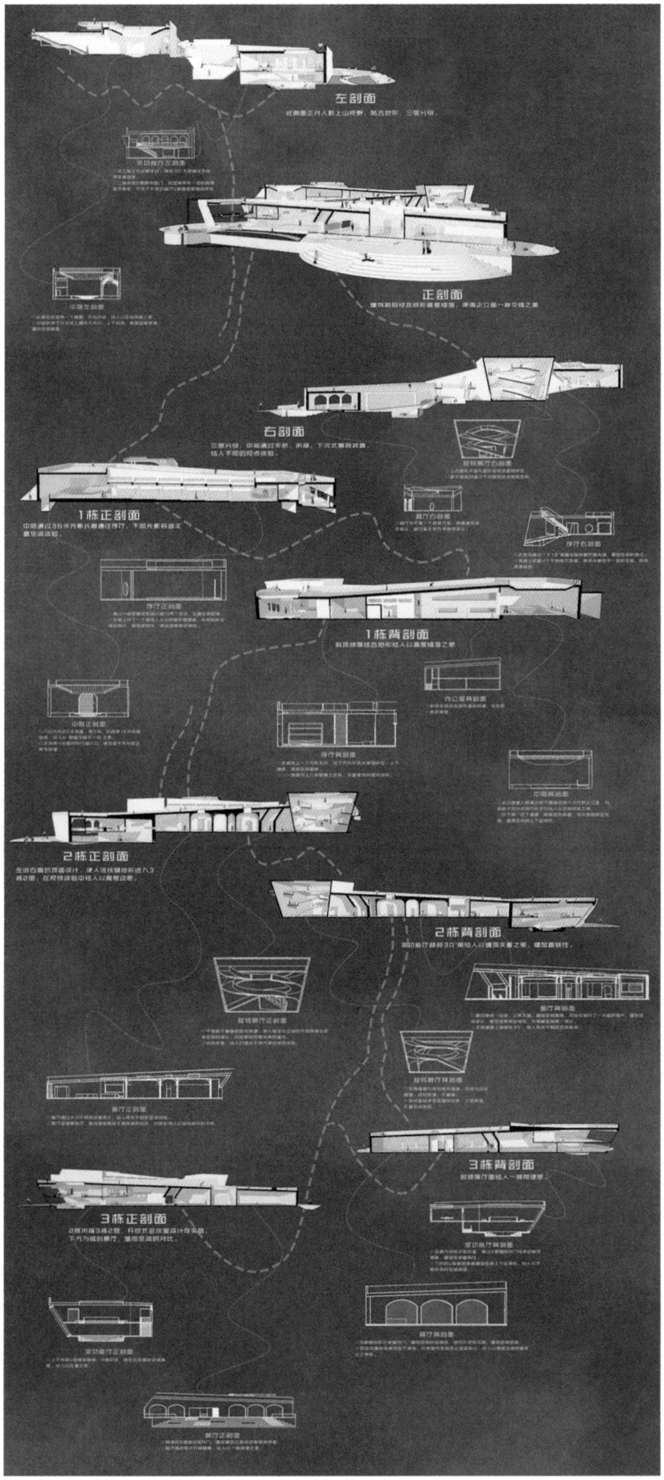

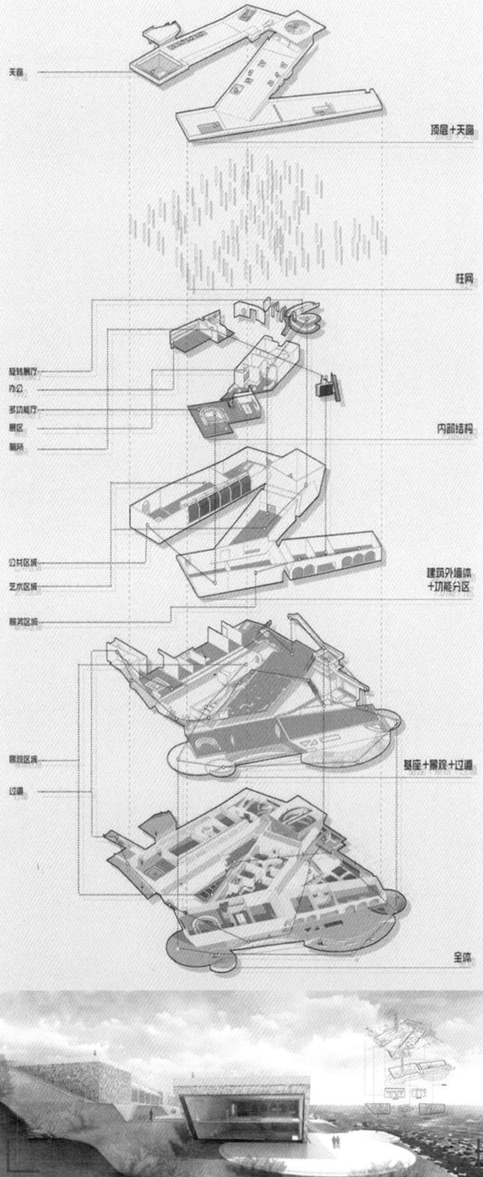

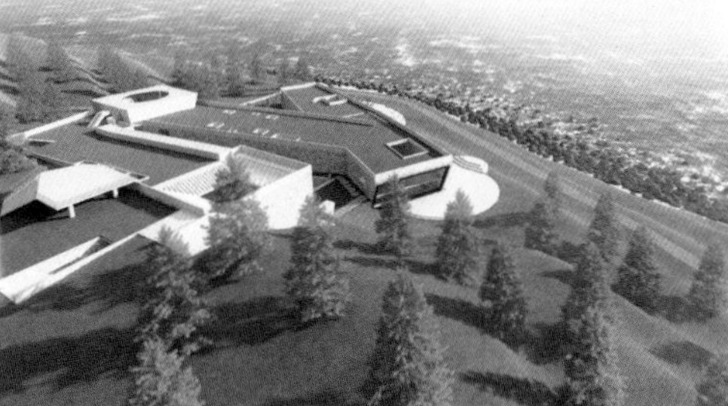

西安美术学院

暮华社语
——20世纪末滨湖旧社区市井生活再生设计

作　　者 黄　轩

指导老师　孙鸣春

本设计通过规划分级，以拓展空间、公共活动空间、市井商业空间以及菜市场业态圈四种类型划分社区空间，并针对每一个空间的问题设计相应的空间模块来弥补缺陷，以达到社区整体更新的目的，并通过模块激活社区熟人网络和记忆，从而使滨湖社区物质、精神同步更新。目的是让社区景观空间获得再生，并维持社区原有的稳定社会关系网络，延续人文特质，激发社区居民的社区感，推动社区自治建设，以达到让旧社区融入当代社会文化网络之中，用旧社区的市井文脉状态丰满城市社会的多元性，将其编入城市脉络当中，成为市井文脉且具有内涵的新生文化。

Restaurant
Multifunctional area
Growing area
Food market

西安美术学院

无为而顺生
——王峰村民居建筑改造

作　　者　王绪爱 王全欣 李瀚奇

指导老师　海继平 王　娟

新农村改造已成为新时代改造的潮流，也是建筑文化的新课题。顺应王峰村特有的地理文化气质，改变王峰村现代民居与传统窑洞样式的简单相加，保护王峰村的本土特色，使整个村落的建筑形态得到更合理、更生态的发展。

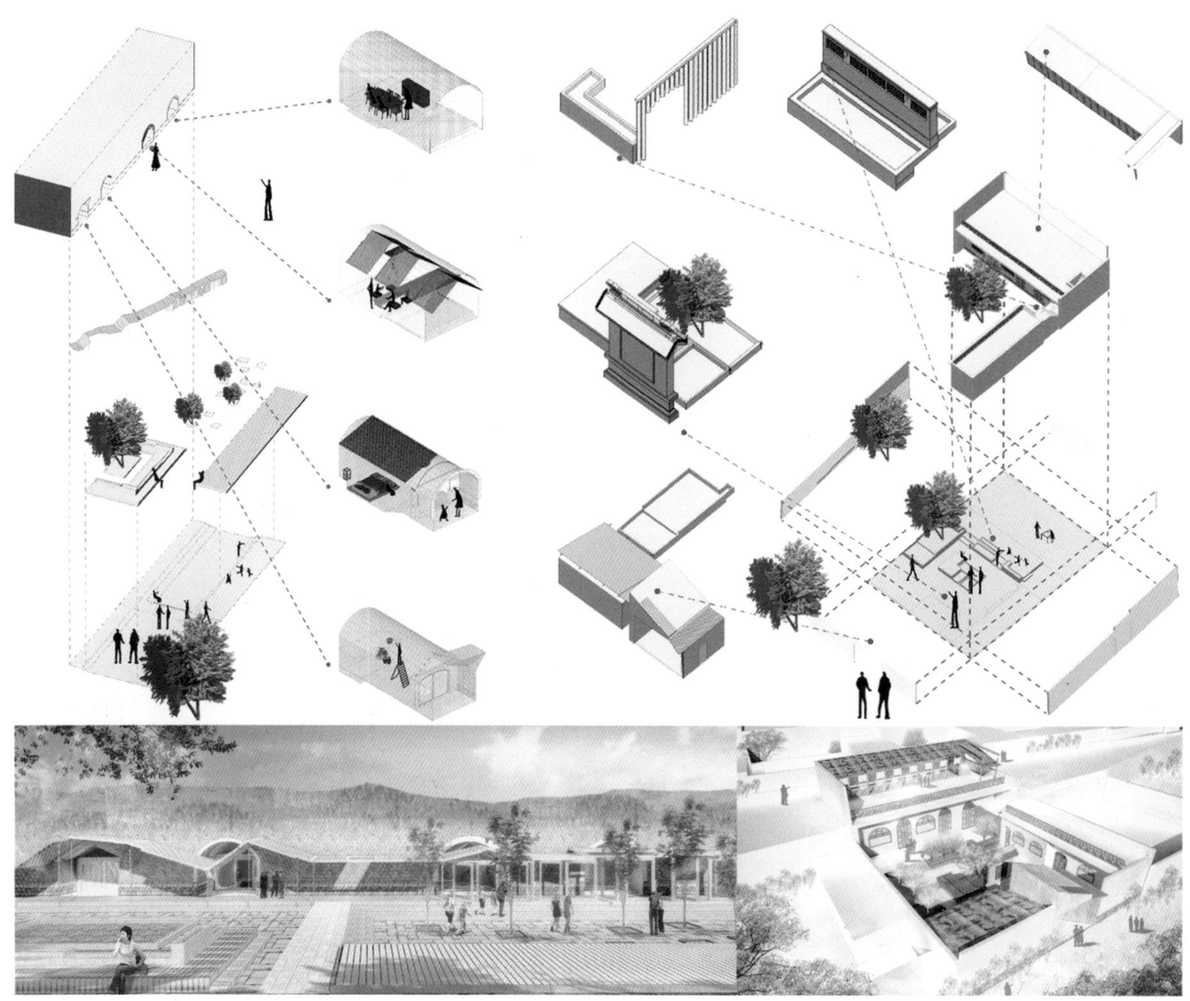

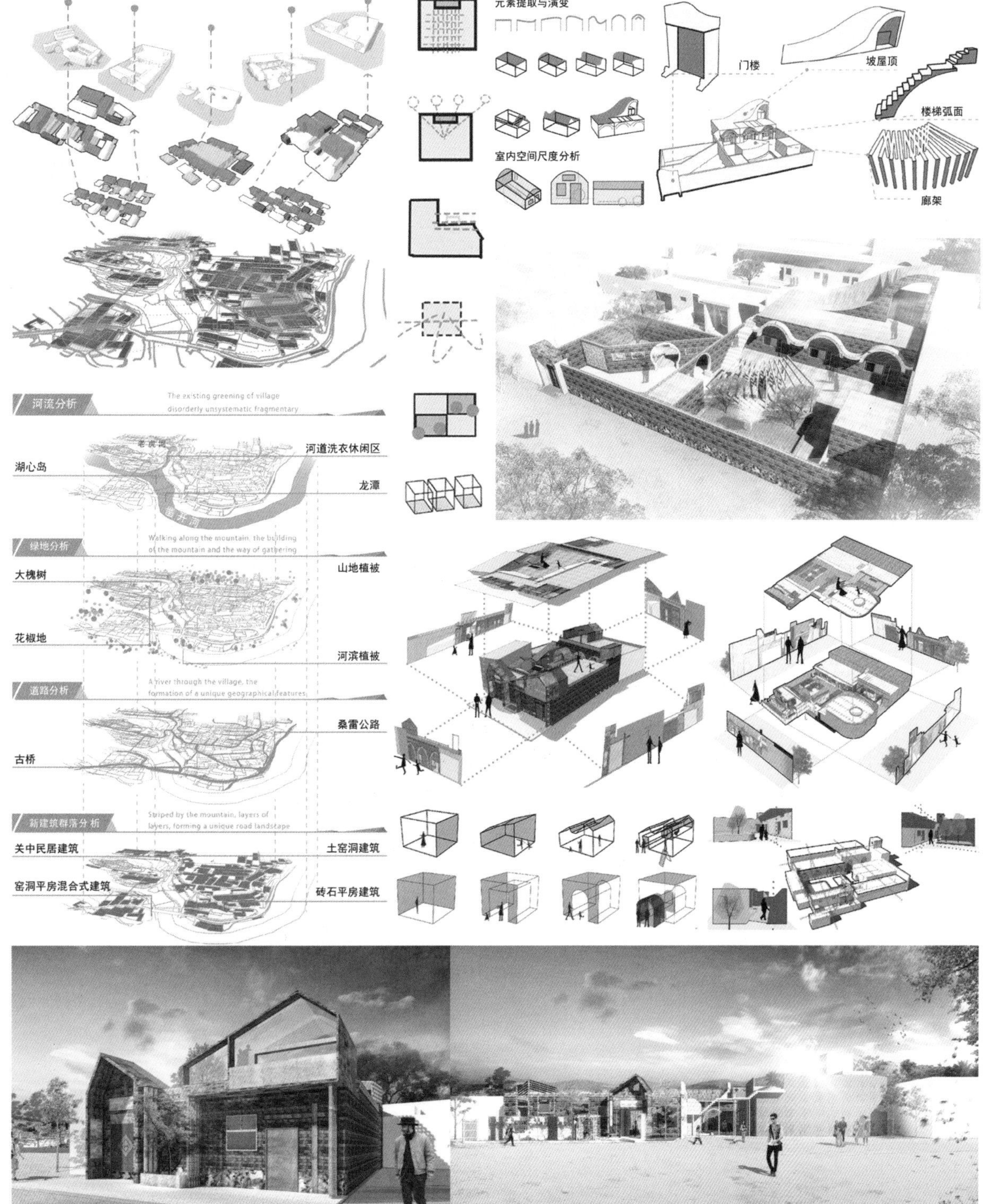

元素提取与演变
室内空间尺度分析
门楼
坡屋顶
楼梯弧面
廊架
河流分析
The existing greening of village
disorderly unsystematic fragmentary
湖心岛
河道洗衣休闲区
龙潭
绿地分析
Walking along the mountain, the building
of the mountain and the way of gathering
大槐树
山地植被
花椒地
河滨植被
道路分析
A river through the village, the
formation of a unique geographical features
桑雷公路
古桥
新建筑群落分析
Striped by the mountain, layers of
layers, forming a unique road landscape
关中民居建筑
土窑洞建筑
窑洞平房混合式建筑
砖石平房建筑

渗透·交错
——散点叙事策略下的住宅设计

作　　者　刘巧莉

指导老师　周　靓

为城市村落民居住宅进行建筑设计，是一次空间形式的探索，参考传统绘画散点叙事形式的图式语言，来进行建筑空间设计，体现错落有致的空间形式。内部空间设计由观察方式开始，使用动态路线来引导人的视线移动，然后经过空间界面相互重叠或者跳进。作为景区与居民区过渡的场地更注重地方文脉的传承，新老建筑的融合，形成开放、现代、多元化、具有地域特有氛围的居住空间。

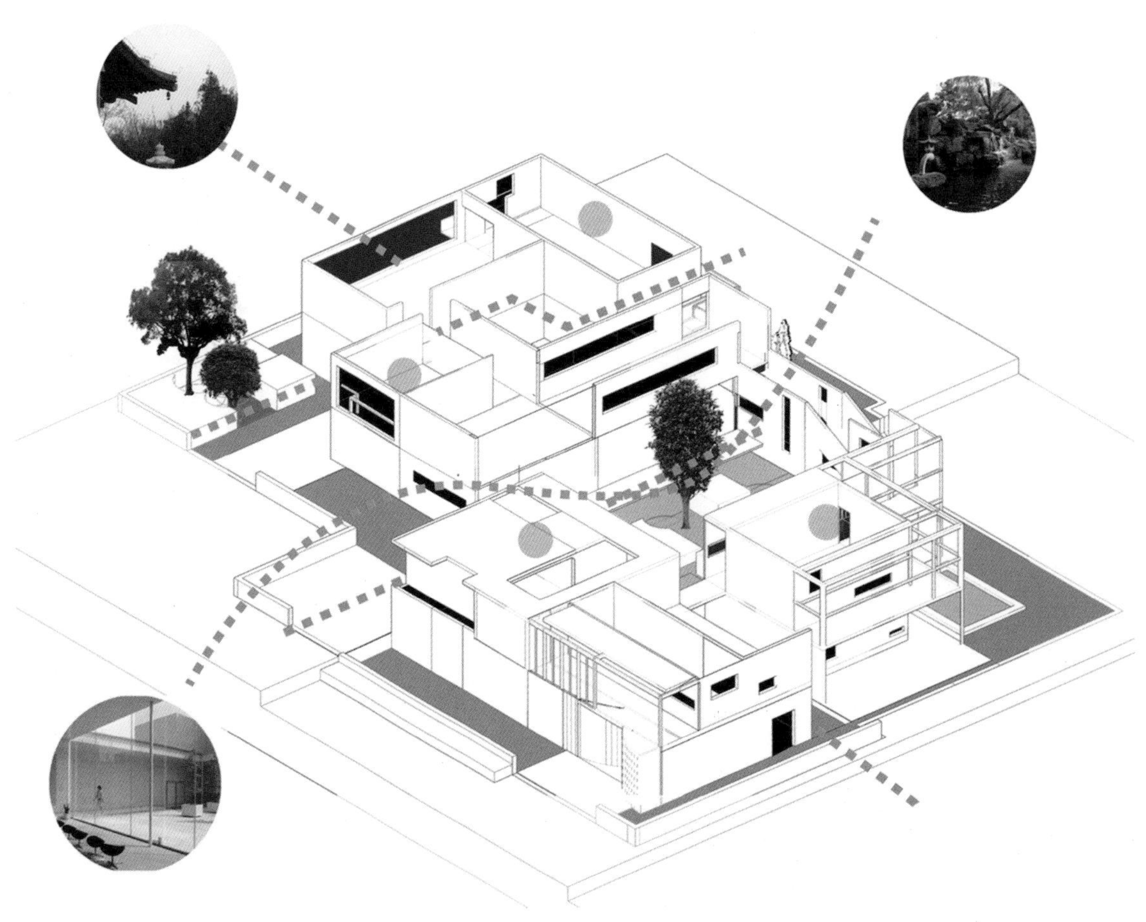

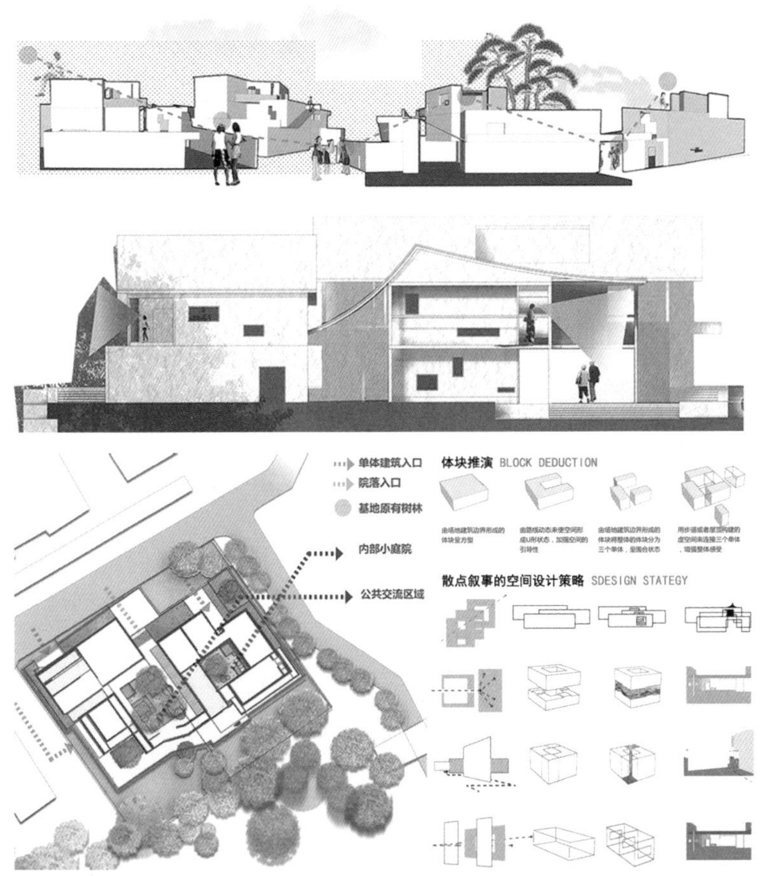
单体建筑入口
院落入口
基地原有树林
内部小庭院
公共交流区域
体块推演 BLOCK DEDUCTION
散点叙事的空间设计策略 SDESIGN STATEGY

观·筑
——中华山森林疗养地景观设计

作　　者　李晨璐

指导老师　孙鸣春

本方案以龙岩市连城县中华山自然森林为选地，该场地从自然环境、现状业态、历史文化等方面本身已形成森林疗养的雏形。方案从整体山体环境疗养景观系统入手，落点于主体功能建筑和景观构筑物的景观各层级设计。通过设计注重传达自然环境、人、身心健康三者之间的共生关系。主体建筑造型注重内外交融空间设计，选用地域生态材料，使人在中华山自然环境中通过疗养行为获得身心健康。

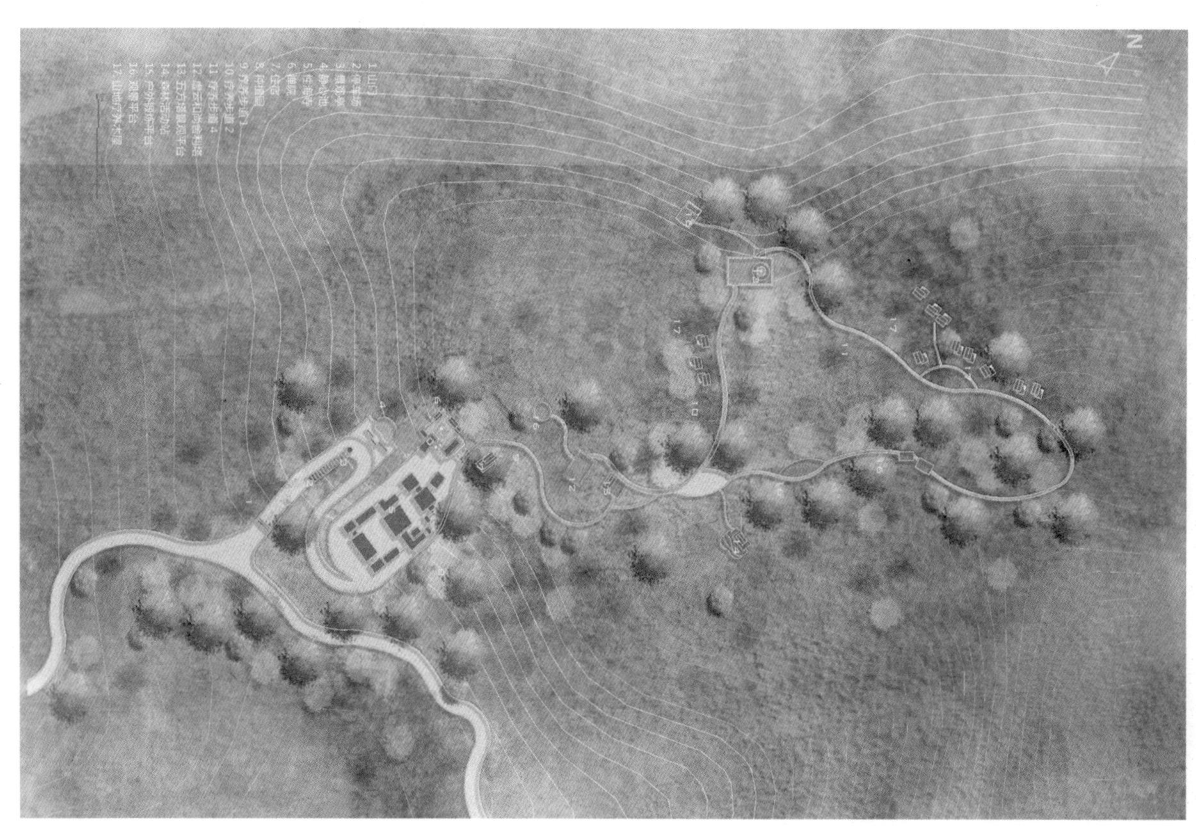

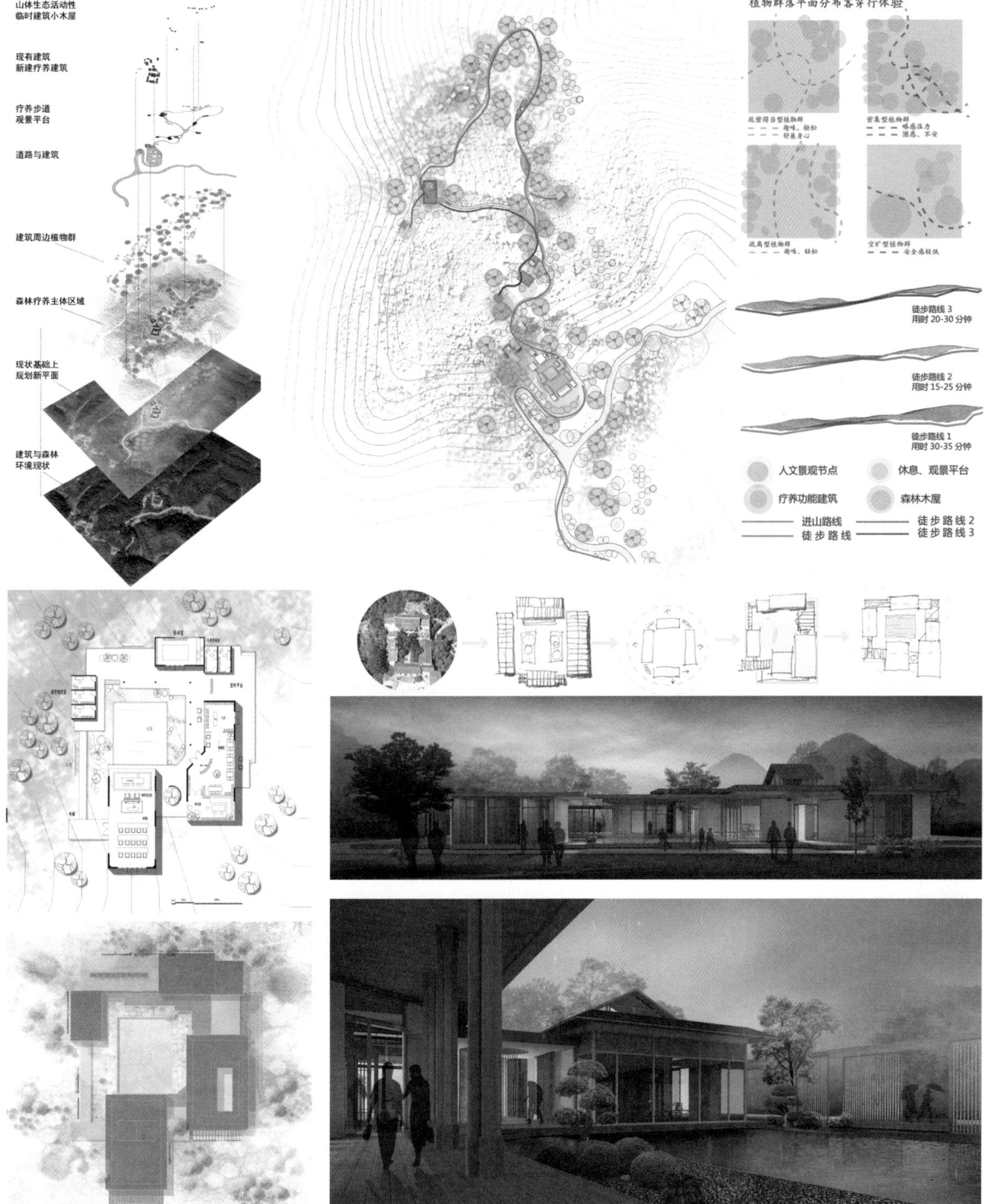
山体生态活动性
临时建筑小木屋
现有建筑
新建疗养建筑
疗养步道
观景平台
道路与建筑
建筑周边植物群
森林疗养主体区域
现状基础上
规划新平面
建筑与森林
环境现状
植物群落平面分布客穿行体验
疏密得当型植物群
趣味、轻松
舒展身心
密集型植物群
略感压力
困惑、不安
疏离型植物群
趣味、轻松
空旷型植物群
安全感较低
徒步路线 3
用时 20-30 分钟
徒步路线 2
用时 15-25 分钟
徒步路线 1
用时 30-35 分钟
人文景观节点
休息、观景平台
疗养功能建筑
森林木屋
进山路线
徒步路线 2
徒步路线
徒步路线 3

适寒·唤活
——新疆阿勒泰克兰休闲运动公园改造设计

作　　者　于静林

指导老师　孙鸣春

当下对于严寒城市冬季利用，从被动接受环境支配转变为主动适应。克兰公园因严酷的气候条件，有着冬夏景观活力相差明显的现象。如何增加寒地市民冬季户外休闲运动的时间长度与频率，激活寒地景观活力是设计的重点。通过研究寒地城市基本特征，针对克兰公园景观环境的明显特殊性，提出通过改善适应于寒地的特殊文化与气候条件的景观，用更少的影响媒介提高人群在环境中的停留时间和互动行为，以此来促进严寒城市冬季休闲空间的景观活力。

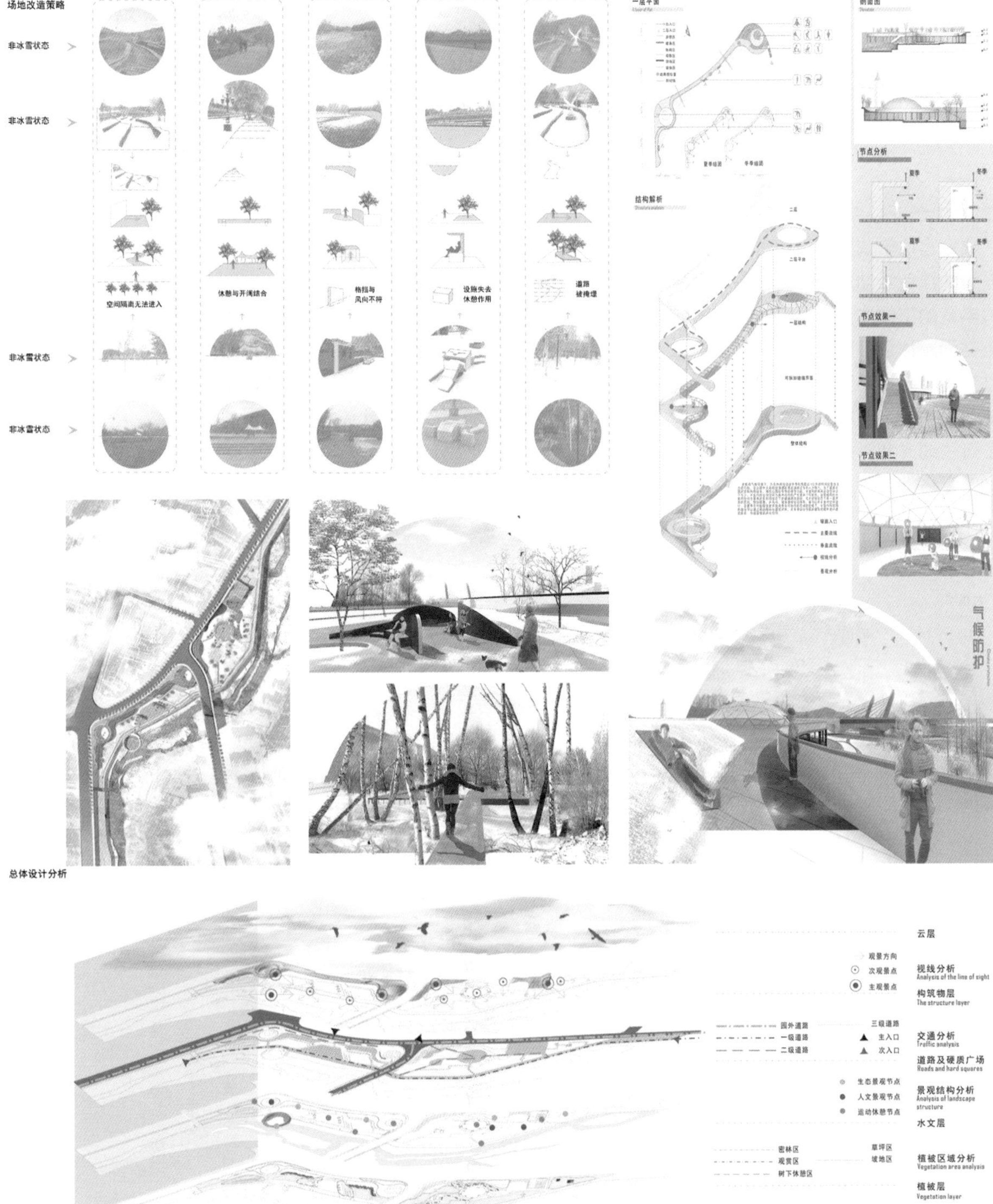

场地改造策略
非冰雪状态
非冰雪状态
空间隔离无法进入
休憩与开阔结合
格挡与风向不符
设施失去休憩作用
道路被掩埋
非冰雪状态
非冰雪状态
一层平面
剖面图
节点分析
夏季
冬季
结构解析
节点效果一
节点效果二
气候防护
总体设计分析
云层
观景方向
次观景点
主观景点
视线分析
Analysis of the line of sight
构筑物层
The structure layer
园外道路
一级道路
二级道路
三级道路
主入口
次入口
交通分析
Traffic analysis
道路及硬质广场
Roads and hard squares
生态景观节点
人文景观节点
运动休憩节点
景观结构分析
Analysis of landscape structure
水文层
密林区
观赏区
树下休憩区
草坪区
坡地区
植被区域分析
Vegetation area analysis
植被层
Vegetation layer

西安美术学院

新人居环境下
基于城市高层间垂直空间再利用设计

作　　者　杨丰铭 王钦 马怡荷

指导老师　　　　吴昊 华承军

该方案位于陕西咸阳市市中心的一个商业广场，周围是高楼大厦，为了充分利用空间使城市中心拥有更大面积的绿色活动场所，打破高层建筑对人的压迫，该方案摒弃了传统的大平面广场形式，在立面上创造了更加丰富的空间体系。适合当地气候和土壤条件的植物种植在各级绿地上，像漂浮着的绿色岛屿。阶梯连接绿色空间，休息平台也可作为观景平台，不规则阶梯扶手丰富空间体验。周围建筑的人们可以从高层建筑内穿过空中走廊桥，更方便、更有趣地到达绿地。广场上有许多不同功能的小建筑，如食堂、卫生间、精品店和礼品店，满足游客游览过程中的需求。小建筑外部玻璃窗的不规则形状使它们更加有趣和多彩，给室内带来了斑驳的光和影的效果。

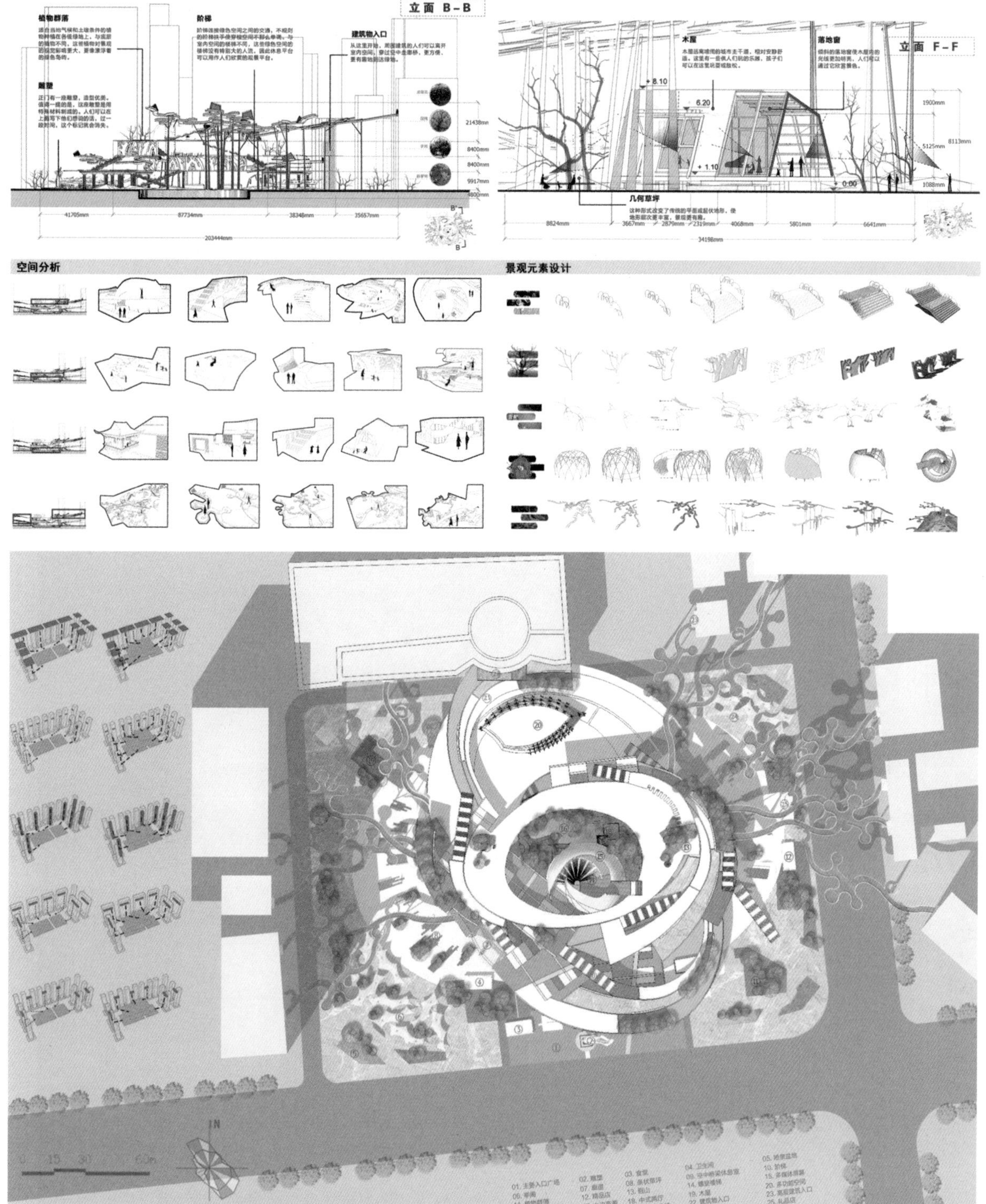
立面 B-B
植物群落
阶梯
建筑物入口
雕塑
立面 F-F
木屋
落地窗
几何草坪
空间分析
景观元素设计

西安美术学院

YC^2 关于青年艺术家新型生活空间模式探究

作　　者　耿晓丽 严静仪 彭佳煜

指导老师　石　丽

建造青年艺术家社区，为青年艺术家打造一处艺术空间环境，同时为半坡地区建造新的地方标签，力求更新新的社区生活空间方式。这个社区像一棵树苗般逐渐生长，从一个单独的社区逐渐辐射周边，让更多人对艺术有一个全新的认识，最终会变成一片艺术的森林产生社会影响力。

观想园
——禅意文化空间叙事性探究设计

作　　者　胡智越　王佳琦　沈志伟　解建国

指导老师　胡月文

现代社会的快速发展让建筑空间的商业气息越来越严重，而更多时候我们需要的是一个人与精神对话的空间。本案以禅意文化叙事空间为设计主题，立足于“坐·立·游·行”的行为空间叙事思考与探索，寻求中国传统绘画的古风与古意，将传统生活文化与现代设计理念相融合，落笔于“梵境”、“品茗”、“闻香”、“琴韵”、“听雨”五个主题，是“现世与非现世”之间的一份穿行，更是在同一片苍穹下时事更迭的生活真意表述。

梵境

琴韵

闻香

品茗

听雨

回坊，回访
——大皮院 38 号建筑空间更新设计

作　　者　傅昱橙　田　楠　徐大伟

指导老师　　　　石　丽　张　豪

通过对北院门中大皮院 38 号的场地建筑更新设计，对历史文化街区复兴起到一个实验性的作用，这块区域承载着许多的历史，我们想通过对这块空地与两幢老苏联楼的利用，一方面解决周边现在存在的问题，给当地居民和游客提供更多的公共空间，另一方面希望通过设计能继续让两幢楼保留下来并重新能够投入使用发挥余温，并且让来到这里的人能唤起对曾经西安城市的记忆。

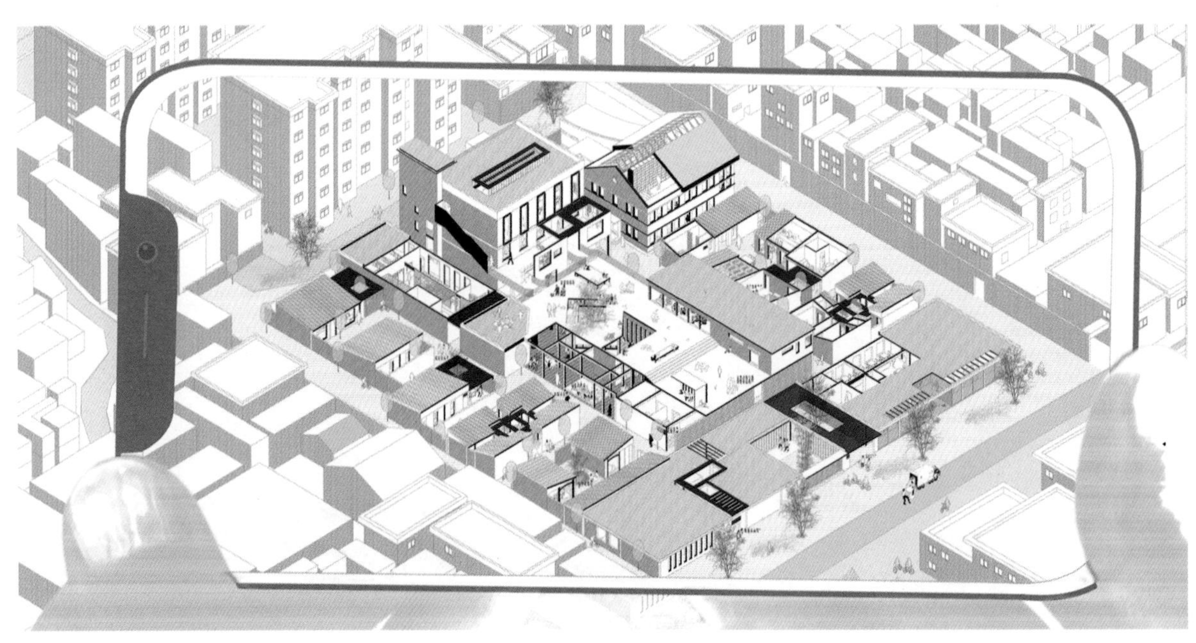

静音息止
——汉中庙坪民宿设计

作　　者　李尚璐 贾鑫磊 吴俊杰

指导老师　王　展

我们所见的庙坪村：山林与云海，梯台与乡舍，夯土与青瓦，无需多余装饰，展现出中国乡村独有的美感。而山间一栋栋承载着地道山民生活的老宅，随着村民生活方式与价值观的改变，在建设与发展中被破坏、遗弃。据史料记载，在 2000 年至 2010 年，每天有近 300 个自然村在城市化的洪水中淹没，10 年内消失了 90 万个。项目选址于此，在为城市游人提供暂栖之地以外，也肩负着复兴庙坪村的重任，寄托了我们对人类与自然以及人工环境之间关系的期望与思索。

境象
——沙地民俗博物馆

作　　者　林宏瀚 陈　静 杨　冉
指导老师　　　　周维娜 华承军

以水为气，以境为形，境为空间，象为形式，象融于境，象映从境，境亦译境，以地为境，环入地下，凝固时间。

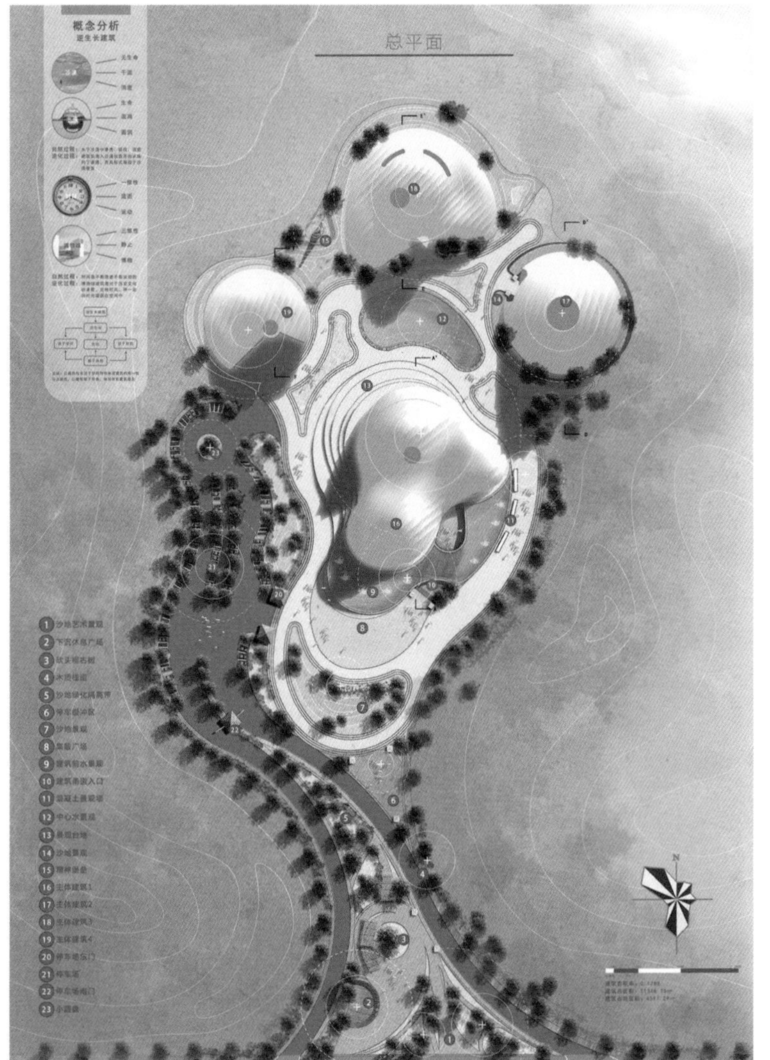
概念分析
总平面

效果图展示

场地区位分析
建筑布局概念分析
建筑概念分析

闪闪红星
——哈达铺长征历史文化街区景观改造设计

作　　者　吴奕璇 张靓 杨依睿 张　帅

指导老师　乔怡青

对哈达铺长征街进行改造的过程中我们重新梳理历史，对文化主题进行提取和对历史风貌进行营造，使建筑与文化共同“觉醒”，基于历史老街区新的社会功能挖掘特色，使用文化植入的方式，主题文化体验，活化场地，并借助文化产品来活跃市场需求，在设计中不过度现代商业化，最大限度地回归历史街区的昔日风情。

台崖窑壁

作　　者　李桂楠 段　锐 傅童彤

指导老师　华承军

本作品结合陕北榆林所处的地域地貌以及当地传统的建筑文化形式，将之运用到现代建筑设计中，一来探讨黄土高原和毛乌素沙漠所孕育出独特的黄土气质在现代建筑中是如何体现，二来通过建筑设计对榆林传统建筑文化的运用来认知和理解榆林历史悠久的传统建筑形式与榆林人民豪放热血的情怀，并且去感受一个来自西北城市不一样的城市气质和场所精神。同时，也通过将传统的建筑形式与现代建筑相结合，让更多的人不仅对榆林传统文化建筑形式产生深刻的认知，也让人们对中国黄土建筑文化产生更深的理解。

小隐于野，大通于物

作　　者　　刘雨琳

指导老师　周维娜 胡月文 周　靓

本案希望通过开放紫阳当地茶文化形成文化产业链和开发当地旅游业的方式，植入新的业态，留住人流，与空间改造同步，增加对空间功能多样性和文化内涵，如文化展示空间。文创产品和体验活动带动经济发展，从而起到艺术扶贫的作用。

正立面图

新生
——渭南 205 库棉花厂改造

作　　者　王钰莹 李艳龄 李　律
指导老师　刘晨晨

随着中国经济和科学技术的发展对传统工业产生了巨大的冲击也使传统工业的发展陷入困境，工厂开始纷纷转型升级和倒闭。这样随之带来的是土地资源的浪费，旧工业区和旧工业厂房被废弃，对当地的经济和环境产生影响。这样一来，就需要对废弃的厂房建筑空间进行改造和研究。本文通过对国内废弃厂房改造设计研究的调查，分析了我国废弃厂房建筑空间改造设计所面临的问题。最后通过以渭南 205 库棉花厂为案例进行分析和研究，如何在尊重旧工业用地和设施的前提下，遵循本身的建筑肌理和结合当地的历史人文特色去进行设计和功能定位，使之重焕生机。

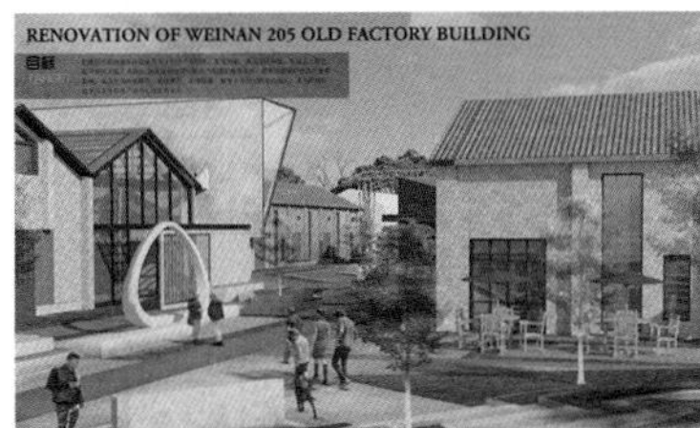
RENOVATION OF WEINAN 205 OLD FACTORY BUILDING

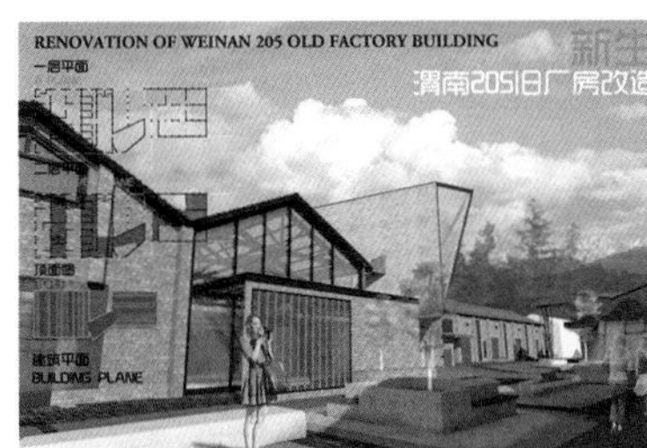
RENOVATION OF WEINAN 205 OLD FACTORY BUILDING
新生
渭南205旧厂房改造
建筑平面
BUILDING PLANE

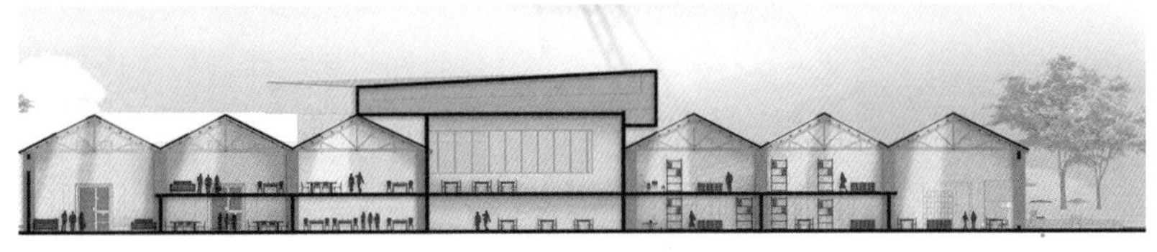

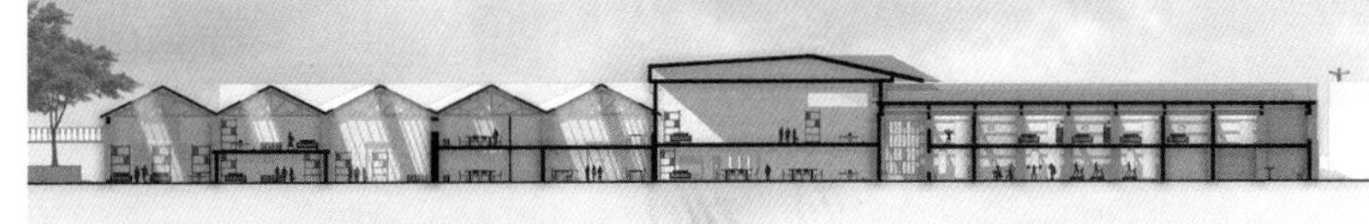

RENOVATION OF WEINAN 205 OLD FACTORY BUILDING
新生
渭南205旧厂房改造
总体平面图
PLANE ANALYSIS

中央美术学院
建筑学院

服务为民
——雅吕村多功能行政中心设计

作　　者　　　　刘忠达

指导老师　虞大鹏 罗　晶

位于浙江省永康市雅吕村空间中心位置的村委大楼，作为村庄的行政中心和入村后的第一个大型功能空间，其空间现状不能很好地满足使用需求，村委与村民之间存在距离感，空间缺乏黏滞性和灵活性，存在着巨大的改善空间。

设计目的是打造充满活力的、民主的村委中心。剥离掉印象中村委“僵化教条”的呆板外衣，使其以更谦虚的姿态面向村民，在为村民提供更多的功能空间的同时，也可为场地聚集更多的人气和活力，同时也能让村民更有机会参与到村庄建设中来。

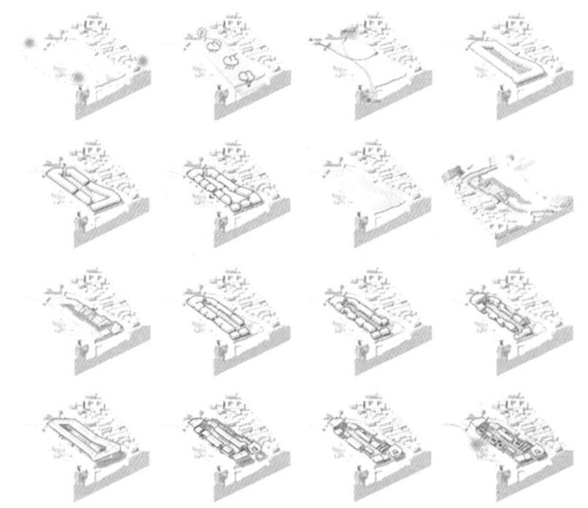

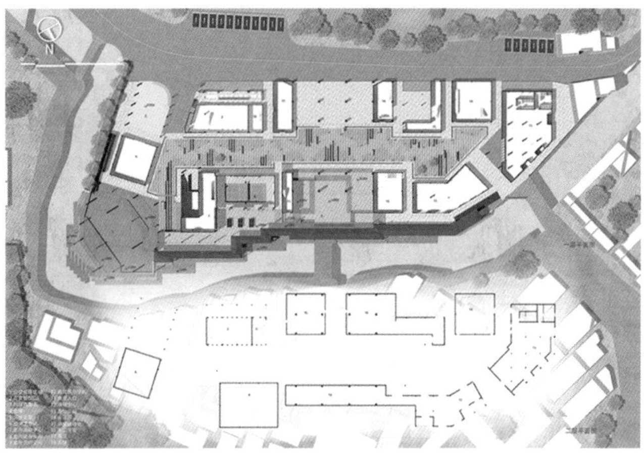

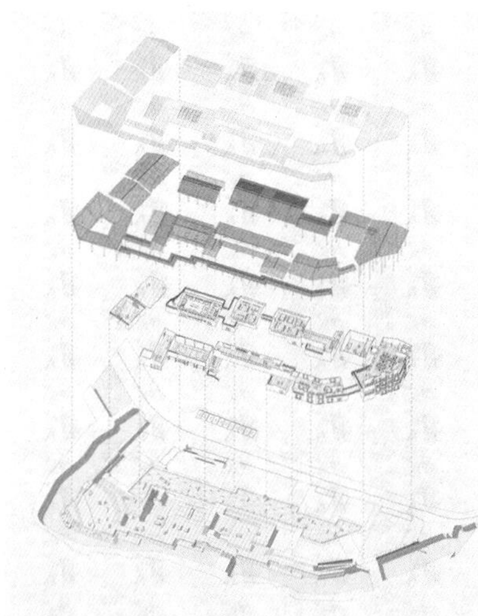

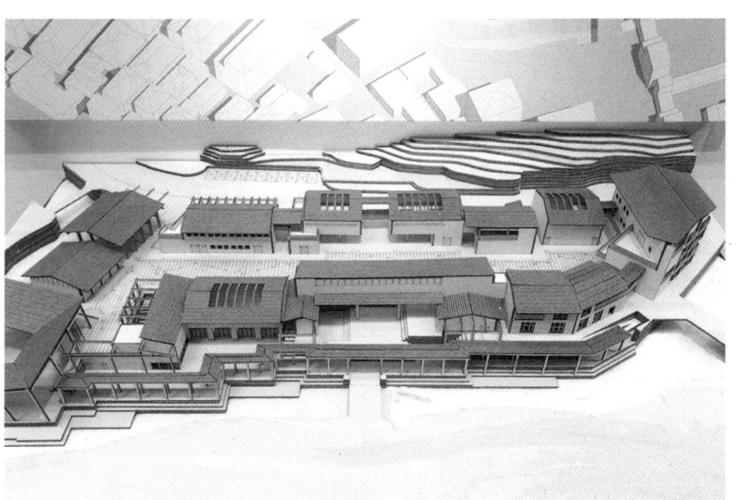

中央美术学院
建筑学院

“夹缝+”
——混合声音的构筑物鼓浪屿计划

作　　者　谢雨帆
指导老师　周宇舫 王环宇 王文栋 王子耕

鼓浪屿是一场巨大的Live Set，一场“进行时”，无论鼓浪屿的过去和未来如何，无数的事物在岛上兴起又衰败，空间都永不停息。相较于被定义为历史的空间，当下我们所处的情境以及体验也是我们应当关注的。

议题尝试探讨听觉空间的混合机制，从游走鼓浪屿的个人感受出发，抽离“夹缝”这一原型。以电子音乐Live Set当中“情境（Scene）”的架构，来解构鼓浪屿上声音空间的组合方式。最终通过数字手段重构，生成混合声音的空间“夹缝+”与“夹缝-”，从而产生被转化的感官体验。

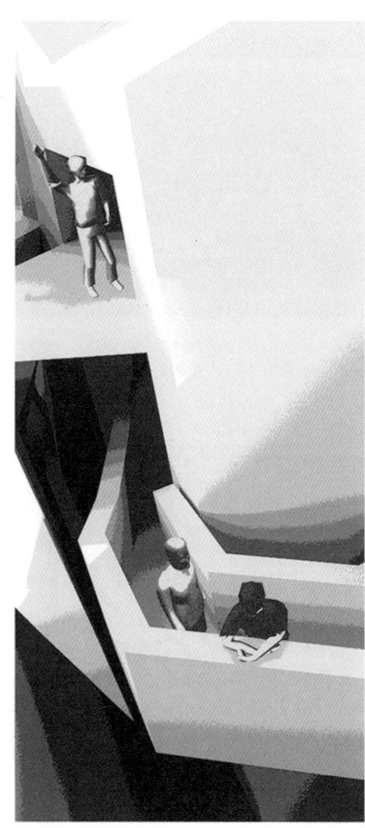

夹缝两端

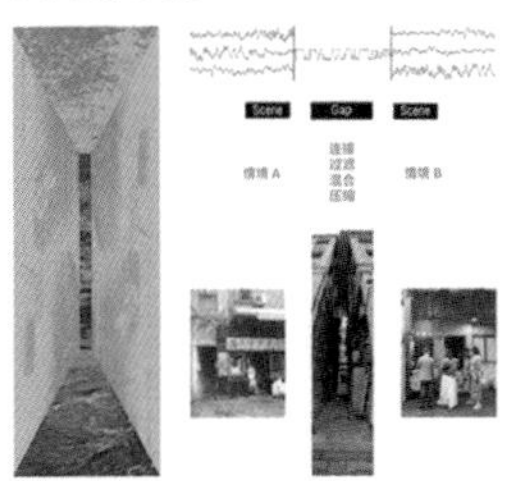

夹缝作为声音的压缩、混合、过滤器而存在，它是各个情境的交叉点

夹缝之中

庞杂的信息与人流被压缩进狭窄的空间中，它是巨大声音机器背后纠缠的线路与元件

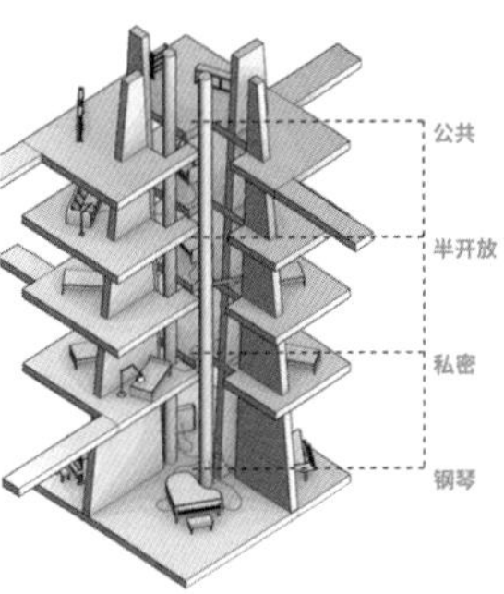

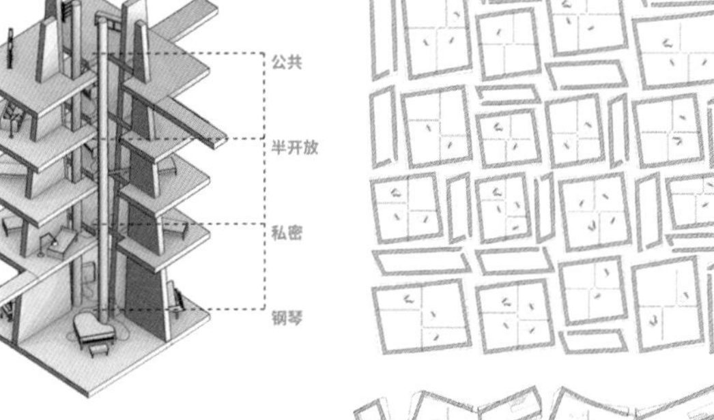

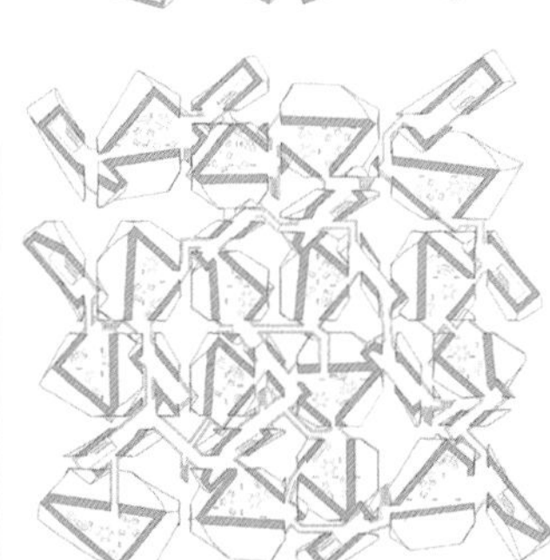

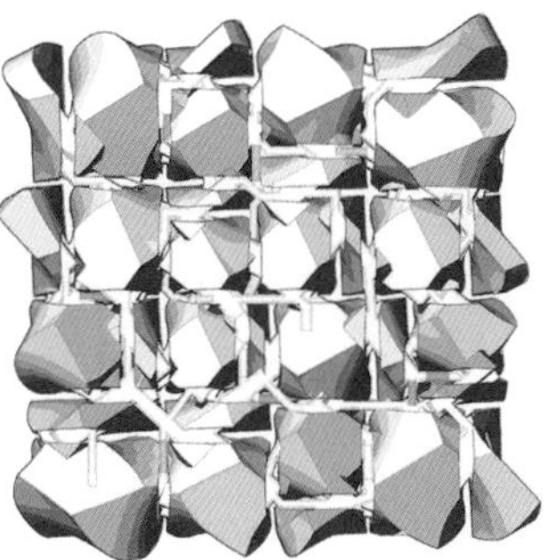

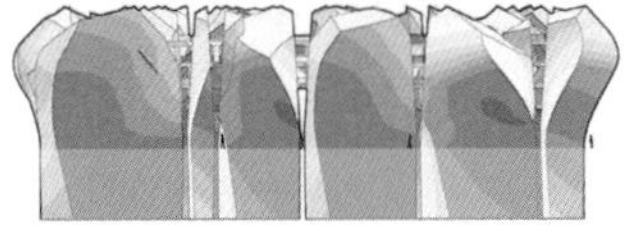

中央美术学院
建筑学院

叠檐舍
——不美丽乡村建设宣言

作　　者　张欣瑞

指导老师　吕品晶 Rem Koolhaas 史　洋 李　琳

不同时代的建筑杂糅在乡村里使得中国大量的村庄呈现出一种令人眼花缭乱的失序的景观状态。但也正是这种被社会所诟病的乡村景观真正地在向人们展现中国乡村的真实现状。因此，相比于各地政府热衷建设的“美丽”乡村，广普乡村的这种现实状态更具有讽刺性和真实性。这种被人们希望忽略或是掩盖的真实性和“丑陋”抑或是“廉价”，他们的合理性和存在意义才是真正应该被人们所重新思考和正视的。

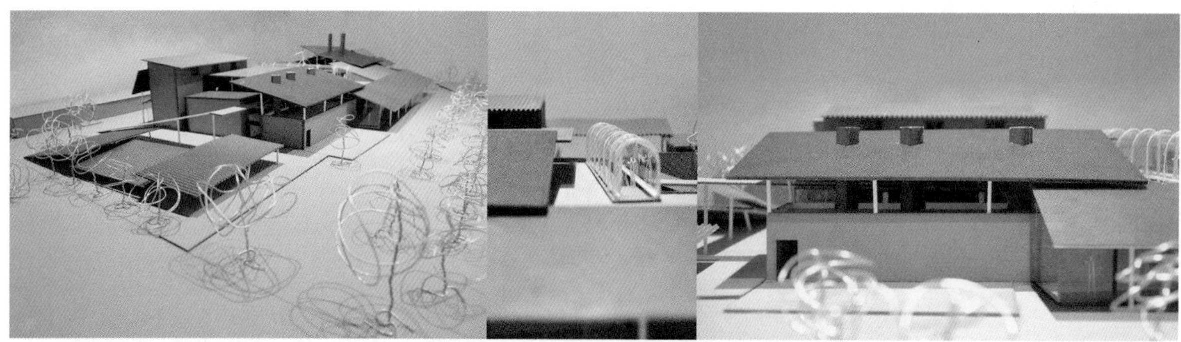

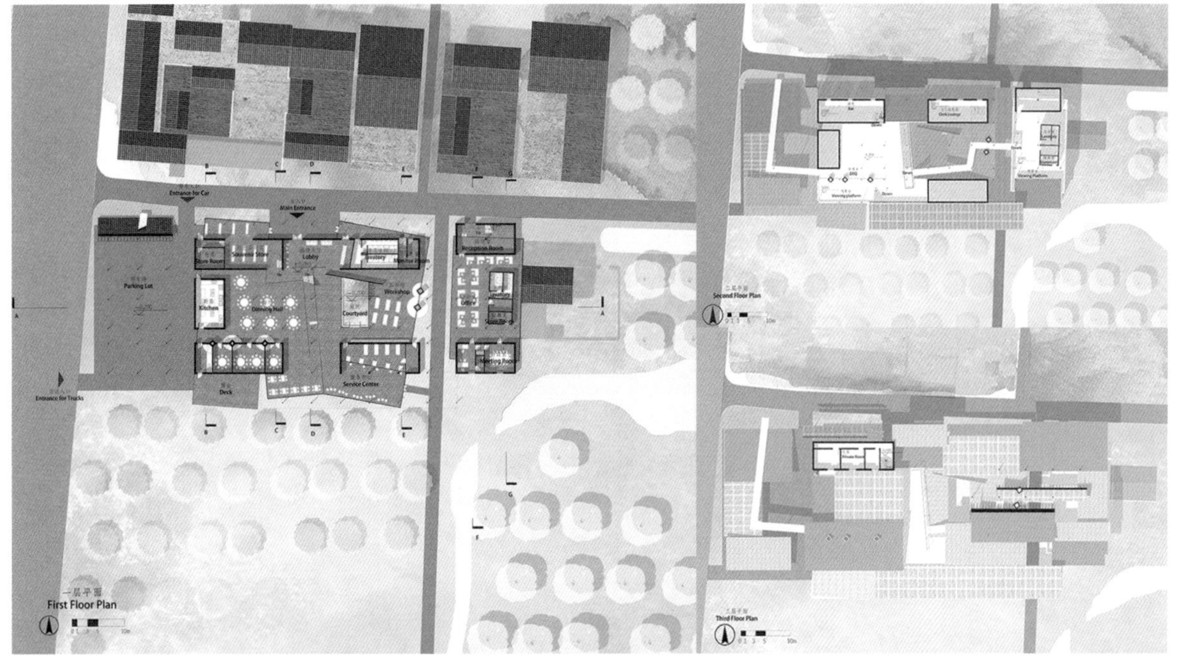
Entrance for Car
Main Entrance
Parking Lot
Store Room
Souvenir Store
Lobby
Lavatory
Monitor Room
Kitchen
Dinning Hall
Courtyard
Workshop
Deck
Service Center
Entrance for Trucks
Reception Room
Office
Store Room
Meeting Room
一层平面
First Floor Plan
Second Floor Plan
Third Floor Plan

中央美术学院
建筑学院

“漂”与“定”
——游人码头设计

作　　者　　　　赵冬雨

指导老师　何　崴 钟　予

鼓浪屿计划的重点是解决鼓浪屿“保护”与“更新”之间的矛盾。要想解决这一矛盾，首先要做到的是解决鼓浪屿本岛上客流压力过大的问题。

现有的解决办法是“堵”——通过限制人流减少客流量。在前期小组合作中，我们提出一种新的解决思路——“疏”，即通过提高沙坡尾区域的吸引力来吸引鼓浪屿上的游客，从而达到保护鼓浪屿的目的。

通过在避风坞入口处设立游人码头，将沙坡尾与鼓浪屿南端进行连接。由于滨海路的修建，所以将码头设立在滨海路外，通过海下通道与岸上的游客中心连接。游客中心的形式参考此地原有的重要族群——疍民的连家船船篷。游客可以身临其境地感受已经消失的疍民，体验疍民文化。同时，利用小型展馆展览疍民的历史文化，以此方式保存和传承疍民文化这一非物质文化遗产。

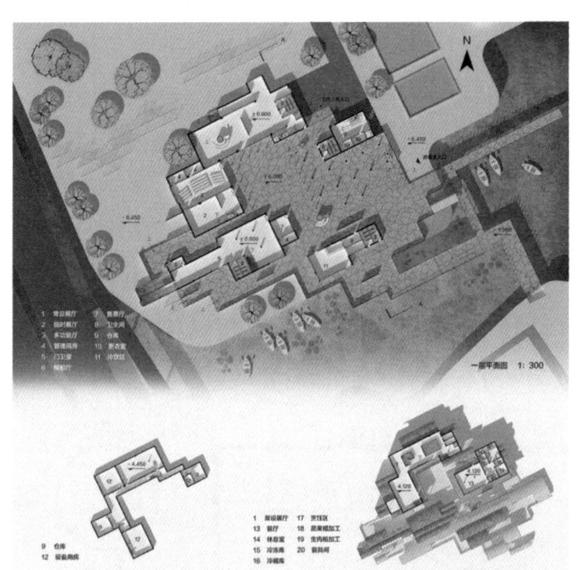

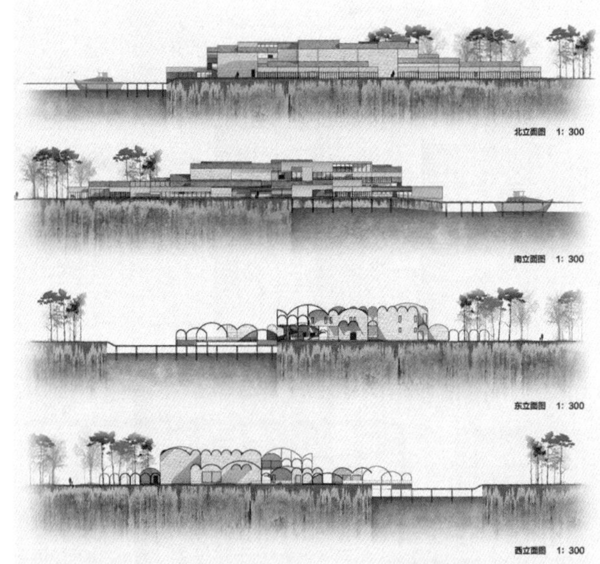

鼓浪屿漂浮剧院设计

作　　者 赵　宁

指导老师　刘文豹

在鼓浪屿北岸的海湾处拟建一个大型的包括海上露天演出的剧场和一个室内沉浸式剧场，配以足够的拥有鼓浪屿特色的餐饮、购物、办公设施。此剧场以宣扬鼓浪屿独具的综合闽南文化、海峡两岸文化、南洋文化、西洋文化的综合文化产物为核心思想，同时将岛上东侧大量游客分散引流到西北方向，为夜晚相对平静的鼓浪屿增添一个核心的旅游项目。

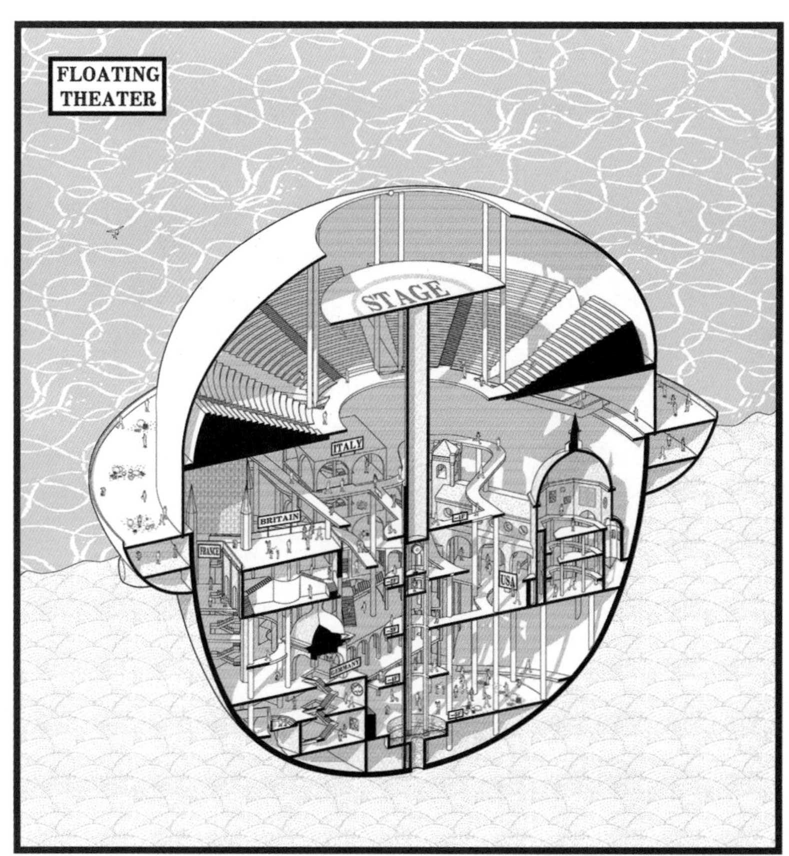

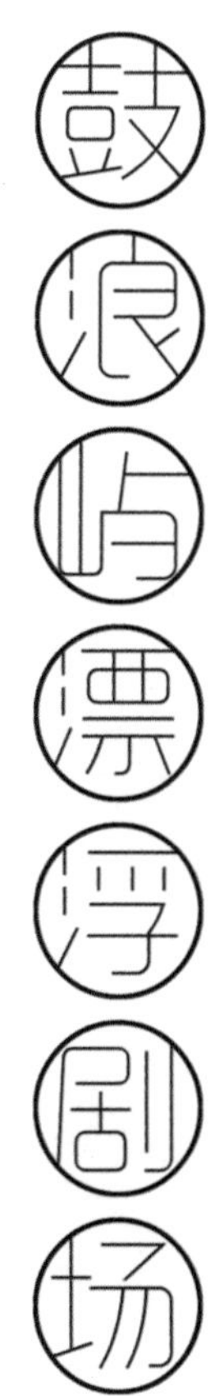

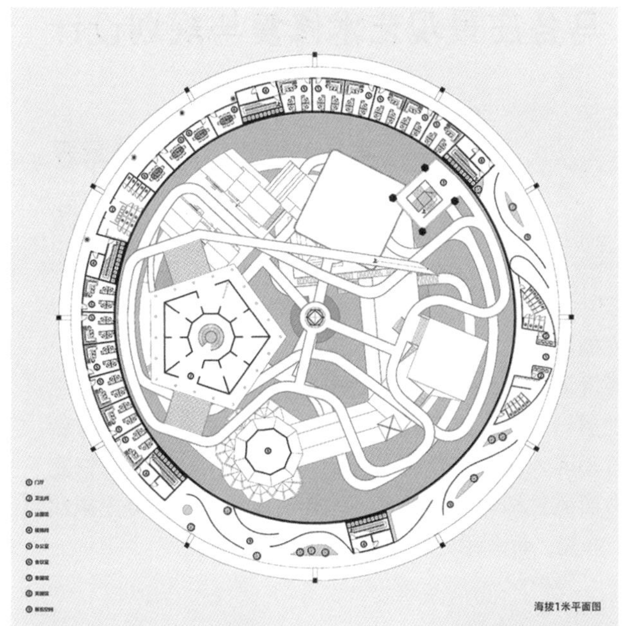

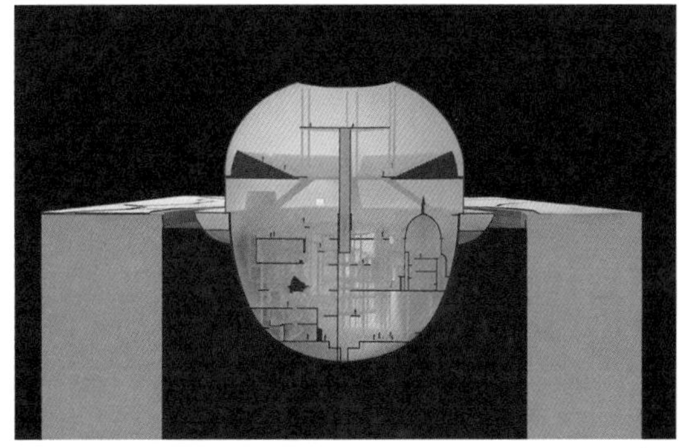

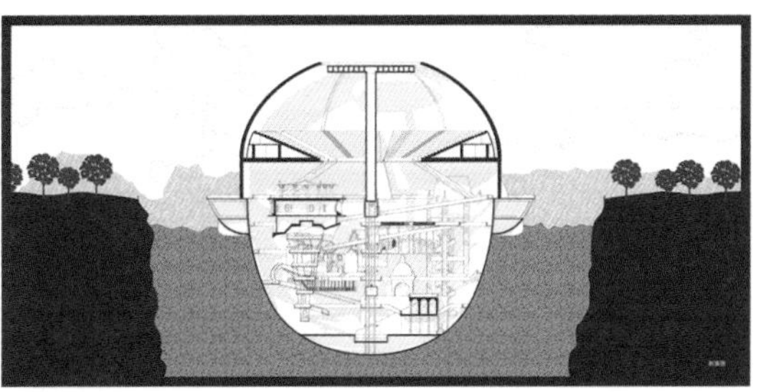

海拔1米平面图

鼓浪屿
GULANGYU
漂浮剧场
FLOATING THEATER
ENTRANCE
FRANCE
THAILAND
JAPAN
THE UNITED KINGDOM
USA
ITALY

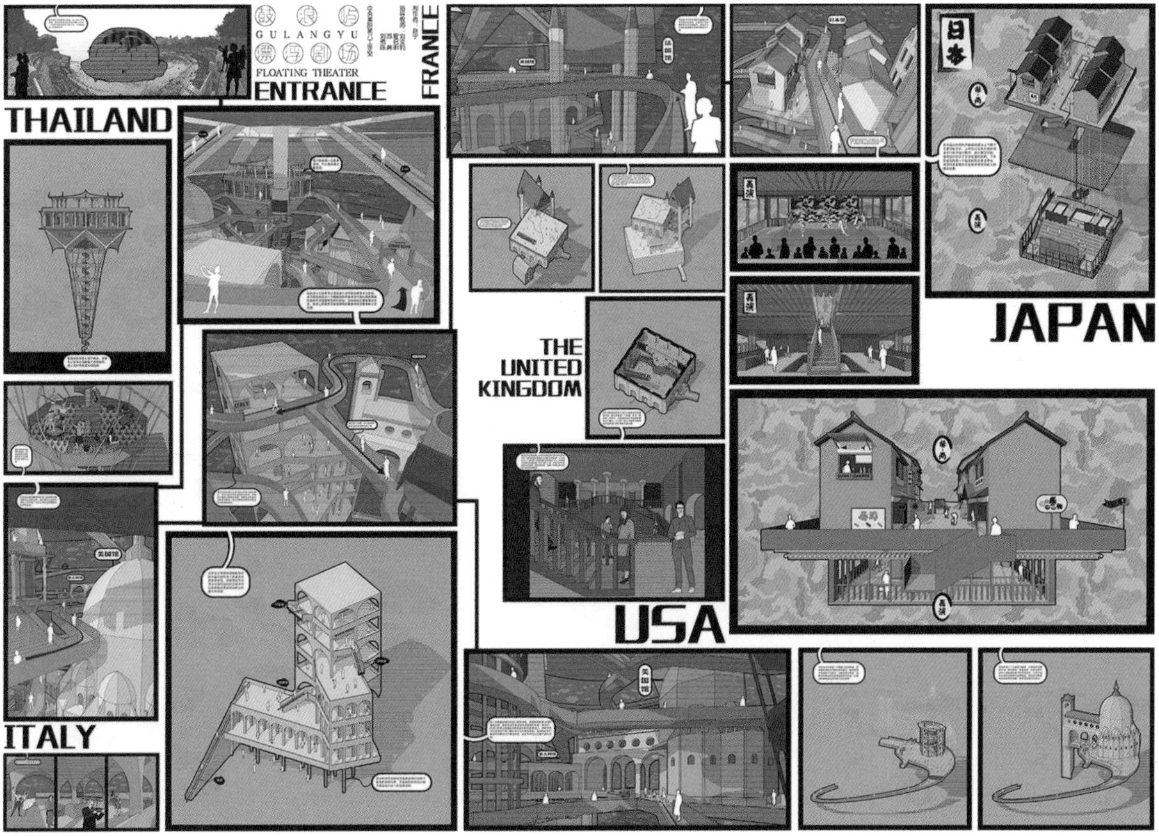

马各庄景观艺术修复与规划设计

作　　者　廉景森

指导老师　丁圆 吴祥艳 张　茜

将“生态”和“艺术”作为着力点，通过艺术的手法来缝合与修补这个支离破碎、生态环境脆弱的场所。基地马各庄是一个支离破碎的环境地带，现状的地块上堆积了大量的建筑垃圾，生态环境非常脆弱与敏感，我想通过艺术介入的方法来使这里重新焕发活力。这是因为艺术的介入一方面不会阻碍生态漫长的恢复过程，另一方面通过增加艺术元素，提升景观质量，充分挖掘此类地块更新、修复、再利用的潜力和可能性。

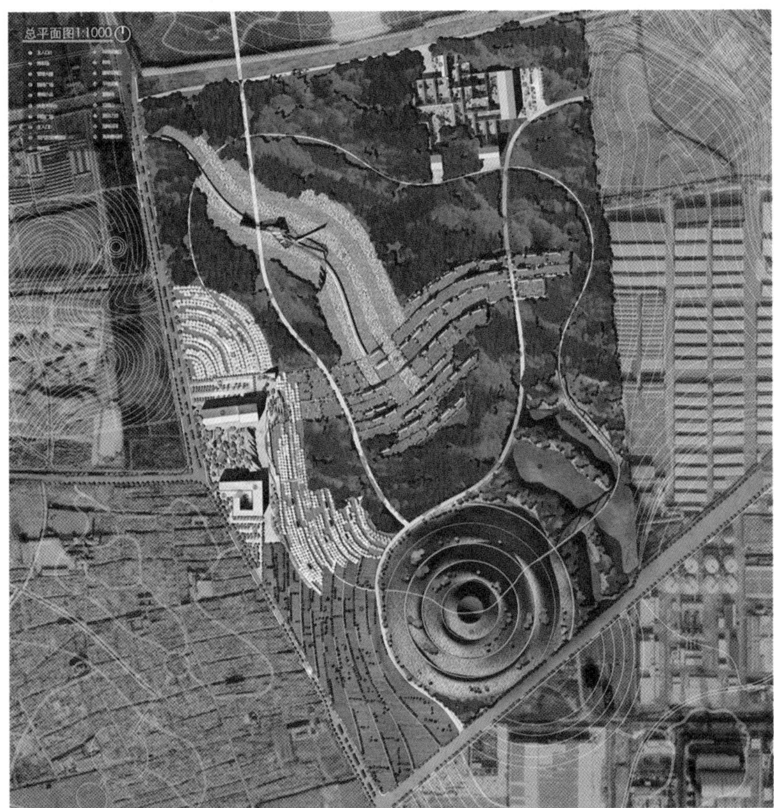
总平面图1:1000

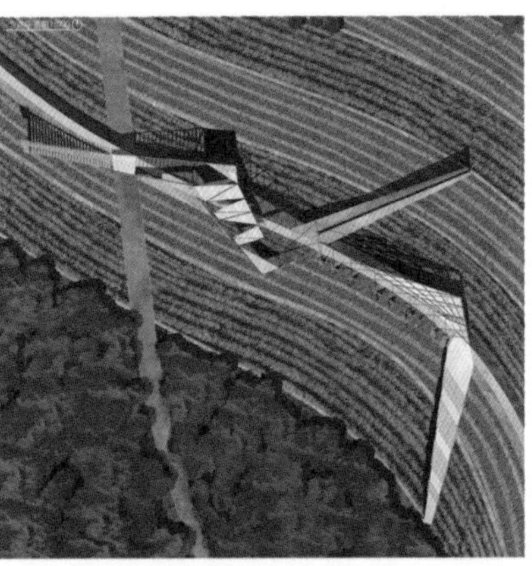

中央美术学院
建筑学院

北京坝河温榆河蓄滞洪区村落遗址改造和水体环境设计

作　　者　　　　　骆　驿

指导老师　丁圆 吴祥艳 张　茜

以现今城市扩张所造成的农田林地破坏和人民日益增长的景观需求这一矛盾点为背景，对第二绿化隔离带中蓄滞洪区的规划要求作出回应，将坝河温榆河两条在北京城郊有着重要意义的河流重新拆解和整合，重新设计了一套新的河流系统以满足蓄洪需要并保证流域的雨洪安全。河流系统切分出的岛屿系统则会与新的植物群落深度结合，形成新的以河流为主导的湿地景观。而原本遭到拆迁的村落与工厂的遗址也将与新的河流岛屿系统形成新的有机体。

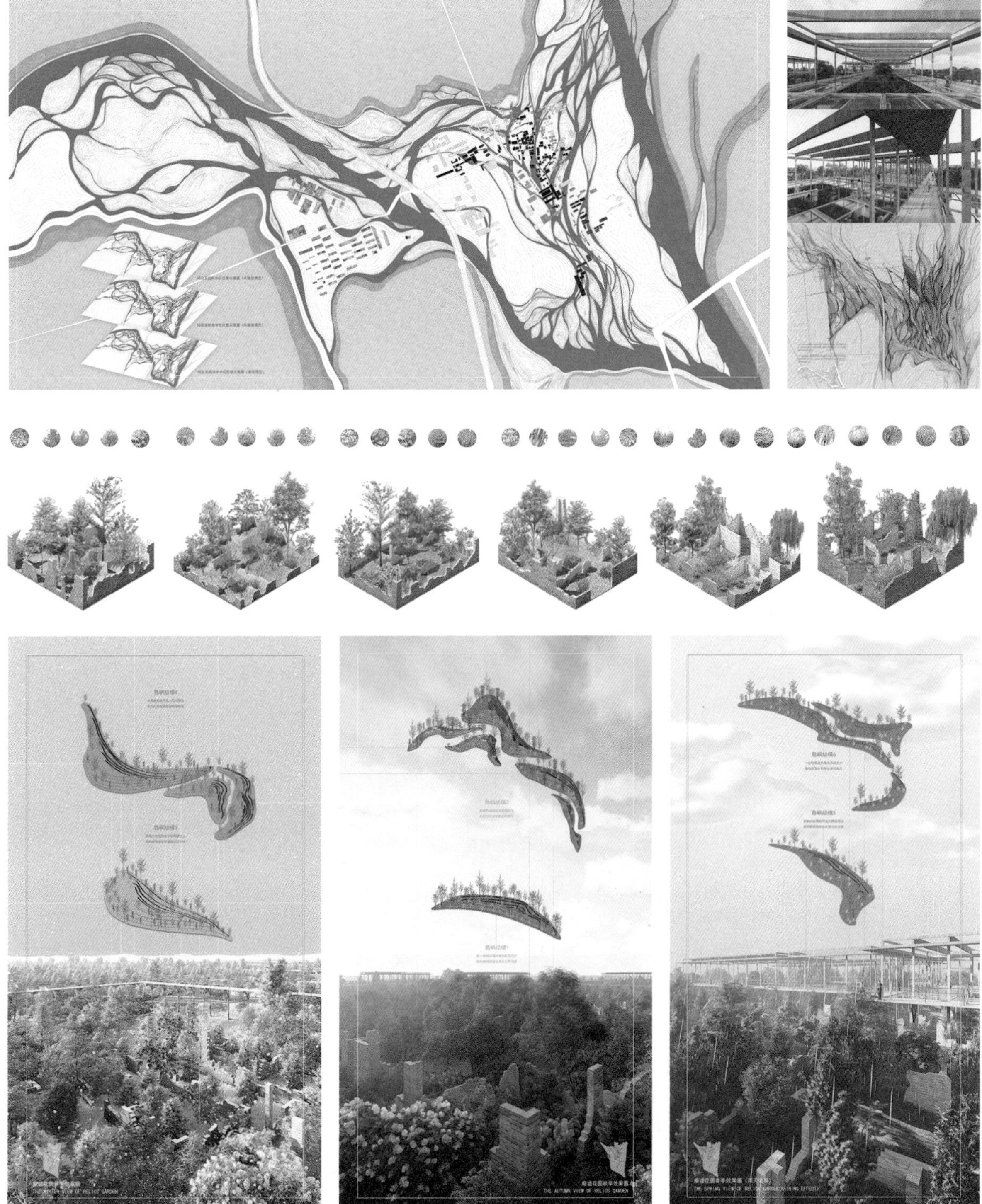
THE WINTER VIEW OF RELICS GARDEN
THE AUTUMN VIEW OF RELICS GARDEN

睡眠洞穴

作　　者　　　　　　文均钰
指导老师　邱晓葵 杨　宇 崔冬晖

功能化、标准化的空间是工业与科技进步的成果，但空间的发展是否只存在一种单一的形式？以“睡眠”为主题的快闪酒店，提出“睡眠洞穴”的概念，提出一种独特的旅居方式，希望通过对人体器官以及自然的洞穴空间的再设计，形成与日常生活空间的差异化对比。通过对人类睡眠行为以及人体尺度的研究，创造一个聚焦于“睡眠”的空间。睡眠洞穴快闪酒店将在商业环境中，形成一个临时的戏剧化舞台，人类最本质最原始的需求，将在这里被空间语言转化为极致的睡眠体验。

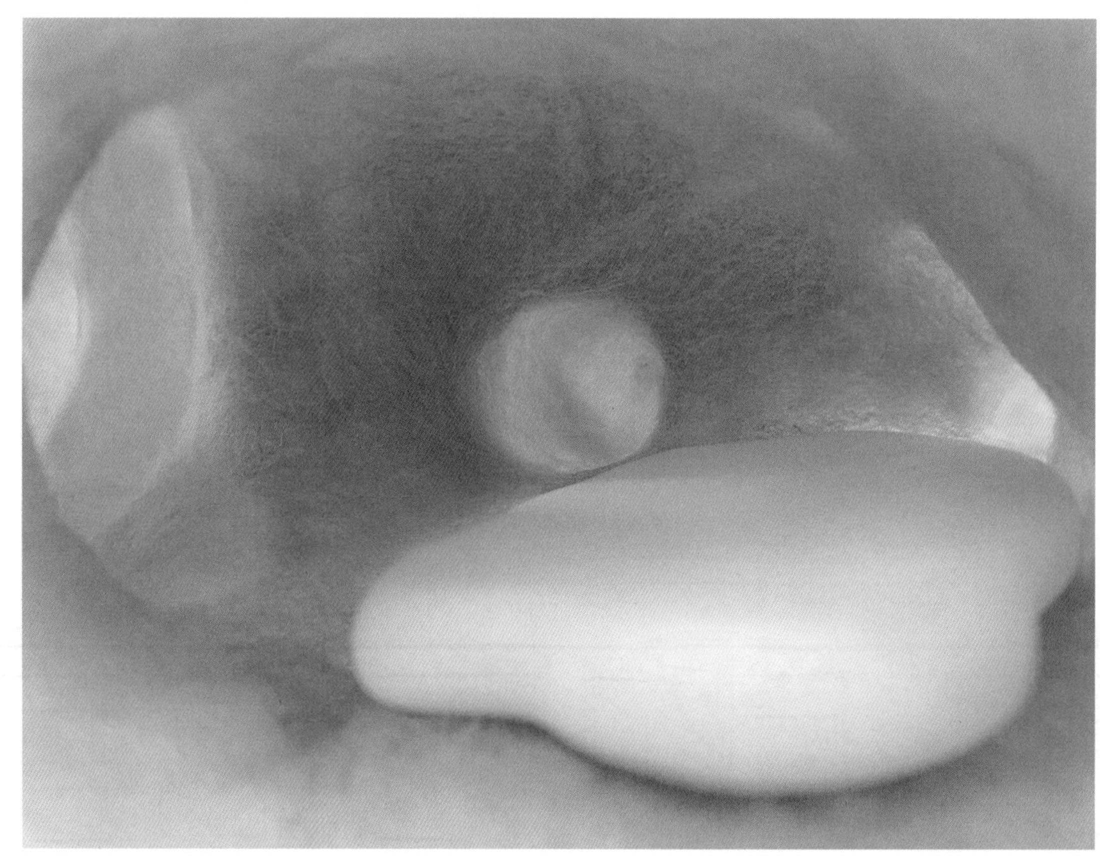

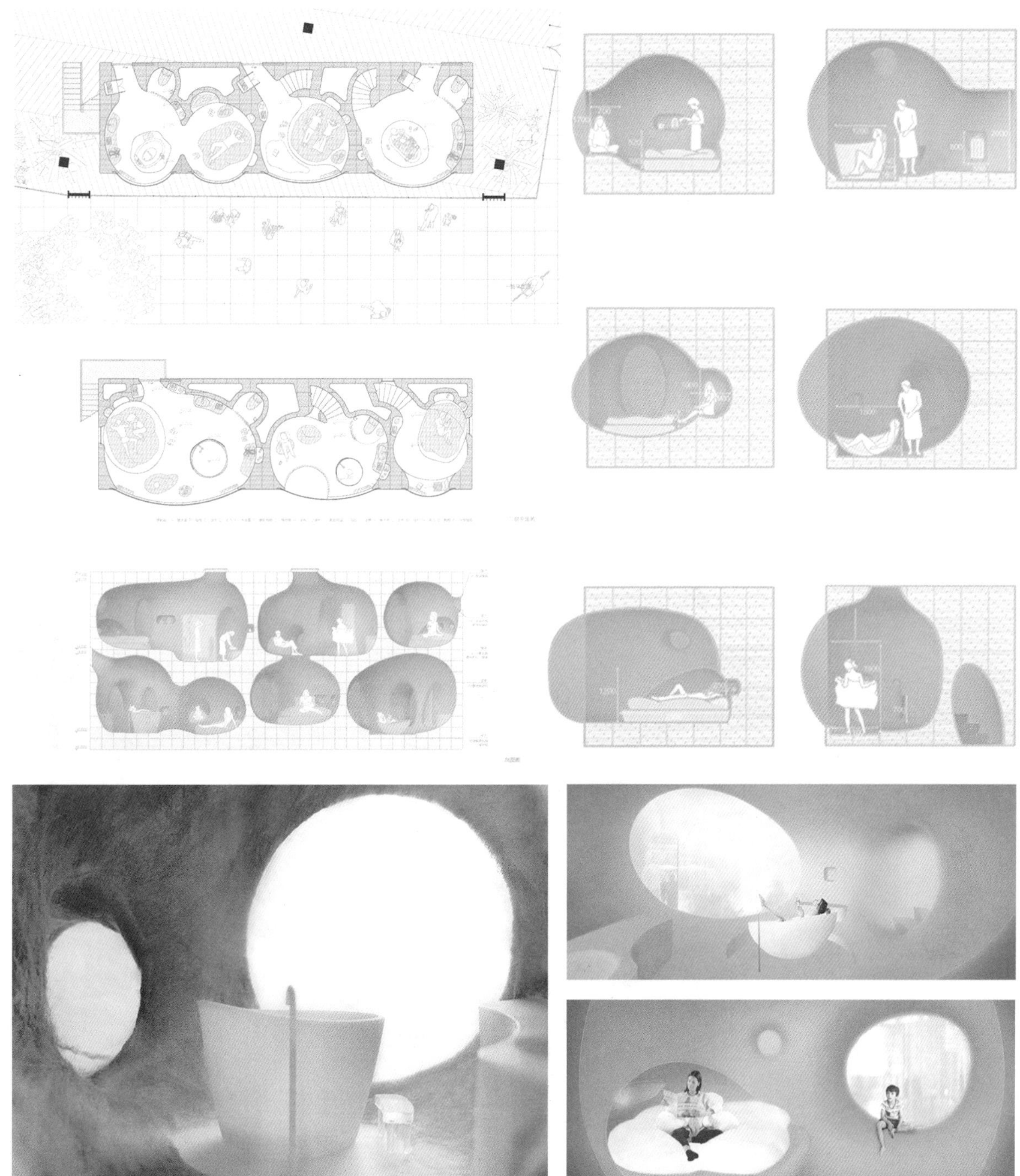

中央美术学院
建筑学院

“FFE”共治区

作　　者　张安翔

指导老师　周宇舫

以“现实中的虚构”为题，基于北京通州铝厂改造这一现实情境基础上提出“FFE共治区”的虚构设想，展现出现实情境中的虚构叙事。将城市的能量网络提取之后，以解构的手法将多种城市空间并置，形成一种现实中的虚构空间。借以利布斯·伍兹的“异质共存”思想将城市中复杂的群体和空间抽离出来并置在一起。“FFE共治区”将三个空间层次并置，能量层是城市的供能系统，形态层是城市的表象结构，游离层是游民的自由空间。最终以这种异质共存的方式表达出一种虚构中的现实。

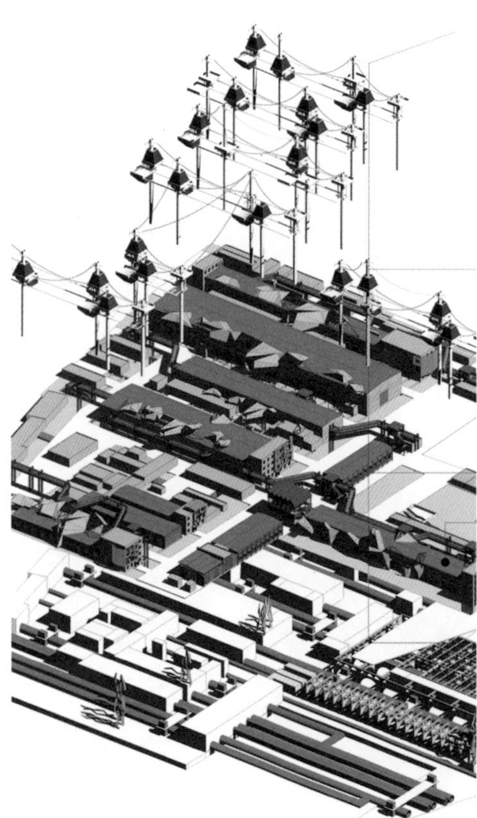

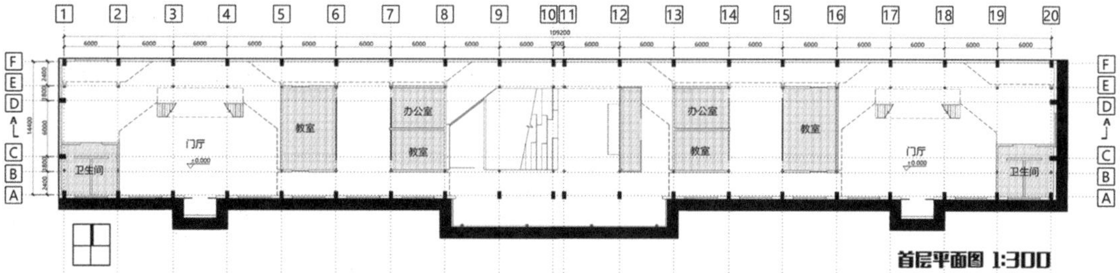

首层平面图 1:300

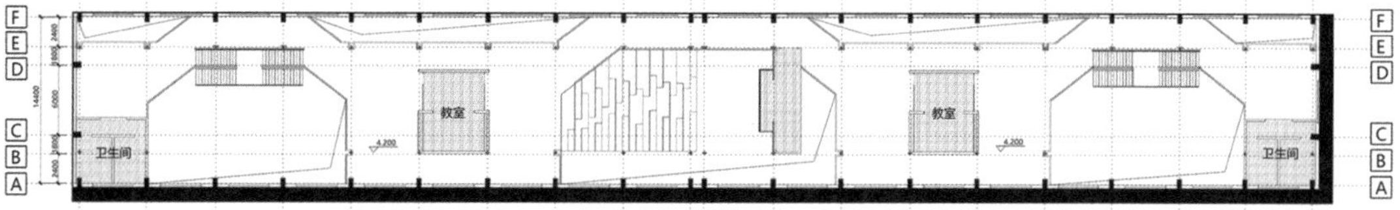

二层平面图 1:300

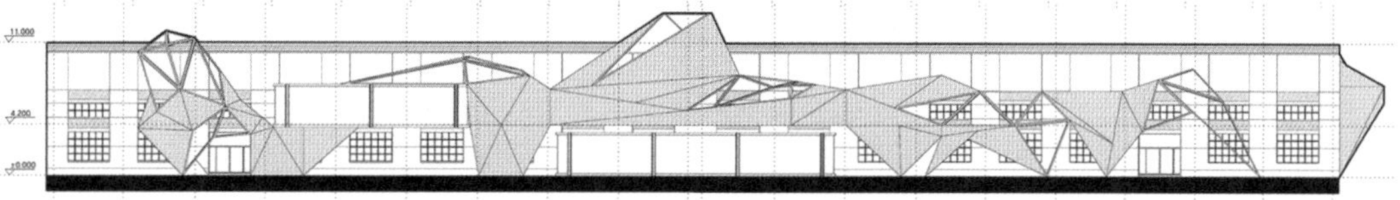

南立面图 1:300

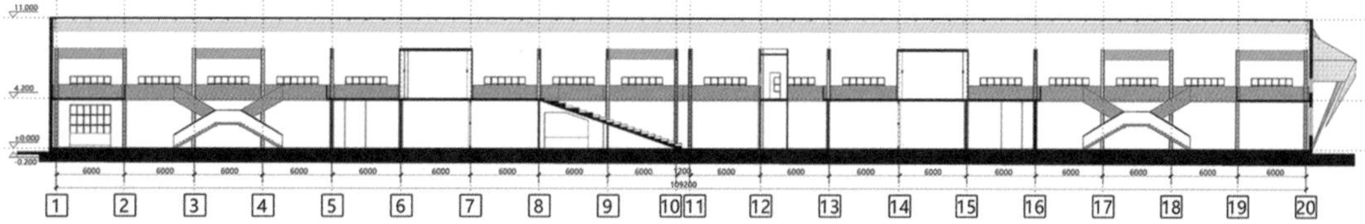

A-A剖面图 1:300

寥落后的重生
白云鄂博稀土矿坑公园景观规划设计

作　者 孙 霄

指导老师 丁 圆

设计根据项目场地中存在的独特个性，提出“生态恢复、文化繁荣”的设计理念。以保护生态环境为前提，以避免对该区域产生“二次破坏”；因地制宜地利用原有地形，以最小干预的方式获取最大的景观效益。这样不仅可以减少人力、物力、财力的投入，同时还可为矿坑提供多样化的景观再利用方式。白云鄂博稀土矿坑公园景观规划设计遵循自然修复的基本规律，通过生态修复技术和景观规划设计方法，传承和挖掘矿坑工业遗迹的文化积淀，从而形成具有生命活力和场所精神载体的公共户外活动空间。

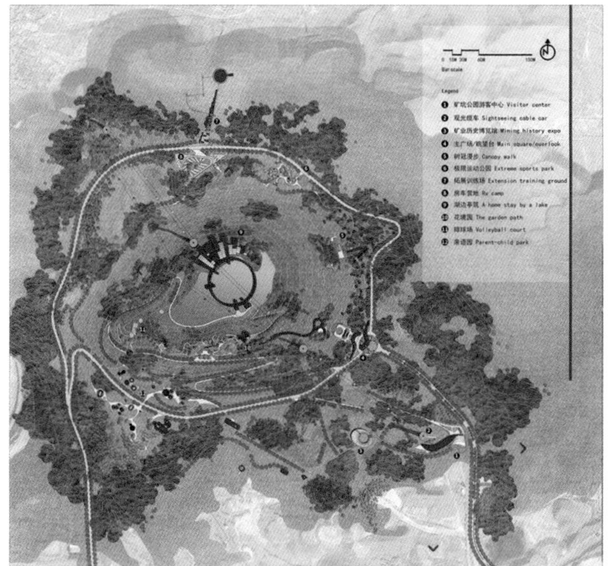
Barscale
Legend
1 矿坑公园游客中心 Visitor center
2 观光缆车 Sightseeing cable car
3 矿业历史博览馆 Mining history expo
4 主广场/眺望台 Main square/overlook
5 树冠漫步 Canopy walk
6 极限运动公园 Extreme sports park
7 拓展训练场 Extension training ground
8 房车营地 Rv camp
9 A home stay by a lake
10 花境园 The garden path
11 排球场 Volleyball court
12 Parent-child park

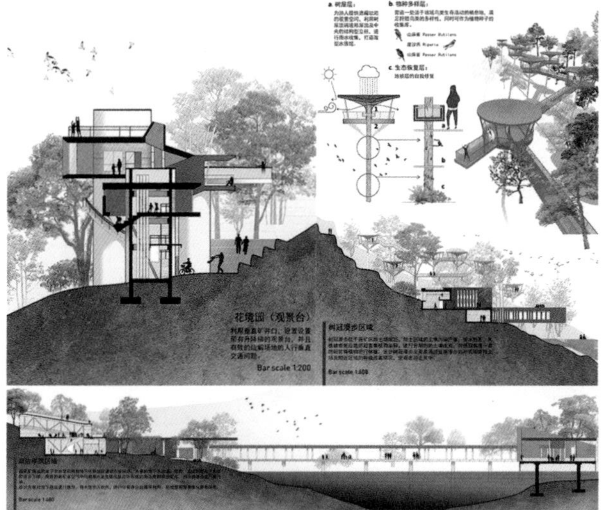
a 树屋层：
b 物种多样层：
c 生态恢复层：
花境园（观景台）
Bar scale 1:200
树冠漫步区域
Bar scale 1:400

中央美术学院
建筑学院

北京妫河建筑创意区
阅读中心室内设计

作　　者 常 祯

指导老师　邱晓葵

阅读中心设计在原有空间功能的基础上，增加了阅读、小型报告厅、工作室空间功能。更加强调建筑空间自发功能上创新、研发、学习、交流为一体的综合性平台。设计方案是由“回”字形地面图案生成，在这个图案中，首先能看到相互平行的线条，其次按照规律在节点上垂直相接往另外一个方向延伸，在纵向与横向的方向中，形成空间的不同走向，最后图案中的线条本身为矩形，在空间中则成矩形体块。基地平面为不规则形状，顺应空间的走向将矩形体块扭转，形成大小不同的使用空间。

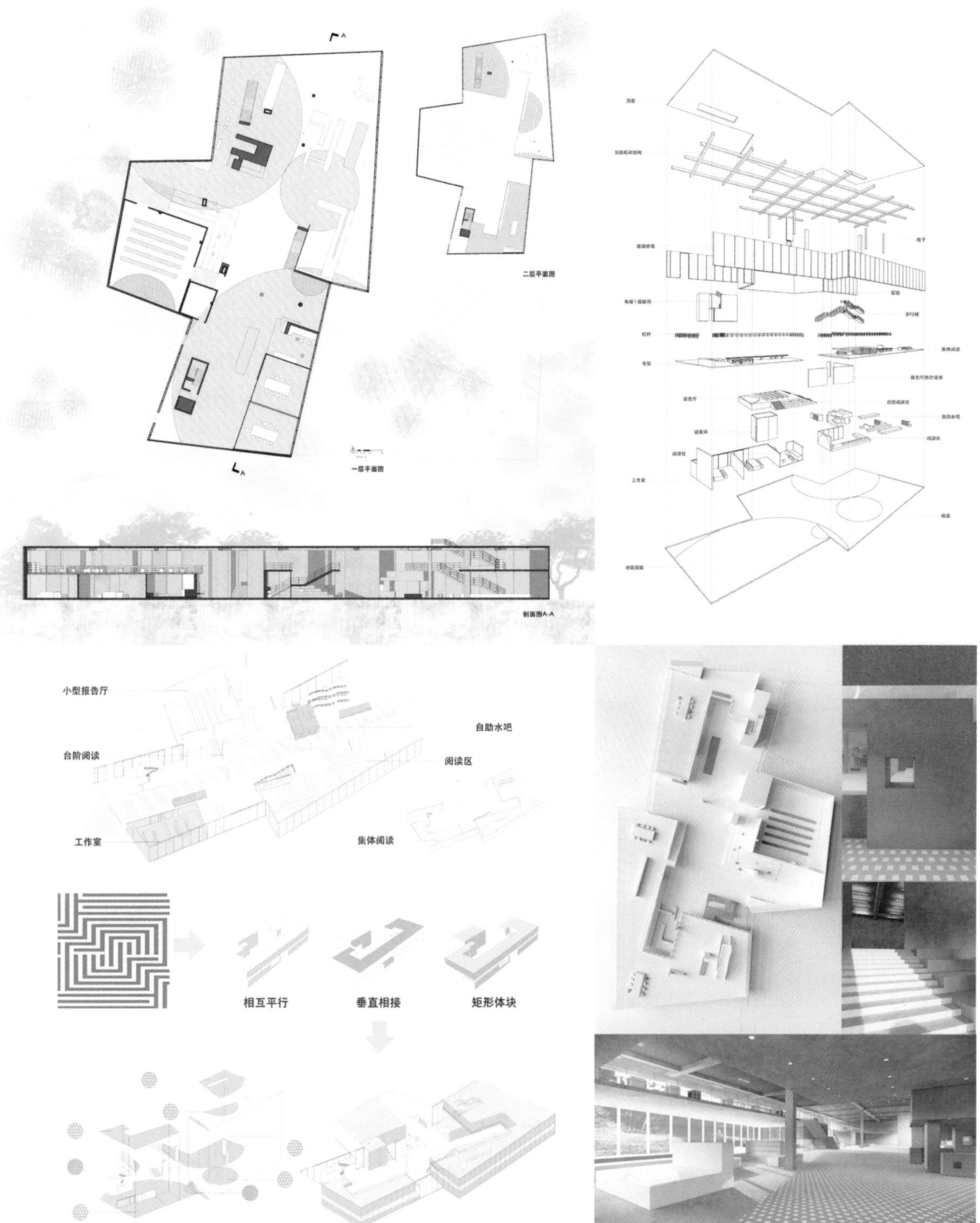
二层平面图
一层平面图
剖面图A-A
小型报告厅
自助水吧
台阶阅读
阅读区
工作室
集体阅读
相互平行
垂直相接
矩形体块
地面图案空间分布

中原工学院
信息商务学院

巩义海上桥村旱溪谷地景观设计

作　　者 乔 雯 徐 倩

指导老师　王大艳 焦盼盼

以巩义海上桥村文化为主的乡村景观，提取当地的民俗文化特色，运用在古村落景观的功能设计上，主要是以海上桥村当地文化元素，窑洞、石磨、岩石、瓦片等为主的空间功能结构，在设计中用窑洞元素设计的二点五维栈道将整个空间串联起来，整个空间设计与周围古村落建筑景观相融合。结合“创”、“融”这一主题，把功能区分为游、享、赏、品四个部分。

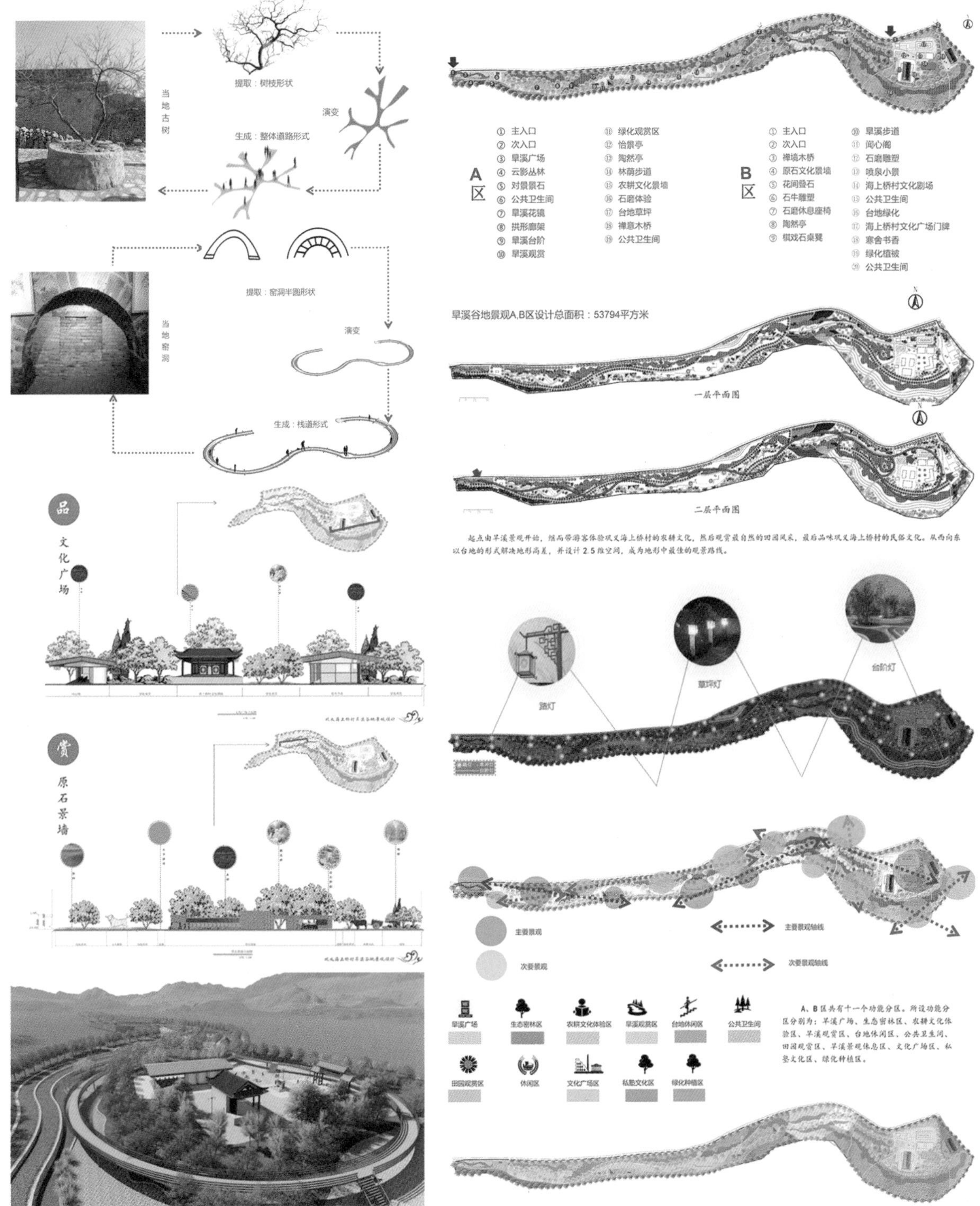
当地古树
提取：树枝形状
演变
生成：整体道路形式
提取：窑洞半圆形状
当地窑洞
演变
生成：栈道形式
品
文化广场
赏
原石景墙
A区
① 主入口
② 次入口
③ 旱溪广场
④ 云影丛林
⑤ 对景景石
⑥ 公共卫生间
⑦ 旱溪花镜
⑧ 拱形廊架
⑨ 旱溪台阶
⑩ 旱溪观赏
⑪ 绿化观景区
⑫ 怡景亭
⑬ 陶然亭
⑭ 林荫步道
⑮ 农耕文化景墙
⑯ 石磨体验
⑰ 台地草坪
⑱ 禅意木桥
⑲ 公共卫生间
B区
① 主入口
② 次入口
③ 禅境木桥
④ 原石文化景墙
⑤ 花间叠石
⑥ 石牛雕塑
⑦ 石磨休息座椅
⑧ 陶然亭
⑨ 棋戏石桌凳
⑩ 旱溪步道
⑪ 闻心阁
⑫ 石磨雕塑
⑬ 喷泉小景
⑭ 海上桥村文化剧场
⑮ 公共卫生间
⑯ 台地绿化
⑰ 海上桥村文化广场门牌
⑱ 寒舍书香
⑲ 绿化植被
⑳ 公共卫生间
旱溪谷地景观A,B区设计总面积：53794平方米
一层平面图
二层平面图
起点由旱溪景观开始，继而带游客体验巩义海上桥村的农耕文化，然后观赏最自然的田园风采，最后品味巩义海上桥村的民俗文化。从西向东以台地的形式解决地形高差，并设计2.5维空间，成为地形中最佳的观景路线。
路灯
草坪灯
台阶灯
主要景观
次要景观
主要景观轴线
次要景观轴线
旱溪广场
生态密林区
农耕文化体验区
旱溪观赏区
台地休闲区
公共卫生间
田园观赏区
休闲区
文化广场区
私塾文化区
绿化种植区
A、B区共有十一个功能分区。所设功能分区分别为：旱溪广场、生态密林区、农耕文化体验区、旱溪观赏区、台地休闲区、公共卫生间、田园观赏区、旱溪景观休息区、文化广场区、私塾文化区、绿化种植区。

教师优秀论文

2 PART

outstanding paper

画境文心——风景园林专业绘画教学特色
——以北京林业大学“素描风景画”课程教学为例

作　　者　王丹丹 黄晓 宫晓滨

北京林业大学
艺术设计学院

摘　要：风景园林学是科学、艺术和技术高度统一的综合性学科。风景园林师的艺术观、审美观、价值观直接影响着风景园林行业的未来。北京林业大学风景园林专业本科教学中的“素描风景画”精品课程属于专业绘画范畴，是衔接美术基础与设计课程的重要特色课程。该课程突出以创作性为核心展开系列美术教学研究与实践，以画境文心的艺术形式，大力弘扬中国传统园林艺术的魅力，不断提升学生们的审美能力、创新思维能力和艺术表达能力。通过逐步构建系统的风景园林专业绘画创作教学体系，助力风景园林一流学科的建设和优秀人才的培养。

关键词：风景园林；画境文心；绘画创作；素描风景画；教学特色

园林如诗如画，风景园林学是科学、艺术和技术高度统一的综合性学科。我们创造的风景园林的美是落实到大地上和生活中，关乎人民群众的健康生活和幸福指数，更关乎社会和国家命运，而风景园林师的艺术观、审美观、价值观影响着风景园林行业的未来。

学科交叉与跨专业知识的综合是未来风景园林学科教育的必然趋势，风景园林学的根本使命是“协调人和自然的关系”，东西方在处理人与自然的关系上的不同，在中国古代绘画这个载体中，就曾承载了诸多反映社会、生活、文化的内容，蕴含了十分丰富的有关传统环境营造的智慧和思想。在风景园林专业的人才培养方面，孟兆祯院士不断强调设计学科的人才要有三才，即文才、画才、口才[1]。这要求风景园林师既要有浪漫的艺术情怀也要有脚踏实地的科学研究精神，而将这两方面充分融合于教学实践中，就表现为具有专业绘画创作特点的素描风景画课程中。

1. 关于美、美学、美育

美术教育是人类最早的文化教育活动之一，是美育的源头。孔子名言：志于道，据于德，依于仁，游于艺。蔡元培先生数度赴德国和法国留学、考察，研究哲学、文学、美学、心理学和文化史，为他致力于改革封建教育奠定思想理论基础。关于美术教育，蔡元培的主要贡献是他在担任教育总长（1912 年）和北京大学校长（1916 年）期间大力提倡美育和艺术教育，并于 1917 年在北京神州学会发表题为“以美育代宗教说”的讲演，其影响至今。中国美学界和画坛的老前辈伍蠡甫先生说：“中国古代的绘画，具有极其深刻、极其丰富的美学思想，应当加以继承，加以发扬”。

基金项目：①2019年教育部人文社会科学研究青年基金项目（项目编号：19YJC760102）：遗址与图画——圆明园园林遗址区复原创作研究与实践

②2019年高校实践育人课题一般课题（项目编号：SJYR1903）：风景园林专业素描风景画教学实践课程体系建设研究

③北京林业大学2019年课程思政教研教改专项课题（项目编号：2019KCSZ013）：素描风景画

④北京林业大学2019年教育教学研究一般项目（项目编号：BJFU2019JY019）：风景园林专业“素描风景画”课程教学改革实践——基于传统界画研究的圆明园遗址如园景区绘画创作

⑤北京林业大学建设世界一流学科和特色发展引导专项资金资助——北京与京津冀区域城乡人居生态环境营造（项目编号:2019XKJS0316）

⑥2016年北京林业大学教学改革研究项目（项目编号：BJFU2016JC059）：教材规划项目“园林素描风景画”

迟轲先生说："我不相信文化可以救国'，但我却始终深信文化可以强国，对美和艺术的理解，是文化修养的一个重要部分；而'美育'的最有效的方法，是多接触艺术，包括了解一些艺术史。"

北京林业大学园林学院美术教学有着优秀传统，是全国农林院校开设应用美术课程最早、体系最全的美术教研室。在老一辈资深园林美术教育专家的培养和指导下，目前教研室已发展成为具有高学术水平的教学梯队。以园林为核心，以老带新、以教促改，不断完善园林美术教学体系。在教学之余，教师们在艺术创作方面也不忘初衷，多次实地考察实践、写生和创作，勤于画艺，作品曾获得多项荣誉和奖励。

2. "素描风景画"课程教学重点、难点及教学思考

"素描风景画"是高等院校本科风景园林设计专业的一门重要的艺术类专业选修课。中国传统园林在文学、历史、哲学、绘画艺术、雕塑艺术、音乐艺术、人文、民俗乃至环境科学、自然科学等诸多领域中，均具有博大、深厚、丰富的蕴积，是先人留给我们的一部珍贵的中华典籍和文化遗产，更是本课程所讲授这一既古老又现代的绘画艺术所取之不尽、用之不竭的文化宝库。

(1) 教学重点

中国传统园林的表现绘画，主要是指对中国传统园林中现已不存的园林风景的一种艺术再现和艺术创作。既然是无存的园林，就需要创作者充分发挥想象力，而想象要有根据，需要在查阅大量相关图文资料的基础上，结合实习、调研、写生之后再展开构思和创作。中国传统园林的精妙之处在于蕴含深厚的文化内涵，从造园意象到形象的转化，只有在深入理解园林背后文化性的基础上，遵循科学性和艺术性的原则，才能更好地进行绘画创作的艺术性表达。

(2) 教学难点

本课程的教学难点主要表现为两个层面，一是如何让学生对遗址复原区域建立空间感知，对于空间感知既需要实地感知也需要情景模拟的全景体验；二是关于中国传统园林的表现绘画创作途径的探索，围绕教学重点和难点不断进行教学实践和思考，在推动教学研究和人才培养的进程中，教师不断进行范画演示（图 1 ～图 3），通过启发指导诞生出一批优秀的专业绘画作品。

(3) 教学思考

一方面在教学中拓宽教学主体内容，处理好相关课程的衔接与过渡，处理好美术基础课程和专业设计课程之间的关系，关于中国传统园林的表现绘画，其绘画艺术形式可以多样，如铅笔、钢笔、素描与白描、水彩、淡彩等绘画艺术都可取此题材而为之，风格更可百花竞放。在园林设计学科中，多以水彩为主要绘画表现的艺术形式，这样的表现绘画，既可与园林设计直接融和，又是一门独立的水彩绘画艺术。通过实地调研结合虚拟现实模型动画和实体模型教具

的方法，增强学生对于复原场地的认真和体验，在充分感知理解的基础上，将案例分析分解成建筑形制归纳、山水树石归纳、楹联匾额解读三个板块，最后通过手绘方式透视创作表现园林场景。

因此，本课程鼓励学生在素描的基础上加入以水彩为主要的其他艺术手段。在教学上最突出的特点，是培养学生建立较强的形象创作性思维，并与较好的艺术表现力与一定的科学性相结合，在风景园林规划设计专业的学习与工作中，具备较强风景造型能力，成为园林风景绘画创造性的人才。

3. "素描风景画"课程教学内容

"素描风景画"是风景园林专业园林设计与风景绘画方面相结合的重要课程。该课程的基础内容包括：风景物象单体的绘画技法；较复杂的风景透视规律；风景物象的画面组合；风景画面的构图技巧；平面图、立面图、剖面图与立体空间效果的对应、转化和表现刻画；园林景观透视表现绘画创作；园林景观鸟瞰表现绘画创作。在此基础上，适度课外作业有：风景图片的"改绘"、实景写生、默画，强调目识心记，为创作设计积累素材。尝试在"素描风景画"课程中引入案例教学法，如清代鼎盛期的皇家离宫御苑是中国古典园林艺术集大成之代表，其中有非常多的优秀案例值得我们今天深入学习和借鉴。通过本课程的教学，应使学生逐步具备形象的风景具象思维能力、风景组合的逻辑思维能力、空间想象与表现刻画能力。特别培养学生充分发挥自身艺术特质与技术擅长，并具有较熟练的风景创作绘画技法和综合运用所学知识分析和解决问题的能力以及创新精神，充实园林设计类专业学习与工作上的艺术素质。

图1 避暑山庄—山近轩—延山楼复原创作（王丹丹绘）

图2 避暑山庄—秀起堂—秀藻楼复原创作（王丹丹绘）

图3 古典园林综合创作（宫晓滨绘）

4.“素描风景画”课程教学特色

素描教学作为一个完整的教学体系，要求眼、脑、手同时得到锻炼，要求同学们在作画的过程中，自始至终在“整体的关系”中去认识和观察对象，遵循“从简到繁”、“由浅入深”、“循序渐进”的原则，在课程训练过程中，需将写生、速写、默写和临摹有机地结合起来。即将写生的扎实造型能力训练同速写的敏锐地观察能力和艺术概括能力训练结合起来，再配合一定的临摹训练，学习和借鉴各种不同的表现方法和风格，教学过程中注重教学方向上的一致性和方法的多样性统一[2]。

(1) 创作性

以创作性为核心的风景园林专业绘画是该课程的特色，素描是具有独立审美价值的艺术形式，其单纯、质朴、富于表现性的特点，使之应用于多个与设计相关的基础学科领域。素描风景是素描这一艺术形式向自然领域的延伸，在风景园林学科中起到美术基础课程向专业设计课程的过渡作用。素描风景创作是风景园林专业中建立在基础造型之上，融合了美学和创作性、逻辑性的一门艺术科学。汪菊渊院士曾经说过“中国园林有独特优秀的传统，我们要去发掘、继承和发扬”，借助绘画形式能更加形象而具体。孙筱祥先生作为园林规划与设计教学上的开拓者，不断地将中国画、中国诗融于教学[3]。素描风景画课程以创作性为核心，通过训练能够启发和培养学生们园林风景组合的想象力与创造力，以及将绘画艺术性与设计科学性相结合的创新思维能力。实践证明，创造性地发挥对于设计能力的提升大有裨益。

(2) 科学性

创作要求客观科学合理和精确细致严谨，所谓科学性是根据风景绘画的自身规律，以准确性为前提，注重风景绘画的说明性和表现力，如涉及园林建筑结构等首先要根据平面、立面等各项技术要求，遵循写实主义的基本规范和设计的各项要求，客观地进行描绘。具体来说就是充分遵照“造园逻辑”，使之既符合造园的内在逻辑又符合艺术创作的规律，使想象和创作合情合理[4]。

在中国传统绘画中，就有精确工整、细致严谨的绘画形式——界面，以表现古代宫廷建筑为主，在画面意境、空间层次、虚实对比、与山水林木的浪漫结合以及在构思、构图、透视、立意、色彩、绘画技法等诸多方面积累了丰富的绘画经验且形成了完备的理论体系。

绘画史籍说袁江的界画当推清代第一，诚为公允[5]。《德隅斋画品》中提到界画最基本的要求“折算无差”，这再次说明了精确在界画中的重要性。但界画不止步于此，有规矩又不为规矩所束缚，指的是在精确的基础上追求作者主观意愿的表达，这是比“精确”更高层次的要求，借鉴界画理论和研习其画作对于充实该课程有积极意义。

(3) 艺术性

中国传统园林讲究诗情画意，其艺术创作的过程包含浪漫的艺术想象和艺术构思过程。浪漫的艺术表现力和想象力对于风景园林专业绘画创作尤为重要，如园林要素中的地形、山石、植物、水系等可适度夸张写意，尝试多元的绘画风格。素描风景画创作过程反映了对于中国传统园林的研究性和表现性价值。具有浪漫艺术气息的园林绘画创作既不同于一般的风景画，也不同于一般的工程制图，在表现中国传统园林这一题材绘画时，要求将科学性与艺术性很好的结合。中国传统园林的绘画创作其目的就是要将中国传统文化和中国传统绘画结合起来，通过绘画的形式将中国传统园林中诸要素准确、真实、艺术地表达出来。

(4) 文化性

中国古典园林是中华民族文化的精华及重要组成部分，以丰富多彩的内容和高超的技艺水平在世界造园艺术中独树一帜，其独特的东方文化内涵及辉煌的艺术成就为世界所瞩目[6]。中国传统园林折射出的是中国深厚的传统文化底蕴，无论园主人身为何等社会阶层，园林中的景致都不断探索着人与自然的和谐，或寄情山林，或寄托情思，运用楹联匾额和摩崖石刻的方式反映人的意志和感情，将主题、赏析和遐想以最简练优美的文字表达[7]，如颐和园是楹联匾额最为集中的皇家园林，透过这些文字是我们了解一座园林的重要途径，也是想象和创造最为贴切的源泉。

(5) 实用性

该课程适应了风景园林学科发展的迫切需要，风景园林学科建设的总目标是逐步完善和构建以风景园林学为主导，建筑学、城乡规划学、风景园林学三位一体的人居环境学科学组群[8]。素描风景画注重创作实践，通过培养学生的设计表现绘画能力，为今后的设计课程建立一个良好的空间思维意识。另外，该课程自 1985 年开设至今已有 30 余年，先后出版了多部教材，书中收集了很多优秀的学生作品。据不完全统计，在目前全国已开设风景园林专业的 200 多所院校中，该课程无论在开设时间还是目标模式上具有前瞻性和示范性。

5. 适应风景园林学科发展的专业绘画创作课程探讨

中国传统园林是中国传统文化的重要组成部分，随着教学的进行，从教学内容和教学形式上都还有很大的提升和拓展的空间，创作形式上也更加多元化。需要学生不断积累跨专业的综合知识，从绘画创作角度强化对核心设计课程的认知；不断提高学生对传统园林的环境感知力、审美水平和艺术表达能力；特别培养学生创新能力、创新精神，为后续设计课程奠定坚实基础。

中华文化绵延数千年，早已成为整个人类文明的重要组成部分，绘画是其中重要一支。中国绘画特有的技术语言、审美系统和艺术观念，使其无论在人物画、山水画、花鸟画领域，都有着意境表达、形神兼备和气韵生动的追求，也将其作为后世品赏的标准，重形而尚意，这也是中国艺术创作总的发展趋势。中国绘画具有高超的艺术价值、深厚的美学思想和丰富的历史文化信息。钱学森先生指出中国园林是科学的艺术，并提出“城市山水画”是个历史性的课题，艺术家的“城市山水”也能促进现代中国的“山水城市”建设，并呼吁长期生活在现代化都市里的人是非常需要一点“林泉之志”的山水画，无论从什么角度来说，都永远需要，都永远有发展。以史为鉴，从风景园林学科发展的背景下，重新审视中国传统园林与相邻姊妹艺术，如书法、绘画、诗词等之间的关联性，不断发挥综合跨学科的专业优势，是十分必要而迫切的，这关系到风景园林学科的继承创新，关乎未来风景园林学科的发展命脉。

参考文献

[1]大师访谈——孟兆帧院士访谈[J].风景园林，2012(4):37-39.

[2]马玉如，陈达青，素描技法[M].北京人民美术出版社，1985：1.

[3]王丹丹，宫晓滨.中国传统园林的表现绘画创作途径探索与实践［J］.风景园林，2016（6）:86-91.

[4]宫晓滨.中国园林水彩画技法教程[M].北京：中国文联出版社,2010:7.

[5]令狐彪.中国古代山水画百图[M]. 北京：人民美术出版社，1985:96.

[6]黄晓，程炜，刘珊珊.消失的园林——明代常州止园[M].北京：中国建筑工业出版社，2018(3).

[7]夏成钢. 湖山品题——颐和园匾额楹联解读[M]. 北京: 中国建筑工业出版社,2008.

[8]历史发展——李雄访谈[J].风景园林，2012(4):45-47.

人口老龄化下居住区适老性景观设计研究

作　　者　赵芸鸽

大连艺术学院

摘要：社区养老已经是我国养老方式重要的形式之一，在这种大环境下，居住区景观的设计便要注重适老性。文章主要对居住区景观中适老性景观设施和色彩设计进行探索与研究，分析当下居住区景观在这两方面存在的问题，同时，对老年人生理、心理及室外活动特点进行分析，并在此基础上提出居住区适老性景观设施和色彩设计的设计策略。

关键词：人口老龄化；居住区景观；适老性设计；社区养老

引言

2018年年末据国家统计局发布的人口数据显示：我国60周岁及以上人口达24949万人，占总人口的17.9%；65周岁及以上人口16658万人，占总人口的11.9%，我国已逐渐迈入“深度老龄化”阶段。由于我国城市化的发展，城市中的空巢老人和独居老人迅速增加，大城市的养老院甚至出现一床难求的局面，再加上中国传统家庭养老观念的影响，社区养老成为一种新兴的养老模式崛起，调研显示，老人们也愿意选择社区养老。社区养老把家庭养老和社会养老结合在社区，是两者之间的一种养老形式，养老机构进入社区服务，老人们通过社区可以在家养老。在这样一种大环境下，老人们所居住的居住区和社区的景观要考虑到老年人的使用，适老性居住区景观设计便有着重要的意义。

1. 老龄化下的居住区景观存在的问题

（1）景观设施

座椅数量不足，座椅矮，缺乏扶手，适老性的设计不充分，没有置物设施，拐杖、水杯等物品无处放置，所以只能将物品放在地面上或是椅面上，多有不便。活动区域大多是健身器材，形式单一。居住区标示性的景观设施对于老年人来说警示性稍差，材料多为金属、亚格力和玻璃等反光较强的材料，标识设施的颜色、字体设计也不具备适老性的特点，有的小区根本就没有景观标识设施。

居住区中的道路和活动空间地面不平整。在考察过程中，老旧小区地面破损严重，老年人行走时有不安全隐患，轮椅通行也不便，下雨时部分区块积水严重，有些老旧小区的路面政府出资重新翻修过，比较平整，方便出行，但有些部位仍有积水问题；很多新小区的道路和活动空间用混凝土砖铺设，由于地基的原因，一段时间后混凝土砖会不平整，常有突起和凹陷，虽然路面会维修，但只是局部维修，不会像新建时那样平整；新小区的有些道路和活动空间用花岗岩铺设，这样的路面比较平整，烧面的处理方式比较常见，若是冬季下霜冻霜时期，烧面的花岗岩依然有些滑，可以选择更加防滑的面处理。

（2）适老性色彩设计方面

居住区景观色彩是丰富的。从硬质景观上看，铺装、小品、景观墙等都有着不同的色彩；从软质景观的水景和植物上看，也是多彩的，尤其是植物还有四季的变化。但是，所有的色彩设计却很少考虑到适老性，老年人喜欢什么样的颜色，明度是多少比较合适，什么颜色的配置会让老年人比较舒服，什么颜色对老年人有很强的警示性等，这些问题在做居住区色彩设计时都是应当有所考虑的。

2. 老年人生理、心理及室外活动特点分析

老年人在身体机能和生理机能方面都出现明显下降的现象，身体尺寸缩小、弓背弯腰，他们的感觉系统、神经系统、运动系统均有所下降。

（1）老年人生理特点

老年人的视觉、听觉、触觉、味觉、嗅觉等感觉器官功能下降。在视觉方面他们的感光度下降，对明暗、色彩的感知能力也下降；花眼，看近距离物体时清晰度降低。在听觉方面，老年人听力下降，对低频声音和快语速分辨力弱，容易误听，也容易误解说话的内容，给老年人的心理带来影响；老年人对噪音很敏感，容易受到干扰，影响他们的生活。在触觉方面，老年人对被触碰的感觉下降，反应能力也下降，所以容易受伤。

老年人的记忆力衰退，反应迟缓，容易忘记人与事，阿尔兹海默病症发病率高。但是老年人的记忆特点是近事记忆差，但远事记忆很好，对年轻时发生事记得比较清楚。速记、强记差，但理解性记忆和逻辑性记忆还是可以的。所以居住区的景观设计可以针对这种特点做一些特殊的设计。

（2）老年人心理特点

老年人都有着一份怀旧心理，他们愿意与人分享自己的经验和记忆，若是有共鸣或是被认同，他们会非常开心，并带有一定的成就感，所以倾听对于老年人来说也是一件非常重要的事儿。老年人对于过去的物品有着依恋情节，喜欢把玩，拿给别人看，与人分享。

老年人情绪容易低落，产生焦虑，会刻意控制自身悲喜等情绪；老年人容易产生自卑心理，大多数老年人在退休之后都会有社会的角色转变，认为自身对社会的价值减小，成为了负担，产生自卑感。

老年人的孤独感和空虚感。老年人的社交减少，圈子变小了，与人交往的机会减少，子女又常常不在身边，在这种环境下老年人变得更加孤独和空虚，尤其是空巢老人。

（3）老年人室外活动特点

老年人的肌肉萎缩、骨骼退化疏松，活动缓慢、不协调，同时受老年病影响，活动时容易疲劳，经常出现腿软现象，容易摔倒，所以居住区景观设计要注重扶手设计和地面要平。

3. 居住区景观设施设计与色彩设计策略

（1）居住区适老性景观设施设计策略

老人身体有回缩现象，即身高、坐高、步宽、肩宽等尺寸比成年时期要小，所以室外的景观设施、踏步台阶等设计应兼顾老年人的使用。如今，景观设施设计在适老性方面是有所欠缺的，对老年人的身体、生理、心理、行为上考虑的不太全面，老年人在使用过程中会有不适应或是不便的地方，尤其是身体不太好的老年人，基本参与不了居住区室外的活动。

在扶手栏杆方面，居住区室外的活动空间边缘可以设计线性的扶手或是双向扶手，双向扶手的两端可用弧形连接，连接处或是扶手的端部可附加盲文，为视觉障碍者做提示，也对其他老年人有警示的作用；扶手端部可延伸300mm的距离，可弯向地面、墙面或是柱子；扶手的高度在850～950mm之间，若设计双层扶手，上层高度可为900mm，下层高度可为650mm。栏杆旁可设计座椅以供老年人休息，让更多的老年人愿意来到室外空间活动。

在室外休息座椅方面，室外的座椅应给老年人以心理上的安全感，老年人起身困难，所以适老性的座椅可比普通座椅设计的略高一些，两侧应有扶手，后面有靠背；很多老年人都会有拐棍也会带些物品，所以座椅应设有放置拐棍的卡槽，也应设有放置水杯的槽；为帮助老年人起身，可在座椅扶手前方250mm处设计一竖向扶手，该扶手可呈L形，下端高700mm左右，上端高1400mm左右。座椅和L形扶手也可以设计成一个整体。

在室外，也应设计专门用于靠着休息的设施，为一些腰部不太好或是不方便坐着的老年人提供暂时休息服务。

凉亭和廊架的设计要能使轮椅通过，若有台阶要设计坡道和扶手；有些凉亭和廊架可以设计一些喷雾设施，用于夏季降温。

报阅亭设计，很多老年人是很喜欢阅读的，所以在居住区的室外可以设计报阅亭，亭中有放置书刊的架子，放置些报刊和书籍以供阅读，这些书籍和报刊需定期更换，老年人也可以从家中带来自己的资料与他人分享。报阅亭中要有园椅和园桌，因为老年人阅读时长时间用手拿着书刊不便，有的老人甚至还会拿不住书刊，所以园桌的设计是有必要的，老年人可将书刊放在桌子上，方便阅读，同时还可以设置些公用的放大镜和花镜，更加方便于老年人的阅读。

便民设施的设计，在室外可以设置宣传栏，宣传些科普知识和一些近阶段比较重要的事情，LED屏也可作为播放新闻、天气预报和临时事件的设施；扬声器是非常实用的广播设施，老人们对扬声器播报这样的形式也是很喜欢的。如今，越来越多的老年人都拥有手机等电子设备，在室外设置些临时充电或是电源，以备不时之需。居住区适老性景观设施不宜选择类似金属这样镜面反射强的材料，强反射光对老年人的视觉和心理影响很大，也容易产生炫光，造成危险，另外，金属材质比热小，冬季寒冷时金属材料寒凉，夏季炎热时金属材料有时热得烫人，触碰这样的材料会感到不适，而且金属材料也很硬，另外石材和混凝土材料也是硬质的材料，舒适感稍差些。多用木材类的材料要更合适些。

（2）居住区适老性色彩设计策略

居住区景观设计的色彩设计要有适老性，首先要了解老年人对颜色的偏爱程度。在单一颜色方面，老年人喜欢中明度的色彩，并且对暖色调比较偏爱，这主要是因为老年人退休后，他们的孤独感加剧，容易抑郁，暖色调能够给年老者带来些活力，给他们的生活填充些阳光和温暖。医学研究也证明了暖色调是有利于老年人身心健康的。高龄的老人对红色是有明显偏爱的，这是因为年老者的色彩感知能力减退，原本的物体色彩在他们眼中却是褪了色的，而红色在年老者的眼中褪色最少。黄色是能够给老年人带来冲击性的颜色，也是他们喜欢的颜色之一，老人们易于感知黄色。所以在单一的色彩方面可以选择中明度的红色和黄色，中明度红色和黄色的复色也是比较好的选择。

在颜色配置方面，老年人易于感知有明暗对比的色彩。年老者喜欢补色和对比色的植物相互配置。例如，老年人对传统的红色和绿色的植物色彩配置是比较敏感的，红色的道路和绿色植物间的色彩搭配是他们比较喜欢的。老年人对黄色和紫色的对比，也会感到比较强的冲击力。

与绿地相互配置时，老年人喜欢暖色调与绿地相互配置，暖色调色彩亮，是前进色，给人以活泼、温暖和积极的感觉，其中奶黄色是老年人十分偏爱的颜色。老年人不喜欢冷色调的道路，尤其是蓝色的道路，因为他们对蓝绿色的感知能力较弱，冷色调色彩暗，是后退色，给人以冷静、镇静、收缩和遥远的感觉。

居住区的景观设计考虑到老年人的偏好，设计将更为人性化。整个居住区的景观色彩搭配充分发挥中明度的暖色调的作用。可在路口处、坡道处设计让老年人有冲击感的颜色，以作警示，例如黄色以及黄色与紫色的搭配色。植物配置在以绿色为背景的基础上，多种植开暖色系花的植物。景观标识牌的色彩与上面的字体色彩要有强烈的对比，给老年人在视觉上的冲击，充分利用补色，让冷色调作为背景色，暖色调作为字体或其他信息的颜色，另外文字等信息尺度应放大，高度应适中，设计形式也应易识别，不要为了追求设计感和新颖度而导致信息不易被识别，景观标识牌最终目的是让老年人清楚地识别到上面的信息。居住区景观设施例如扶手、健身器材、亭廊、休息座椅、垃圾桶等功能性要十分清楚，老年人才容易辨识，它们的色彩可以选择老年人喜欢的颜色和明度，扶手的边缘和转弯处可用冲击力较强的黄色或容易被识别的红色作为警示。

4. 结语

居住区中的适老性景观设施设计和色彩设计应符合老年人的身体、生理、心理以及老年人的活动特点，设施的多样性可以提供老年人丰富的活动与休闲形式，同时景观设施的功能性要明确，这样老年人可以很容易识别。在居住区的色彩设计方面，选择老年人喜欢的中明度颜色可以让老年人感到更加舒适，暖色调是他们所偏爱的颜色，在居住区色彩设计时，应给老年人温馨、温暖、活泼、积极的家的感觉。

参考文献

[1] 俞蕾，张绿水．基于老年人活动偏好的城市公园活动区设计策略研究——以南昌市八一公园为例 [J]. 江西科学，2018，36(6)：1047－1055.

[2] 张运吉，朴永吉．关于老年人青睐的绿地空间色彩配置的研究 [J]. 中国园林，2009，07：78－81.

[3] 张运吉，朴永吉. 公园利用中老年人个人属性的研究 [J]. 现代园林，2008(5)：21-25.

[4] 刘相辰，赵丽珍，王晓艳. 色彩心理研究的历史轨迹 [J]. 内蒙古医学杂志，2001，33(6)：527-529.

[5] 滨田纪. 色彩生理心理学 [M]. 名古屋：黎明书房株式会社出版社，1989：46-47.

[6] 宋聚生，孙艺，谢亚梅. 基于老年社群活动特征的空间规划设计策略——以深圳典型社区户外活动空间为例 [J]. 城市规划，2017，41(5)：27－36.

[7] （日）长谷川和夫，霜山德尔．老年心理学 [M]. 哈尔滨：黑龙江人民出版社，1985.

[8] 王江萍．老年人居住外环境规划与设计 [M]. 北京：中国电力出版社，2009.

大连艺术学院

环境设计专业产学研一体化人才培养模式研究

作　　者　尹国华

摘要：产学研一体化对于高校环境设计专业培养创新型应用人才具有显著影响，对于构建适应经济发展的应用性学科具有推动作用，其培养策略及措施对探索建立产学研教学模式的高校的教育教学具有开创性意义。

关键词：环境设计；产学研一体化；人才培养；创新

1. 环境设计专业的创新型人才培养现状与分析

（1）环境设计定义及专业构成

定义：“环境设计”在学术上是指对于建筑室内外的空间环境，通过艺术设计的方式进行设计和整合的一门实用艺术。通过一定的组织、围合手段、对空间界面（室内外墙柱面、地面、顶棚、门窗等）进行艺术处理（形态、色彩、质地等），运用自然光、人工照明、家具、饰物的布置、造型等设计语言，以及植物花卉、水体、小品、雕塑等的配置，使建筑物的室内外空间环境体现出特定的氛围和一定的风格，来满足人们的功能使用及视觉审美上的需要。

专业构成：环境设计（Environment Design）是一门复杂的交叉学科，涉及的学科包括建筑学、城市规划学、景观设计学、人类工程学、环境心理学、设计美学、社会学、史学、考古学、宗教学、环境生态学、环境行为学等学科。而且在工作中会涉及城市设计、景观和园林设计、建筑与室内设计的有关技术与艺术问题。其培养出来的设计师通常是一个“通才”。此外除了应该具备相应专业的技能和知识（城市规划、建筑学、结构与材料等）外，更需要深厚的文化与艺术修养，才能使设计出来的作品在具有实用、经济、美观的同时，还附有精神文化的内涵，让“物”与“神”在一个共享空间中向公众同时展现。与其他艺术和设计门类相比，环境设计师更是一个系统工程的协调者。

(2) 高校环境设计专业创新型人才培养模式的现状与分析

1）人才培养目标与市场需求脱节

现在的环境设计教育主要培养单位主要在开设艺术设计类专业的国家院校培养。传统教学模式是理论教学为主，实践方面也只是跟着教师的模拟项目训练，这种程式化、模式化的教学方式使得学生学习兴趣不浓，教学效果不理想，动手能力差，毕业后不能很好地适应企业和市场。

2）教学内容、教学方法陈旧落后

在环境设计教学中，教学的内容基本还是书本的理论知识，学生对材料、具体的施工工艺等实践方面的知识还是一知半解。教学实践方面的内容也过于虚拟化，往往脱离实际，设计案例也过于陈旧，完全与社会市场脱节。教学方法主要还是采取教师在讲台上讲，学生在台下听的单一灌输式教学方法，这种教学手段大大降低了学生学习的主动性和热情。通过对用人单位及环境设计专业毕业生反馈意见的调查，除了学生动手能力差外，还有一个特点是沟通能力差，自己做的设计往往不知道如何和甲方表达，所以，加强学生的口头表达能力也是环境设计专业教学需要加强的环节。

3）实践性教学体系有待完善

环境设计专业学生的专业实践分布在课程设计、专业实训、毕业实习和毕业设计中，但这其中大部分的实践教学往往浮于表面，一是由于很多任课教师本身缺乏实践经验，布置的实践模拟题基本上限于课堂上，拘泥于课堂常规教学形式，无法满足实际需要，导致“闭门造车，纸上谈兵”，并不能解决在实际中碰到很多问题。二是环境设计专业实践教学需要有相应的实践教学基地和教学场所，有些学校并没能提供这些硬件设施。

4）师资队伍结构过于单一

高校环境设计专业教师一般都是专职教师，基本上都是大学毕业后直接分配到教师岗位上，其理论水平普遍较高，但实践经验相对较少，这样的教师队伍对于培养技术应用型人才有着一定的局限性。

5）学生缺乏创新意识

创新思维是一切优秀设计产生的基础，具有创新思维是优秀设计师必备的素质。 环境设计专业学生毕业后能否在岗位上有长足的发展主要取决于创新能力。然而，现在的环境设计专业学生在做设计中，大多数是模仿和抄袭，几乎没有什么创新意识。

（3）高校环境设计专业创新型人才培养模式解决的主要问题及方案

现在的环境设计教育重点主要在是理论上，对“实践教育”重视不够，虽在课程建设中也加入不少实践环节，但还是不能解决主要问题，只能算是望梅止渴。而这主要问题的病症就是在于“实践”环节少及缺少实践教学基地和教学场所，以及怎么能把所学知识运用到实践中去，带动高校教师及学生的学习和创新热情，发挥其主动性。而解决问题的方法之一就有学校及专业应开展“产学研一体化”培养的模式，但目前大部分高校还缺少这种氛围。

2. 产学研一体化培养环境设计专业创新型人才的策略及措施

“产学研一体化”是指通过产学互动、校企结合的形式，把教育与科研、行业生产等活动和资源有效地整合起来，同时实现高校的人才培养、科学研究和社会服务三大职能。其在培养环境设计专业创新型人才时，可采取如下策略及措施：

（1）课程建设中培养创新型人才的策略

1）结合市场需求，适时调整专业课程建设，以适应当前行业发展对人才的需求

对于环境设计专业课程建设，学校可以根据企业和市场对此专业的新需求进行适时调整，结合不同岗位对设计师能力有不同的需求，制定出相应的教学大纲和计划，合理整合相关课程，并调整各课程课时量。在本着培养专业技术应用型人才为目标的前提下，理论教学以“必需、够用”为度，理论课程和实践课程的比例要适当调整，加强学生动手实践方面的能力和创新能力的培养。对于原来陈旧的理论课要结合市场需求，认真调查研究下精简和更新，强调其实用性。

2）改变传统教学方法，把课堂还给学生，让学生做课堂学习的主人，提高学习的热情及积极性

理论课上课方式要有所改进，课堂上不仅仅是让教师讲，教师可以把部分内容留给学生，给他们充足的时间进行准备，让学生主动参与讲，这不仅能提高学生的口头表达能力和沟通能力，也能提高教学效果。同时所讲的内容要求学生进行专业领域的情况分析，采取研究专业市场、设计调研、综合研讨等方式，结合就业市场对专业领域人才的素质要求进行试讲。这种“以讲促学”不仅能培养学生的学习热情，还能调动学生的竞争意识、锻炼学生的创新思维。

3）增加实践考察数量，开设设计考察与研究课程，强调实践课程的实效性

设计源于对生活的体验，将课堂教学与实践教学相结合、书本上的间接经验与实践中的直接经验相结合，在设计教育中非常重要。因此，在课程建设中应可以尝试开设设计考察与研究课程，进行项目化教学，强调实践课程的实效性，可让学生实地考察环境设计的典型代表地区，如大理古城、丽江古城、苏州园林、周庄、乌镇、北京、上海、广州等，将理论知识与生动的考察内容结合起来，有针对性、系统化地研讨专业内容，同时与专题设计课程相结合，进行一些规定性设计的创作练习、个案式的元素练习等，使学生不仅在创作意识、创新思维上得到提升，也培养他们个性化、高品位的环境艺术创作能力。

（2）科研建设中培养创新型人才的策略

1）建立环境设计专业的科研实践设计中心

在高校领导及部门的支持下，可建立环境设计专业的科研实践设计中心，以承接当地政府或者企事业的环境设计等项目。学校并为科研实践设计中心提供经费支持，这样即为教师提供了劳动保障，也为学生的设计发展提供一定的发展平台，但注意的是必须从学生的角度来出发，在经费上要多加控制，在满足各个设计岗位需要的同时，多引导学生在设计上面的一些创新和技能的培养。也需要培养学生的合作精神，科研实践设计中心不要封闭式的工作，要学以致用，多多地探讨项目，从中获取每个人的设计经验，才是科研中心建立的目的。能够解决这种现象的最好的培养模式就是将研究人员和学校里相关专业的学生集中地分配各自的研究实践任务，到各个相关环境设计单位中去，包括国有事业单位和民营的环境规划设计单位，从实际的城市到乡村的环境绿化和环境保护的开发项目，将这些人力资源科学地分配到各个

实际岗位中去锻炼，经过实际项目中经验的积累和技巧的开阔，再经过对环境设计人员的培养模式的细致分析和改变，相信一定会培养出复合型、实用型的设计人员。

2）“工作室”制人才培养模式

“工作室”模式基本载体就是工作室，同时采用教室、课程和实践一体化的形式，由传统理论学习转向实践，由封闭式过渡为开放式教学，将教学和实践紧密结合在一起，其主要任务就是科研项目研究，主导是专业教师队伍，核心为应用专业技术，基础是掌握课程知识，在完成和承接各种设计项目的同时，由教师带领学生完成。具体为学生被分成若干组，一般6～10人一组进入工作室，教师成立各自工作室并任教，其中以实际项目带动教学，引导学生参与整个项目的设计与施工，训练学生的创新思维能力和实践操作能力。

（3）产业建设中培养创新型人才的策略

1）可与用人单位签订订单式人才培养模式

高校与用人单位签订订单式人才协议，充分发挥双方教育资源优势，共同制订人才培养计划并参与人才培养过程及管理，用人单位按照协议约定组织学生就业的教育方式。由于现在大多数高校的 环境设计专业人才培养模式以理论教学为主，造成毕业学生动手能力和适应力差，所以这种教学模式可以提高学生的实践操作能力，实现知识与岗位的零距离对接。

2）协议共建下的人员交流人才培养模式

为了贯彻“教学从实践中来，回实践中去”的教学思想，学校应主动与相关企业合作，创建实习基地，鼓励教师、学生到企业和单位中实习，在实际设计项目中提高专业水平。具体操作可为设计企业给高校提供实训基地，并派员担任实习教师，负责学生实习指导和教学工作，学校派教师去设计企业兼职，承担企业课题研究和策划工作，并把最优秀的学生推荐给企业，保证企业有充足的人才补给。学校不断有教师去设计企业兼职，提高教师的实践能力。

3. 结束语

综上所述，随着社会的进步和发展，其对环境设计人才的要求越来越高，环境设计专业教育应针对市场的变化而与时俱进，特别是加强产学研一体化方面的建设已刻不容缓，其对环境设计专业创新型应用人才具有显著影响，对于构建适应经济发展的应用性学科具有推动作用，探索建立产学研教学模式对于高校的教育教学改革具有开创性意义。

参考文献

[1] 孙以栋，金阳. 基于“校企合作”的艺术设计人才培养模式的改革与实践. 2010.7.
[2] 郭栩东. 旅游管理本科专业产学研一体化教学模式的构建. 2011.3.
[3] 封展旗，扬平. 论产学研一体化模式下创新型人才的培养. 2008.9.
[4] 谢慧明，曾庆梅，夏富生，王武. 产学研合作教育与创新型人才培养初探. 2006.3.
[5] 李庆丰，薛素铎，蒋毅坚. 高校人才培养定位与产学研合作教育的模式选择. 2007.2.

大连艺术学院

博物馆开放型公共空间的光环境设计

作　　者　杨彬彬

摘　要：博物馆作为重要的公共建筑，有着保护和展示文化遗产、开展教育、提供休闲的功能。随着人们对于越来越丰富的精神文化需求的增加，博物馆作为公众服务空间、艺术陈列的空间越来越受到人们的关注。越来越多博物馆设计者在深刻研究如何为观众们提供更加丰富的展示，拉近与群众的距离。本次研究就从有着与陈列设计同样重要的位置与研究价值的光环境入手。根据近年人们对国内博物馆的普遍印象是光源单一、照明效果单调、参观过程中容易视觉疲劳、产生光污染等现象，对现状进行反思。

关键词：博物馆；光环境；自然光；人工照明

对博物馆光环境的研究任务和研究对象作出总体阐述，根据不同光源的特性进行理性、全面的分析。从外到内、从整体到局部探讨博物馆开放型公共空间所需要的光照环境。本文通过对实际优秀设计案例的剖析，阐述在博物馆设计中开放型公共空间的光环境设计方法。在满足展品保护的要求的前提下充分发挥博物馆空间的自身能动性，利用建筑因素及相关技术因素，明确光源与照明形式，从照射方式中去寻找设计方法。确定观众对展示对象和光照的视觉和精神需要，确定合理区域照度、优化照明资源、提高光照水平、减少光害污染，为今后博览建筑公共空间的光环境设计提出新的设计方法。

1. 博物馆光环境设计的任务

空间光环境设计的任务大致可以分为：在以功能为前提的视觉作业照明和以温馨、体验为主的环境氛围照明。当然，博物馆也是如此，博物馆空间的任务就是体现展品特性并将其内涵传递给观众的光的设计。

以功能为主的视觉作业照明。主要包括功能区的视觉任务、物体对比、重要程度以及持续时间。这种视觉能效由空间内固有的特征（形体、大小、作业细节和背景对比等）决定，同样也取决于建筑内的照明条件。为获得满意的视觉功效，要求在作业细节的大小、对比、呈现时间与亮度可见度上区别开来。比如为表现博物馆各种功能部分，作为参观者进入馆内的门厅，是参观人员流动的重要区域，同样通道作为引领观众进入展厅的重要环节，在这里参观者可以到达展示空间和服务区，那么两个功能区的照明任务就是给观众作出明确的导向，在照明形式上必须明亮简洁和顺畅；室内大厅作为空间的中心枢纽，需要明亮稳定的照明；展示区包括半开敞性展厅和封闭性的展览室，照明条件以展品照明为主，这里作为博物馆中主要功能空间，其光环境设计的任务也是最主要的。

以舒适、体验为主的气氛照明。体验性照明换一种角度可以是心理引导，就是心理学上所谓的定时与定向。通过光让一个小空间给人带来压抑和狭小的感受，无法了解周围环境而不安；也会显得轻松和宽敞，直接影响人在这个空间中的情绪和行为，还有产生如透明感、轻松感、压抑感、私密感和矛盾恐惧感等等心理感受。因此，正确的照明形式指引人们认识环境、认识空间，给与观众时间感、安全感与场所感。

（1）科学方法的引导

当评定一个博物馆照明品质高下时，与这三者的联系更是密不可分，这体现在照明设计流程的科学组织、构思如何使用合理的光源与先进的照明设备，以及用什么方式来保护敏感性文物等问题，不仅充满着对科学的理性认识，而且体现了不同地域文化差异的解读。

（2）科学认识的指引

对光要求非常苛刻的博物馆，不能只一味追求节能，而忽略此光源的性能。即使真正需要时，也要通过利用结构形式、建筑材料特性以及改变陈列形式有原则、有目标的控制光线能量，避免与减少不必要的光害污染，特别是紫外线和红外线都要经过现在材料的过滤和处理才能在博物馆中使用。

拥有科学的采光照明设计方法不光是有先进的照明技术，想要达到更高水平的艺术和审美，更需要有科学的认识指引。贝律铭大师设计的苏州博物馆，他的“用光设计”理念是创造整体艺术的载体与媒介，为当代博物馆建设提供大量实物参阅资料，拓宽了我们对博物馆光环境塑造与设计的思考，启示我们在环境的采光设计上，改掉过去无意识的、简单的利用天然光，向有目的、有要求、高品质的方向转变去追求设计目标，一定程度上也提升博物馆光环境从业人员的用光意识和用光技能。

2. 博物馆开放型公共空间光环境设计的方法研究

从博物馆的空间功能上分为：公共共享空间和展示空间，从参与性的角度来说，公共空间包含了交通空间和服务空间，例如博物馆入口大厅、中庭、特色商店、内部咖啡厅、餐厅、休息区等。通道空间包括人们参观的路线、走廊、过度空间以及楼梯等等；服务空间包括服务咨询台、餐饮空间、卫生间、行政办公厅、机房等。展示空间在整体空间中占据一定的场所，为了专门为展品展出的空间，通过实物展示、灯光布置、道具运用、色彩烘托、音像等综合性的媒体手段展示给大众的一个实体空间。

如果亮度相差较大的空间相邻时，明暗对比相对变大，使参观者在视觉适应和心理上受到刺激。所以，光的空间序列与建筑空间的组成变化要与设计意图保持一致，以免破坏整体的空间序列。在调研的过程中的很多博物馆在光序列上都遵循了此设计规律，例如参观的河北省博物馆的光空间序列，展现在人们面前的是一个光线充足而崇高的大厅，为将要到达的光空间高潮部分——中庭做铺垫，即欲扬先抑。经过大厅，进入更明亮的中庭空间，即可经过稍暗的过道的过渡，进入相对宁静光线较暗的展览室。

博物馆的公共共享空间与展示空间相比更容易展现出自然光的艺术价值。公共共享空间中，自然光设计限制更小且自由度更大，通过建筑形式能够自由的展现，不只起到空间照明作用，也已经上升为对美学价值的追求；而展示空间内受展示文物的限制，一般不考虑自然光的引入。

（1）室内形式的光表现

博物馆空间的室内光表现是受空间与媒介互为作用的。空间形式包括地面、墙面、顶部、家具陈设、灯光、设备，而光表现的媒介是室内环境中空间表面形状和使用的装饰材料（质感、颜色、肌理）以及物品形状、材料，甚至是展品本身，他们的共同特点是在空间中与光发生作用。

1）玻璃：在透光与功能上分为三大类：透明玻璃、漫射玻璃；磨砂玻璃、玻璃砖；吸热玻璃、热反射玻璃、光谱选择型玻璃、紫外线控制玻璃等。透明玻璃联系了内外空间，形成多层次的空间构成。磨砂玻璃、玻璃砖和其他的玻璃不同，属于扩散漫透型材料，相对于室内暗的环境，反而能变成柔和明亮的光源，像是晶莹剔透的玻璃砖自身散发的光芒。

2）金属：对光极度敏感的材料。使用较多的是抛光金属与亚光金属饰面，其中抛光金属表面如镜面一般使光线流离不定，日照强烈时，会反射产生大量炫光，所以要谨慎使用。相比亚光金属饰面被看作灰色的连续均匀面，大面积使用会在光的照射下体现整体性，呈现硬朗的感觉。

3）石材：选择建筑砌体时，砖石是经常被应用到实际中的，也总是很容易获得。其分层叠合砌筑排列以及勾缝方式等表达样式在光照射下，形成独有的表面，形式体现出材质粗犷、坚实有力、朴实凝重，并且有很强的雕塑感和建筑艺术表现力（图1）。

图1 石材砌筑的展品形式

图2 混凝土界面的光表现

4）混凝土：是一种可塑性很强的材料，越来越多博物馆为体现其样式使用不同表面质感的混凝土，在自然光下给人丰富效果。混凝土有着传统、质朴、粗糙、厚重的特性，在影响建筑空间结构、质感、色彩等要素中起着很大作用所以混凝土建筑与其他材质的建筑创造出不同的美学效果（图1、图2）。

5）木材：木材本身就有丰富的肌理与色彩和温厚的个性，它与光相互渗透，相互感染，不仅能够产生温柔的光泽，还能表现出木材温厚并且富有人情味的性格。同时，木材利用本身的温存。

它们都借助一些简单或特殊的构造方式通过与光的作用，富于平淡的界面生气与活力，以致表现更大的自由度和创造力。

（2）采光形式与方法

一个建筑的采光口通常是在建筑外围结构上预留的各种样式的洞口，是为了在内部的空间引入自然光使其与外界产生联系。

在美学价值上讲，博物馆建筑的采光口设计不同于其他类型建筑，由于博物馆更加注重其展示功能，致使博物馆在采光口的构造设计上更为严谨，从而引导外部的天然光线向建筑内部延伸，不仅起到照明作用，还制造别样的环境体验。在实际表达中，采光的形式与特征与采光生态性息息相关，不仅表现在能耗上，还和博物馆内其他的物理环境相关联，同时也涵盖人与环境共生的心理诉求。就与室内空间来讲，采光口亦窗，是自然采光的主要设施，按照所在位置常见的形式大致分为顶窗采光和侧窗采光。由于建筑形式的多样性，采光口的方式也出现了各式各样的可能性（图 3）。

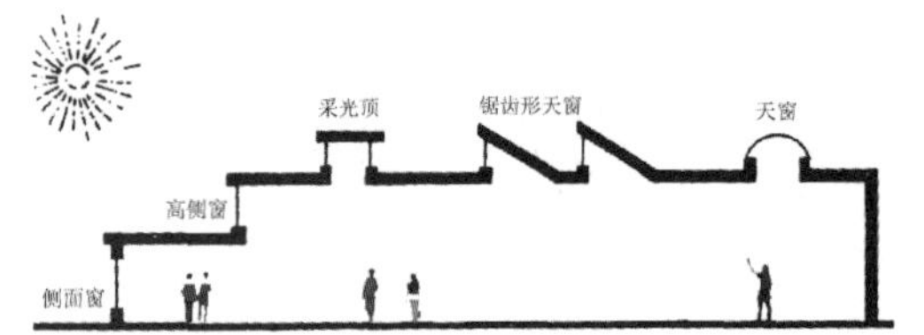

图 3 自然采光设计中顶部和侧面采光的各种可能性

1）顶部窗采光

主要是由屋顶天窗或采光屋面进行采光，有照度均匀、采光效率高的优点，采光的位置和方式一定程度上影响陈列品的布置，一般用于单层或顶层。

①中庭空间

辽宁省博物馆中庭设计中的光线是来自中庭上端的面积颇大的采光顶，从玻璃天窗倾斜而下，这种光照射的方式向中庭内给予了充足的自然光，并成为该建筑空间艺术的主角（图 4）。由于离地面很远，因此在到达空间中时，就已经成了漫射光。但是离采光罩距离近的墙面上，将框格式的落影投射在上面，产生的自然形的虚实落影，从上至下形成了多层次的亮度空间，丰富了光环境的视觉效果。

随着时间变化，太阳位置将一天中的日光投射到大厅的各个角落，强烈的太阳光和界面的虚实落影使这个简洁、空荡的大厅构成了一个动态的美景，随时都成为观众视觉的焦点。

②走廊

苏州博物馆走廊天窗的自然光的运用和浏览的展览线路结合，主要是利用建筑界面和建筑空间的自然光引入与处理手法来创建出符合建筑特性和人为生态的光感，创造了该功能区光的空间序列，让自然光成为空间的主角，形成明朗而灵动的光影效果（图 5）。

③展示区

这里就针对于专题性博物馆，主要是对太阳光限定性较小的金属等不敏感、低感光物品，展厅的环境照明，就需要把自然光线引到展示区，这种类型的展览有很多，例如苏州博物馆青铜器展厅顶部的锯齿形天窗（图 6）；法国巴黎的卢浮宫大理石雕塑展示部分顶部透光罩采光；路易斯・康的金贝尔艺术博物馆的天窗等，都允许一部分自然光的进入，丰富了照明效果的同时减少了能耗。

图 4

图 5

图 6

2）侧面窗采光

侧窗式的采光光线相对充足，针对性比较强，窗户结构相对简单，易于管理。但是，离窗户近时，会接收到大面积的照度很高的直射光，在离窗远的地方，自然光减少，单凭室内反射的光照明，照度根本不够。所以展厅室内照度分布不均匀，而且这种侧面窗采光方式限制了进深，适用于进深小的走廊、休息廊、陈列室等。离地面 2.5m 以上的就属于高侧窗，当一个空间选择高侧窗形式，在扩大墙面展陈的面积的同时提高了对应墙面的照度，但需要加到一定高度，才可以避免眩光的存在。

荷兰梅赛德斯奔驰博物馆根据建筑的粗犷形式设计的高侧采光口，这样有效地避免一般侧面采光所带来的眩光问题。光主要是投射到建筑的顶部，通过漫射的方式对这部分的展示空间做环境照明，对于采光口下方产生阴影部分，专门设置了人工补光或反射面来调控光效。

3）与人工照明的整合

当博物馆建筑的采光形式或表面材料经过精心设计，即使已经获得很充分的自然光，但是在阴天下雨的天气以及昼夜交接时，博物馆内部照明都需要设置人工光源，这作为博物馆照明设计中不可或缺的一部分，人工照明都要和自然光照做衔接。公共空间中，多见于功能性补充的作用，在“九一八”博物馆出口走廊位置，采用三角形的天窗利用自然光，当自然光照度不够时又可以开启位于每个采光口上的照明灯具，提供与自然采光效果相似的人工照明。

两种光都有各自的特点，同时使用时也会引起矛盾，我们在对光设计时，还需要从多方面考虑。

3. 博物馆展示空间人工照明的要点研究

博物馆的展示区有着双重任务，不仅要布置展品还要引导观众在博物馆内的活动，所以陈列空间是博物馆最重要的功能空间之一。一般来说，展览室的面积大概是博物馆总建筑面积一半甚至一半以上，展览室的数量也最多。那么，在陈列区选择什么样的照明方式，与展览的展品自身形式及展示位置、高度、尺寸等有着至关重要的关系，因此要认真选择适合博物馆陈列区的光源类型、照明方式，同时，也要考虑到光的照度、光的色彩及所使用的照明控制方面的设计。

（1）照明方式及方法

1）照明方式及特征

①顶棚照明：顶棚照明常见的方式有发光顶棚照明和格栅顶棚照明。发光顶棚一般是由人工照明缔造天然光的效果（局部或顶层的展厅是由天然采光和人工照明结合使用），发光顶棚内部照明光源常用可调节光的荧光灯管或白炽灯，运用磨砂玻璃、遮光玻璃等作为漫射板过滤掉一部分光，光线柔和并均匀地投射到室内空间和展品上面，这类顶部照明更适用于净空较高的博物馆。结合展品的局部照明（如 LED 轨道灯）使用，这也可以与天然光组合，以适应不同的展陈模式。

②悬吊式照明：多用于无吊顶或没有特别设计的房间。这种照明方式通过灯具的巧妙布置，可使展示空间变得活泼多彩，指出重点。这种照明更注重灯具与空间展示的艺术形式，可以设计的更有层次感，但会造成光源不足，要注意增加室内需要的光线，避免眩光。

③嵌入式照明：这种照明方式分为洗墙照明和重点照明。光感舒适，不容易出现眩光。嵌入式重点照明，对于灯具的要求比较严谨，兼具灵活性，若光源能够在灯具旋转，并可以锁定，依据展品需求调换不同光源。

④导轨投光式照明：顶棚的顶部吸顶，或是在上端空间吊装、架设一个可以移动的导轨，安置在轨道上的光源。这种轨道的安置位置不仅可以任意调整，灯具安装也比较方便。这种照明方式通常用作局部照明，突出重点，特别展台照明。

⑤反射式照明：这种照明方式通常采用白炽灯、荧光灯作为光源，一般通过特殊灯具或者建筑构件把光源隐藏，使光线投射到反射面再照到展示空间里或者展览区域的展品上。瑞士某博物馆运用一个系统以减少来自照明装置的入射光和热量：照明装置安装在展板上方，将光投射到活动的屏幕上，这样降低了照明照度，也减弱了眩光（图 7）。这种照明方式形成的灯光不会对观众的视觉造成眩光，而且光线也很柔和，形成舒适的视觉环境。

图 7

图 8

⑥展柜照明：多数是在陈列柜里设照明装置，有时也会在外部，光源主要用射灯。照明设置内部的展柜形式要保证内部照度的均匀，加防紫外线的措施，如在照射光源的装置前加上滤光片，同时使用单位照度发光量偏小的光源。图 8 是河北博物馆大汉绝唱满城汉墓展厅的金缕衣的展柜，展柜中光源与展品之间隔烧结玻璃，提供均匀的漫射光，再用 LED 灯做辅助对细节进行点缀照明。

（2）光照强度与空间氛围

光照强度是整个陈列环境与展品照明的基本条件，决定了人与物之前的“交流”程度，影响特定氛围的形成，这就要针对舒适的照度水平和环境的亮度分布的设计要点展开研究。就光照强度来说，不管是博物馆空间与空间之间的亮度变化，环境与展品之间的亮度对比，还是展品与展品间的相互影响。

光照强度通常能决定塑造出什么样的空间氛围，但是针对特定的或是专题性的博物馆在光照设计之前通常就必须提前确定要创造的环境氛围，所以不能单纯地判定谁决定谁，两者之间相互转换，相互影响。当对永久性的专题博物馆来说，既要从整体上把握想要达到的空间气氛是需要什么样的光照来实现，如“九一八”博物馆主要展示东北人民从沦为亡国奴走向抗战胜利的历史，馆内收藏的都是珍贵历史照片文献资料以及历史文物，故照度及亮度上都符合博物馆贵重文物照明控制要求。为体现出其独有的历史特征，特别是那段黑暗、残暴的历史，该博物馆的整体展示环境相对于科技类博物馆会暗很多，特别是固定的场景利用低照度、局部照明的方式带给参观者一种抗争、沉痛的气氛感受。

总结

针对博物馆的自然采光为主体和人工光照明的形式与方法分别从微观的角度进行详细分析。首先从博物馆功能分区出发，确定与之对应的空间光序列；从空间形态方面出发，深刻分析可运用自然采光的博物馆的入光形式、表面形态以及生态采光需用的材料，探讨在这两者共存的情况下两种光源的整合。随后，研究适合博物馆的光源与照明方式，剖析博物馆展览空间合适的投光形式与角度对人对物产生的影响，然后通过光照强度、光色控制方面的研究，将真实的物舒适地展示给观众。最后，结合调研的国内外优秀案例，汇总了博物馆光环境设计手法，并对具体应用方式进行研究。

参考文献

[1]王宏均.中国博物馆与社区历史文化——兼论世界最早的博物馆和博物馆起源[J].中国博物馆,1994,4.

[2]程旭.文物陈列的光照环境[U].北京博物馆学会第二届学术会议论文集,1997.

[3]艾晶.中国国家博物馆陈列光环境的设计研究[D].北京：中央美术学院.2012,5.

[4]朱翔,朱正宝,王剑.论光在博物馆室内陈列设计巾的作用[J].艺术百家，2006,4.

[5]陈同乐.光的艺术——光在陈列中的应用研究[M].北京:文物出版社,2006.

[6][荷]J·B·de波尔.室内照明[M].刘南山,钱典祥,吴初瑜,肖辉乾译.北京:轻工业出版社,1989.

大连滨海路色彩规划研究

作　　者　潘韦妤

摘　要：如何系统地将色彩运用到城市滨海中，是传承保护城市地方文化和人文历史发展的当务之急。本文以大连滨海路作为研究对象，探索其色彩规划的形成条件及地域特性，从城市滨海考察切入，充分展现能够反映大连滨海环境与色彩。针对城市滨海色彩规划的研究，在对国内外色彩规划研究成果及发展动向进行分析的基础上，制订切实可行的工作方案和技术路线；并按照工作程序先后进行了大连城市色彩分析、大连滨海路色彩取样分析、传统色彩用色分析等工作；提取出大连滨海主色彩有7种、辅助色彩有17种，进而提出了初步的色彩规划建议。本研究综合既往的色彩规划研究成果，希望能为其他城市滨海色彩规划提供科学依据和理论支持。

关键词：滨海；色彩规划；滨海路

1. 国内外现状

城市色彩规划管理在发达国家已有多年历史，并已取得一定成果。其中，意大利的都灵城建筑者委员会建立了城市色彩色谱，为今天城市色彩规划的科学化、系统化和政策化发展奠定基础。法国色彩学家让·菲利普·朗克洛提出了“色彩地理学”，对各地区和城市将来制定相关地方色彩保护措施及城市色彩规划，具有重要指导意义。[1]20世纪90年代以后，日本在城市色彩规划方面，提出色彩管理方法并制定出相关法律。此外，日本还进行相关科技发明，如将摄像探头对准墙面拍摄，相连接的电脑就会出现相应的数字化颜色编码；在对建筑色彩总体分析后，生成能代表该地区城市“色库”的图表。英国城市色彩景观以更新和保护为主要目标，结合英国城市规划体系强调灵活的设计原则，吸引公众广泛参与。我国开展这方面研究工作仅十余年，城市色彩规划由于缺少专业色彩分析师，效果一般，而城市滨海色彩规划研究的文献资料则更少；随着城市化进程加快，对城市滨海色彩规划的需求越来越大，原有城市滨海色彩规划的技术原则和标准，满足不了城市滨海建设快速发展的需要。本课题通过搜集、整合、分析国内外优秀相关案例，结合国际前沿研究成果、方法及我国现状，提出了具有合理性和可操作性的城市滨海色彩规划设计方法，并将其运用在大连城市滨海色彩规划之中。

2. 技术规划路线

通过对国内外城市色彩规划优秀案例的分析和整理，总结出影响城市色彩的四方面因素：城市基质、城市传统、城市空间、城市特征[1]。（图1）

城市基质

城市传统

城市空间

城市特征

图1 城市色彩规划案例

（1）城市基质

城市地域自然条件、气候、土壤、植物配置等与城市色彩的关系，决定了城市色彩规划的基调。如从阿联酋首都迪拜的航拍图片色彩，可直观反映出土壤、自然条件、气候影响了城市色彩基调。

（2）城市传统

传统文化和建筑的色彩对城市色彩的影响。如西塘古镇遗留的水巷建筑中大量的白色五行墙和青砖黛瓦组成整个建筑群色彩，其传统建筑材料的使用决定了该城市风景区整体色彩基调。

（3）城市空间

从城市空间设计角度，分析色彩与空间的关系，如俄罗斯的圣彼得堡建筑群，屋顶颜色以彩色为主，建筑外立面以土黄色为辅，体现了建筑色彩的应用与空间位置的关联。

（4）城市特征

每个城市都有其独有的色彩特征，不同的城市通过各自的城市色彩赋予不同的色彩语言表达。如希腊圣托里尼岛，无彩色系和冷色系的独到运用，充分体现地中海海洋气候的浪漫气质。

综上所述，城市色彩规划离不开对城市所在地域的自然环境的把控，必须充分了解城市的传统建筑、城市地方文化的色彩特征；同时，城市规划空间布局、建筑功能要求等也影响着城市建筑色彩，城市总体规划中对城市的定位也引领着城市色彩的发展。

3. 大连城市色彩规划内容

在综合考虑大连市气候、自然山水、历史文化及城市格局的基础上，选择淡雅的、偏暖的复合色作为城市色彩主色调，如浅黄色、浅暖灰色和米黄色等。基于此，将大连市城市总体色彩规划定位为“清新淡雅的浅暖色系”，即单体建筑外墙不得大面积（ 超过 10% ）涂抹鲜艳及浓重的颜色（红、蓝、黑等），但地标性建筑或其他典型建筑的颜色需经过专家论证确定。结合大连传统文化色彩多为纯色、纯度、明度高的特点，提出初步的城市色彩总谱（图 2）。在此基础上，综合考虑大连居民对城市色彩的总体印象和色彩喜好倾向，以及大连居民对不同色彩对象的心理感受，去除不符合市民大众色彩审美习惯的色彩，强化色彩心理实验中对不同建筑的代表色彩的认识，保留符合广大市民心理需求的明快色彩。

为充分体现城市总体规划对大连北方金融中心、重要港口及生态宜居的城市定位，使城市色彩规划的成果对城市建设起到引领作用，进而达到通过城市色彩规划展现大连城市深厚历史文化底蕴、独特的自然风貌和现代化大都市的气息，塑造大气、洋气、亮丽的城市形象的目的；提出了大连的城市主色调分别是：点亮城市未来发展的亮灰色、引领城市环境提升的暖黄色、保护历史文脉延续的砖红色和砖灰色。此外，根据城市色彩总谱和主色调，提出了建筑外延的规划审查流程，并根据实施的反馈情况进行进一步优化（图 3）。

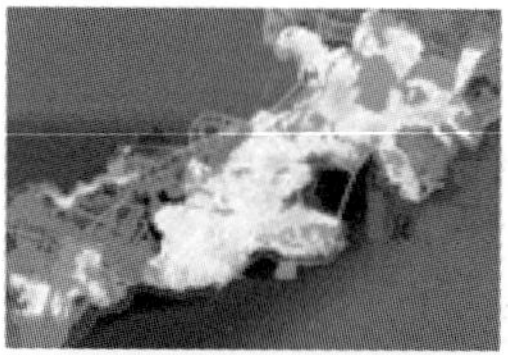

大连城市色彩平面分布图

大连城市建筑风格意向图

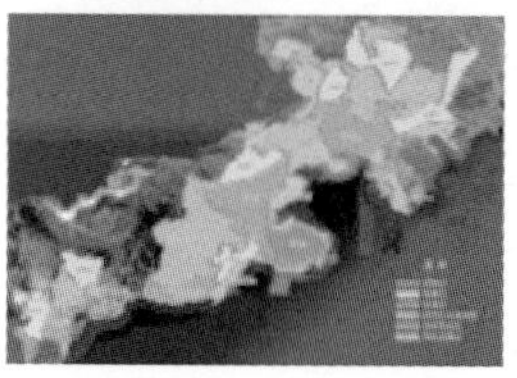

大连城市色彩及建筑风格分区图

大连各城区色彩及建筑风格

图 2

建筑主体色色谱

建筑辅助色色谱

图 3 大连建筑总色谱

4. 城市滨海色彩考察

城市滨海色彩考察主要从城市滨海的自然环境色彩、历史文化色彩、传统建筑色彩和现代建筑色彩四个方面进行调查研究，结合城市分区规划提出城市滨海色彩总谱，对大连滨海路沿线拍照并筛选出主要色彩和辅助色彩，进而提出城市滨海色彩主色调。

（1）自然色彩

城市色彩是对地域自然资源的呼应。从大连市土壤的分布规律可以看出，土壤以棕壤土为主，多种非地带性土壤相互交错分布的空间地或组台。土壤共有六个土类，即棕壤土、草甸土、水稻土、风沙土、盐土和沼泽土。大连滨海土壤类型主要是以棕壤土、盐土为主。滨海色彩受土地和海水影响，产生不同的海洋文化。

1）蓝色——暖温带海湾色彩

“海洋文化”又被称为“蓝色文化”。大连三面环海，“蓝色”是大连主要城市色彩之一。大连滨海遍布众多岛屿、礁石、岬角，已进行旅游开发的有棒棰岛、付家庄岛等。海是大连重要自然景观要素，因此，在对城市滨海色彩规划时应对其进行充分考虑。其一，保持海体的自然生态原色，整治被污染的海域，受污染的海域呈现的色彩是对环境的一种破坏。其二，在城市的人工色彩景观特别是建筑色彩中，既要充分体现这一地域性要素，又要考虑到与滨海环境的色彩协调关系。运用水体色彩环境是滨海城市组织城市特色景观的重要手法。[2]

2）黄色——暖温带海岸色彩

大连的海岸线曲折，岸景千姿百态。自然岸线与人工岸线完美结合，也丰富了滨海景观。蓝色大海的背景下，阳光、蓝天、白云、金黄色的沙滩、体现出一派暖温带的滨海色彩景观。在城市滨海色彩规划设计上，应保护好海岸线，保持沙滩清洁度，避免过度开发，保持滨海色彩的纯净。

3）绿色——暖温带植物色彩

绿色是自然界植物普遍的色彩，是自然界最为和谐宁静的色彩。以绿色为主要色通过道路绿地网络串联衔接，形成独特的点、线、面有机结合的绿体色彩系统。

4）灰色——暖温带礁石色彩

礁石之奇特，是大连滨海自然景观的精髓。大连滨海全长大约 32 公里，分布有 12 个主要景观节点，沿途主要景区依次包括海之韵公园、棒槌岛景区、石槽景区、渔人码头、虎滩乐园、北大桥、燕窝岭婚庆公园、秀月峰、付家庄公园、森林动物园、牤牛广场、星海广场等著名景点。[3] 景点内灰色礁石遍布，奇特迥异造型淋漓种种。

（2）文化色彩

为了延续城市历史文化脉络，城市应尽量保持其传统色调。大连从 1899 年开埠至今，在历史上曾经有过沙俄和日本先后占领的时期，统治时间长达近五十年。统治期间，特别是沙俄统治期间对城市作出的整体规划对于大连的城市建设影响较深，乃至大连目前的城市风格都留有当时欧式规划形式的痕迹。[4]本文以大连“东关街”、“俄罗斯风情街”、“日本风情街”为传统色彩选取的对象和基础资料，从中选择具有代表性和普遍意义的作品作为色标提取对象进行色彩提取，同时绘制与作品色彩特征相应的色谱图，之后把所选的这四类色标组合到一起并按照一定顺序排列，得到大连传统色彩的色谱。

1）中国城市色彩在滨海中应用

中国传统造园手段源远流长，受古典造园影响，造就了大连滨海色彩的丰富特点。下图是大连滨海路燕窝岭景区内照片，颜色以绿色、蓝色为主色调，以中国传统颜色黑、灰、红为辅色调（图 4）。

图 4 大连滨海路燕窝岭景区

2） 俄式城市色彩在滨海中应用

沙俄规划中道路广场的特征是鲜明的，多处广场节点所形成的开敞空间与十分注意对景的射线道路相结合，把山景的绿和海景的蓝融入到市街之中，创造了大连所特有的城市景观，给人印象深刻（图 5）。

图 5 大连中山广场及星海广场

3） 日式城市色彩在滨海中应用

日本统治时期，园林注重通过枯山水营造精神境界的氛围，特别是在禅宗园的植物造景方面尤为突出日式风格的枯山水景观，场地内布置石灯笼、剪型树球以及暗红和墨绿色系的彩叶植物、配以自然山石。所以现今的大连滨海路沿途，也充满了日式风格的色彩（图 6）。

图 6 大连滨海路海之韵段景观节点

（3）传统建筑色彩

对大连滨海路现存保留比较完整的区域进行筛选，选取中山区老、新建筑进行色彩调查。以色卡目视比对的方法对遗留下来建筑进行色彩样品取样采集，并对建筑进行照片拍摄。色卡选用《常用建筑 02J503-1》。建筑调研应用“蒙塞尔体系”对取样色彩进行数字化表达，对色彩的色相、明度和彩度进行定量分析，根据重复率总结色彩三属性的倾向，归纳现状区域色谱。大连历史建筑大多以天然石材的本色和各类砖的色彩为建筑的主色调，辅以富有层次的辅色。图 7 提取出主色为 7 种颜色，辅助色调为 17 种颜色。

图 7 滨海路新、老建筑色彩搭配

（4）现代建筑色彩

对大连现代街区进行筛选，选取中山区和沙河口进行色彩调查。调查采用与传统街区色彩调查相同的数据采集方法和数据整理分析方法。大连现代街区的建筑使用现代材料，比如断桥铝、玻璃、花岗岩、黄锈石、真石漆等，建筑色彩趋同并表现出以无彩色系、暖色系为主（图 8）。

图 8 滨海路现代建筑色彩搭配

5. 结论

本次大连滨海色彩规划是通过对国内外城市色彩规划案例的分析，提出从城市的自然色彩、文化色彩、传统建筑色彩和现代建筑色彩四个方面对城市色彩进行研究和调查，结合城市分区规划提出分区色谱，总结城市色彩总谱。城市滨海色彩规划工作有许多种方法，本次工作旨在探索实际可行、科学有效的城市色彩规划方法和技术路线，为科学决策提供充足依据。今后，拟就城市色彩主调根据建筑用途类型研拟色彩配色方案，紧密结合城市规划的实施，为城市滨海色彩规划的制定和实施探索总结切实可行的方法。

参考文献

[1]赵春水.城市色彩规划方法研究——以天津城市色彩规划为例 [A].天津：天津市城市规划设计研究院，2009.

[2]陈淑斌.厦门城市色彩景观的地域性研究[D].厦门：华侨大学，2006.

[3]潘韦妤.滨海可持续景观规划研究——以大连滨海路为例[D].大连：大连工业大学，2014.

[4]王佳.大连滨海路景区植物配置的研究[D].哈尔滨:东北林业大学，2010.

桂林旅游学院

山水文化度假酒店的设计创作研究——谈文旅融合问题

作　　者 王　成

摘　要：基于旅游文化产业的发展，度假酒店设计的定位和装修设计不仅能够实现建筑与艺术两大学科的跨界，同时承载着城市文化的精神内涵。本文以杭州安缦法云度假酒店和桂林漓江泊隐酒店为研究对象，酒店设计吸收自然山水元素，在度假酒店规划选址、设计、布局、建筑的外观和内部装修设计等，分析山水文化元素在度假酒店中的应用和体现。

关键词：山水文化；度假酒店设计；文旅融合

引言

度假酒店是集居住休闲、会议举办、美食品尝以及空间架构为一体的城市建筑，主要是为消费者营造适合出差旅行居住休闲的良好氛围。山水文化度假酒店是承载山水文化底蕴的建筑，首先作为一个酒店，它必须满足酒店提供住宿的基本功能。第二，它要了解人们对山水文化度假酒店的需求，让旅客有深刻的文化认同感。只有基于人们对度假酒店的消费特征，建筑设计师才能设计出符合人们心中形象的酒店，实现文化与旅游产业的有机融合。

据历史记载，早在春秋时期，将山水文化与建筑有机结合，使园林同时具有观赏游玩和日常居住的功能，吴王的园囿就是这种结合的典型杰作。在内部设计上也是保存原有的湖沟塘渠设计，还设计大量的精巧的假山，植物花草更是数不胜数，多种多样的山水风景塑造了如此久负盛名的苏州园林。现代度假酒店的设计也开始逐步关注自然的山水文化，旨在通过新颖的山水度假酒店吸引消费者的视觉，这也是酒店设计创新的切入点。

1. 国内度假酒店发展现状分析

改革开放前由于经济发展因素等原因，人们出行住宿方面的要求不高。到开放后，逐渐好转的经济为度假酒店的出现打好经济基础。回顾 2000 年，中国加入了世界贸易组织，与国外经济、文化交流更加密切，旅游业得益于此迅速发展起来。一些大型外国酒店如万豪、希尔顿、洲际等入驻中国，这些酒店凭着品牌声誉、个性化的服务、高端的设计吸引了大批游客入驻。在 2010 年一些酒店经营者从地域文化方面看到酒店发展商机。这些山水文化酒店不同于豪华度假酒店主打的“高端”和“现代”，而是从文化立意，将建筑和艺术结合在一起，唤醒游客心中对传统文化的热爱。

山水文化酒店的定位与商务酒店、度假酒店的定位不同，酒店的空间布局、设施配备、提供的服务也存在很大的差别。城市酒店是为路途中客人提供住宿的地方，客人在酒店停留的时间比较短，对住宿环境的要求不高。度假酒店是为景区度假的游客服务，客人希望在酒店享受到除住宿以外的功能服务比如美食、健身、SPA。客人希望通过酒店体会当地的风土人情，尽情享受生活的乐趣。度假酒店的类型越来越多元化，酒店和温泉结合，酒店和山水文化结合，酒店和高尔夫球场相结合，竭尽所能为游客提供更好的居住体验。但是目前国内的度假酒店还存在很多问题。

（1）酒店文化定位不明确，设计与当地环境不协调

部分投资者看到一些山水文化度假酒店成功的案例，就照搬企业成功的模式，缺乏独立的思考和独特的眼光。他们成立的度假酒店，营造的地方特色过于随意和浅显，直接照搬“异域风情”酒店的模式，没有和山水文化紧密结合，是失败的案例。

（2）无法给客人带来文化的感染

随着社会经济的不断发展，物质不断丰富，人们生活水平得到不断提高，对精神上的满足也在不断提高。游客对度假酒店有了更高的要求，希望酒店在提供餐饮和住宿健身、娱乐的同时，还要给客户带来文化方面的感染。客人在进入酒店后，通过酒店的设计、装修，体会到当地文化魅力，这是一些国内酒店做不到的。

（3）缺乏生态保护意识

度假酒店的建立需要一个很长的周期，一些酒店为了建设，对当地的生态环境做出了巨大的破坏。酒店投资者因环保意识和生态理念的缺乏，往往忽视环境的重要性。酒店和环境是一体的，良好的生态环境给酒店利益更大。

2. 山水文化建筑研究和形成

在秦汉时期，以长江为界，长江以南称为江南，在长期的生产发展中，江南地区逐步得到开发，其中江南地区的建筑出现“灰瓦白墙、流水人家”的景象，形成江南地区独特的建筑文化，这是早期将山水文化融入人们的建筑中。明清时期，江南地区持续繁荣。江南繁荣的经济为山水文化的发展奠定坚实的基础[1]。山水文化建筑是艺术与建筑的融合，它有两个特征：一是建筑结合自然，依据山的走向，水流的分布而构建，依山傍水，千姿百态，人们可以在建筑中放松心情，感受到文化的熏陶。二是生态和文化的融合，建筑者没有忽视生态保护性，对自然巧妙地利用，自然风光和建筑相得益彰，配合巧妙，成为一个有机的整体。建筑中呈现出当地的文化特征，不但具有深刻的文化内涵，同时记载了当时当地的历史背景。山水文化建筑从园林名胜，到城市建筑群体，是建筑和艺术融合产生的结晶。山水文化建筑包含两个重要的特征——山和水。山的稳重，水的灵动，往往给人一种如诗如画的意境，体现出人对大自然的敬畏与和谐相处之道。作为山水文化建筑核心的意境之美，往往与当地的自然环境、地域文化、人文等因素息息相关。

在古代园林建设中，将大自然的山水文化浓缩到庭院建筑之中。山水文化建筑是建筑和艺术的跨界融合产物，而山水文化建筑的形成受到人文因素的影响。在文化方面，道家、儒家、佛家影响山水文化建筑的形成[2]。儒家学说的“中庸理念”在山水文化建筑方面体现地淋漓尽致，造园的各个要素之间要保持平衡，使园林呈现出万物和谐共存的景象。道家学派是土生土长中华文化的一部分，崇尚不加刻意修饰，是朴实无华的“自然美”，强调崇拜自然，建筑自然是依山就势，与自然融为一体。文人在道家“小国寡民”思想的影响下，具有豪放不羁、宁静致远的品格。八卦图上包含阴和阳、虚与实，阴阳和虚实是对立统一的关系，它们是古人哲学思想的体现。道家思想潜移默化影响着山水文化建筑的立意和构思，山水文化建筑体现山嵌水抱的太极阴阳关系。佛学是从外国传入中国，逐渐受汉文化的影响，最终演变成十余个佛教宗派。宗派中影响最大的就是禅宗。禅宗“跟随本心，无需理性”的思维方式，通过影响士大夫，进而影响到园林设计，山水文化建筑更强调“意”。

山的沉稳、水的灵动也是塑造山水文化建筑诗情画意的重要因素之一。在道家、儒家、佛家思想的影响下，文人都认为人与自然是一体的，人们尊敬自然，爱护自然环境。文人墨客寄情在山水之间，用诗和文章记录自然的美丽，借助大好河山表达自己的志向。古人对山水风景进行开发，使赏心悦目的自然风光成为文人墨客赏玩的对象。读万卷书，走万里路。踏遍祖国大好河山在文人圈子中掀起一股热风。文人赞颂自然风光的诗句和文章就是游玩名山大川留下的足迹。不论是失意者、还是得意者，都能受到自然山水风景的启发[3]。

3. 山水文化在度假酒店中的设计体现

山水文化酒店是文化和旅游的融合，酒店的设计中可以体现出当地的文化特征，让酒店与众不同、脱颖而出。山水文化建筑讲究的是意境，建筑和山水浑然一体，表达“物我合一”的价值观[4]。旅游和文化相结合，旅游景点中包含当地的传说、名人故事，酒店的设计中也吸收当地传统建筑的特征，塑造浓厚的文化氛围。山水文化度假酒店给顾客营造出诗情画意的氛围，顾客置身于山水之间，与自然融为一体。以下通过杭州安缦法云度假酒店的调研考察分析，总结山水文化在度假酒店中诗意的体现。

杭州安缦法云度假酒店位于西湖风景区，紧邻的建筑有灵隐寺。酒店的选址十分具有诗意，远山、寺庙、西湖就营造出一片祥和的景象，酒店就是山水文化的缩影。安缦法云度假酒店对于度假酒店文化与建筑的结合主要体现在以下三个方面。

（1）酒店的选址

酒店置身于西湖风景区中，在灵隐寺附近，随处可见的自然风光让游客的心得到放松。酒店巧妙利用了自然山水，让顾客仿佛身处于世外桃源，体会“天人合一”的感觉。寺庙代表佛教文化，酒店游客可以通过观看寺庙的建筑，体会佛法的博大精深。

（2）酒店的建筑和景观环境

酒店设计中吸取了法云古村的木构民居建筑精华，很好地体现当地传统建筑特色。法云古村民居建筑十分出名，在1949年左右已经被收录于《浙江民居》一书，建筑具有很高的观赏价值和文化价值。由古村改造而来的度假酒店，保留了自然风光和传统建筑，建筑与周围自然风光融合在一起，远处望去仿佛是一幅美丽的山水画，顾客仿佛置身于山水画中。

（3）酒店服务功能体现

酒店为了让顾客更好地感受到山水文化和佛教文化，在酒店服务上更加贴心。酒店会为每位游客提供专属的旅游陪同，游客在旅游陪同的讲解下，更能领悟山水文化，受到佛教文化的熏陶。酒店在每一位客人的房中都放置一本佛教相关的书籍，便于客人翻阅，领悟佛法。在饮食方面，酒店不仅为客人提供杭州特色美食，还提供斋菜，在味觉上给游客留下深刻的影响。

4. 桂林漓江泊隐酒店的设计实践

（1）酒店设计概况

桂林漓江泊隐酒店坐落于桂林城中央杉湖旁，酒店建筑共7层，总面积约7700m^2，客房总数66间。酒店目标消费群体为时尚高端旅游人士、个性商务精英、追求精致环境和高品文化摆渡人、舍得花钱买时间和懂欣赏生活的人群。2018年开业至今，广受体验者好评，誉为桂林十大人气酒店之首。酒店为混搭新中式风格，奢华又温馨，房间推窗即见漓江，客人可在阳台欣赏专属的湖光山色、日月双塔日夜景。酒店与自然环境体现天人合一思想，营造一个质朴的原生态氛围。

（2）酒店设计理念

设计灵感，源自于烟雨漓江的隐而后得静影沉壁。淡泊恬静，心地安然，不为名利所动。小隐于野，大隐于市。以旅途舒逸居住理念出发，与自然和谐共鸣，营造一个极致而朴质的东方人文空间，表达对美好生活的哲学思考。传承上古华夏东方文明，挖掘桂林地域文史风雅，简净简从，营造禅逸雅致空间。设计崇尚山水，倡导回归质朴的生活方式，以“回归自然山水”为灵魂，秉承简洁质朴的设计手法，演绎自然、淳朴、隐逸的腔调。其中融合写意的桂林山水和传统元素，打造蕴藏人文艺术及记忆点，把现代住宿体验需求和谐地融入酒店，让古朴与现代、传统与创新、呈现充盈传统东方气质和现代舒逸的独特魅力，为世人提供天人合一的度假天地。

（3）酒店设计手法

设计以人为本，而设计之美，美在“和而不同”。承山水人文内涵支撑，空间点、线、面巧妙链接，采用分而不隔的格局，充分考虑视觉空间、材料、布局的围合实现。酒店的公共区域营造“高大尚”，但不会同于原有的范式。一入大门，若隐若现的山峦，轻漫温馨的灯光，落落工整的屏风，虚实之间营造出雅致的迎宾堂。秉承着删繁去奢，回归设计的本真，构筑生活的诗性，探索具有人文与深度的精神诉求。

酒店在中式设计手法的基础上，融入一些西方设计元素。定制家具线条极简，半透明的屏风都会让空间看起来变大，十分通透。主材选取温和的橡木免漆板与古铜拉丝不锈钢，这两种材料在酒店灯光的照射下，十分古典和优雅。客房大面积以质感麻布为墙饰面，尽显璞美神韵。使用大理石瓷砖与天然大理石无缝结合，相得益彰。夹丝玻璃若隐若现地表达了典雅静谧的山水气韵，客房大面积以质感麻布为墙饰面，尽显璞美神韵。酒店装修整体注重朴素而去浮华，充满近质朴、低调、极简的氛围，以此向远古桂林自然山水文明致敬。

5. 结语

文化是旅游的灵魂，旅游是文化的载体。山水文化与酒店功能融合在一起，酒店具有山水文化的诗画立意效果，来自于酒店所处的地理环境和酒店的装修风格。本文针对当前度假酒店的发展现状与困境，深入分析了山水文化的发展历程和设计元素。通过对杭州安缦法云度假酒店的实证分析，说明了山水文化与酒店设计相结合的创意构思和设计理念，同时对桂林漓江泊隐酒店进行案例设计实践，进一步验证山水文化元素在度假酒店设计理念与应用效果，这是文旅主题酒店今后发展的新趋势。

参考文献

[1]李彬. 成都平原乡村酒店建筑与景观融合的设计方法[D]. 成都：西南交通大学, 2015.

[2]宓宁, 郑方, 钟永新,等. “建筑创作视角下文化、旅游、设计+的设计思考”主题沙龙[J]. 城市建筑, 2017(32).

[3]沈军. 文旅融合打造国际文化旅游目的地——来自四川省兴文县的实践与思考[J]. 当代县域经济, 2016(2):35-37.

[4]诸葛连福. 基于江南水乡文化创意与旅游产业融合发展的设计实践——以湖州南浔区荻港村美丽乡村小镇规划为例[J]. 建筑与文化, 2019, 178(01):232-234.

建筑学专业“构成学”课程教学方法改革与研究

作　者 刘 莹

内蒙古工业大学

摘　要：本文根据作者几年来在建筑学专业设计基础课《平面构成》、《色彩构成》和《立体构成》的教学实践中，从中领悟到的一些“构成学”课程教学的真正内涵，并在教学中针对学生的具体情况针对课程内容、理论教学环节教学手法以及实践教学环节教学方式进行了实践、研究及探索。

关键词：教学方式；研究探索

引言

“构成学”是建筑学本科教学体系中重要的基础必修内容，目的在于培养学生对形态在二维及三维空间下的抽象理解、创造的能力，是将艺术审美的法则引用于严谨的建筑构造中去的第一步尝试，内容主要包括“平面构成”、“色彩构成”、“立体构成”三门课程。近年来“构成学”在我国高等设计类院校受到广泛关注和重视，原因在于其是研究、探讨形式美在所有平面及立体艺术中的构成原理、规律及法则，探讨用多变的外部视觉形式来保证形式美所追求的永恒性。对于建筑学专业的创作实践来说，能提高思维想象能力、启迪设计灵感，具有奠基的作用。它是拓展学生的设计思维、掌握理性和感性相结合的设计方法的关键课程。一般开设在一年级，使刚入校的学生能够树立审美意识，在正确设计思维的引导下慢慢进入建筑学专业，为今后的专业设计奠定坚实的审美基础。

“构成学”的教改在其他院校开始的较早，教学团队在借鉴国内外一流大学设计基础教育最新成果的基础上，大胆创新，经过连续四、五年的教学改革，已经逐步探索出了一些新的教学方法，同时符合其各自专业的课程体系。使培养出来的学生可以拥有比较正确的设计思维方式。而建筑学专业本课程的教学体系大多沿用传统的教学方法，以往的教学过程中或多或少的存在着如强调对于技法的表现，忽视了与专业课之间的联系；忽略创意思维的培养；学生主动设计意识较差；作业移花接木，缺乏原创性；照搬构成形式一直沿用，让学生觉得构成学就是格子式的填充或照搬的错误理解等问题。所以，教改势在必行，这样无论对于专业教学水平还是学生的素质都将会是一个很大的提升。

传统教学内容和方法存在着很多的问题，如教学过程中过于强调技法的表现，忽视了与专业课之间的联系；学生主动设计意识较差；作业移花接木，缺乏原创性；学生对课程内容缺乏深入思考和认识等。在教学改革中应针对这些问题进行调整，研究新型教学方法及引用新型教学手段，达到开发学生创造性思维、启迪设计灵感，调动学生的创作热情和积极性，使学生能够树立正确设计思维方法的目标，使学生在其引导下慢慢进入设计专业，为今后的专业设计奠定基础，笔者认为可以尝试从以下几个方面进行改革：

1. 理论教学环节改革

（1）调整课程内容，使其更具合理性与实用性

结合作品，注重构成形式中的创意思维。设计的成败并不仅仅是技术层面的较量，其本质是思维创新的比拼。在教学中借助影像和数字技术，侧重分析不同的构成形式所蕴涵的设计思维，将构成形式与专业特点关联起来，从而消除基础课程与专业课程之间的隔阂。例如：讲授“肌理构成”时可结合具体的建筑设计作品，分析肌理构成有助于突出传达建筑主题信息；讲授“图与底反转构成”时，结合经典的“反种族歧视”作品，分析白脚底的边缘开发出黑人侧面的造型图形的对比、简洁及力量；讲授“色彩推移”时强调细腻的情感变化的传达，使静态的设计具有了动态效果。这样的尝试可以让

学生体会到构成学课程既是造型、色彩与平面、立体空间的形式探索，更是掌握设计思维的基础能力训练，以便更好地把握重点与难点。

（2）训练学生的感性思维的能力，鼓励学生做情感表达

建筑学专业的学生为理科生，理性思维比重大，感性思维不够活跃。在教学过程中需加强感性思维训练。课程讲授中做一些听觉感受到视觉感受、嗅觉感受到视觉感受、触觉感受到视觉感受的专题训练，从而提高感性思维的能力。这种课题也是对点、线、面在二维及三维空间下的综合表达能力的一种强有力的体现，使他们能进一步认识构成学的内涵及应用途径，调动学习热情。

（3）采用更多的启发式教学模式

建筑学专业学生与艺术生思维模式不同，他们所具备的创造力也会不同。这就需要我们在教学中要让学生唱主角，采用循序渐进、由简入繁的启发式训练，鼓励学生多做尝试，在教学中讲述基本理论后应该调动学生的积极性让他们去发现和发挥自己的能力，学生思维过程中老师要认真观察其变化，及时为他们提供素材和意见。尊重学生，使其勇敢表达自己的思想，鼓励奇思妙想，及时捕捉学生闪现的想法并加以引导，学生遇到问题时和他们一起思考，以合作的形式来完成作业。遇到少部分学生积极性上不来，或学生自主发现问题和解决问题的能力不够时，可以采取激发式的手段将他们的能力挖掘出来。在课堂上布置大量的课题，并在短时期完成，强行激发他们去思考，并且能够作到快速反映。

（4）教与学角色互换

让学生参与理论知识要点的梳理，我们通常采用最常规的教学方式是老师在讲台上讲，学生在下面听，他们的学习过程就是模仿老师的风格，接受老师灌注知识的过程，这是一种被动接受知识的方式。尝试改变这种传统形式，可以课上先由老师提纲携领地将理论重点、知识要点分析讲解，然后将教案电子稿、相应的构成图片范例与学生共享，在开放的网络教室，学生当堂消化各类理论知识点，并完整制作成 PPT。学生的课堂积极性将会被充分调动起来，概念经由自己的排版也熟悉得多。师生间还可暂时换位，让学生站上讲台讲述自己的理解以及展示自己的作品，发现和发挥自己的能力。此外还有个额外不小的收获：那就是学生的版式编排进步很大。

2. 实践教学环节改革

（1）将手绘与电脑相结合

一直以来我们的构成作业都是以传统材料手动制作，其优点在于可以培养学生动手能力，而构成学课程的训练应是对空间元素的审美规律的把握和创造性的运用，而不是对某种介质的掌握。单一手工制作构成作业费时费力，甚至学生需要熬夜完成作业，如此不利于激发学生的创作热情。在教学安排上可引入电脑教学，电脑化构成表现形式不仅速度快、质量好，且容易反复修改。在传授构成理论时，结合电脑教学示范，使学生用电脑手段就能便捷地完成复杂的构成作业。

学生热衷于电脑创作的同时也不应轻视手动训练。由于作业工整细致性的要求，学生大部分精力都花在制作上，以至于课程结束后对所学知识仍一知半解。所以在教学过程中更应重视前期思路整理：先根据不同题目进行草图和模型构思，进行分析对比，选出满意的方案进行电脑辅助制作。如此分析草图和模型的过程中就自然运用了所学理论，从而加深了对知识的理解。

（2）创建有效的评价体制

在实践环节中，我们有很多学生纯粹是为了完成作业而作业，有不少拘泥于摹写，辛辛苦苦十几个小时完成的作品，往往太过于追求绘画的精细，而忽略了创意以及练习过程中的一系列思考。直接影响第一视觉效果的工整性固然重要，但那些有想法、肯钻研的学生即便表现较拙朴，也应予以一定的肯定，才能激发学生的求知欲和创新热忱，从而形成良好的学习氛围和良性竞争环境。

在课堂教学中开展学生间作业互评，活跃课堂气氛的同时提高对理论知识的解释能力和审美能力，使学生会欣赏、会评价、会吸收、会表达。作品在相互沟通交流中趋于完善和成熟。老师也可从学生身上感觉到思维的活跃、年轻的气息，最后进行综合点评。这种互动形式使学习变得轻松自在，也丰富了授课形式。还可以不定期举办作业展，请学生参与举荐优秀作品，甚至还可以评选最佳评论员。敞开式作业评价是一种互相学习、取长补短的好方法，通过多维的作业评析，有利于教与学的互动，推动“二维构成”教学的深入研讨。

结论

进行“构成学”课程教学方法改革与研究，就是要根据建筑学专业的教学特点，让学生充分发挥其不同的个性特征和不同的爱好来进行引导性教学，引导他们用符合自身特点的表现方法来理顺其思路。教学方法改革思路涉及课程内容调整，理论教学环节教学手法以及实践教学环节教学手段的更新，并在实践教学环节中新增评价机制，整套思路中各项改革内容相辅相成，有针对性地克服传统教

学模式的各项不足，研究新型教学方法及引用新型教学手段，达到开发学生创造性思维、启迪设计灵感，调动学生的创作热情和积极性，使学生能够树立正确设计思维方法的目标，使学生在其引导下慢慢进入设计专业，为今后的专业设计奠定基础。

参考文献

[1] 华乐功.平面构成教学与应用[M].北京：高等教育出版社.
[2] 张殊琳.色彩构成[M].北京：高等教育出版社.
[3] 彭吉象.艺术学概论[M].北京：北京大学出版社.
[4] 周至禹.造型与形式[M].北京：新华出版社.
[5] 肖晟，张华.现代立体构成与应用[M].长沙：湖南人民出版社.
[6] 杜军虎.设计评论[M].南昌：江西美术出版社.

天津美术学院
环境与建筑艺术学院

合而不同
——多学科融合背景下景观艺术设计课程

作　　者　贾泽慧 高　颖

摘　要：进入21世纪以来，各学科门类的界限正逐步被突破，以往学科间泾渭分明的无形壁垒逐渐为开放交叉所消融，日益形成更为科学且符合学科发展趋势规律的体系。面对这样的现状，艺术院校应以不进则退的态度，主动探寻艺术设计学科建设的未来发展之路。文章是基于当今设计学科走向融合的背景，通过总结在艺术院校景观设计课程教学过程中的深刻体会，结合国内外相关先进理念的研究，在此分享一些思考所得，希望对我们今后的教学研究有所帮助。

关键词：学科融合；艺术院校；景观设计

1. 概述

学科融合是指以某一学科为中心，依据项目要求及项目专题与其他学科的相关度，将相关学科的知识和技术融入到这一项目中。而景观设计是一个综合性很强的专业，它所关注的本就不限于本专业的学科内容，还有众多于景观设计的发展而言具有促进作用的交叉学科的知识。因此，在学科共融的大背景下，作为艺术院校的景观设计专业应贯彻融合在景观设计发展过程中无可代替的作用，汲取国内外学科融合的先进经验，在保持并突出自身特色的基础上进行深度交叉融合，共谋当今信息时代景观艺术设计教学发展。

2. 从艺术设计发展过程看学科融合的重要意义

古今中外不论是艺术发展之初还是艺术设计的高度发展阶段，都表明学科融合对于艺术设计发展具有不可替代的重要作用。

（1）早期艺术发展中的沧海明珠——融合塑造通才

当谈到我国早期的艺术发展，这里就不得不提到一位著名的文学家——白居易。在我们的中学时代已经领略过白居易的滔滔文采，我们曾为《长恨歌》中杨玉环的凄苦而唏嘘，也曾为《钱塘湖春行》中西湖的美景所深深吸引。然而，拥有常人难以企及的才华的白居易还是一位政治家。元和十五年唐穆宗当政时看中了白居易的才华，先后不断给他加官进爵。但是白居易不肯将自己桎梏于朝堂之中，主动要求外放杭州，在担任杭州刺史期间，白居易展现出了惊人的园林建筑设计才能，不论是大到修筑堤坝水闸解决农田灌溉问题，还是小到重新浚治早年开凿的六口井来改善一家一户的用水条件，都能代表白居易在当时建筑界的丰功伟绩。白居易不拘泥于一官一职、一门一类，运用多门类的丰富经验“跨专业”进行综合设计，使他在文人、政客之外又多了一重身份——中国古代建筑园林大师，当之无畏是通才。

西方世界最繁盛的艺术时期当以意大利文艺复兴为首。达·芬奇、拉斐尔、米开朗琪罗并称为文艺复兴三杰，其中最惊为天人、把美追求到极致的，最能体现艺术设计中“融合”二字的便是名声如雷贯耳的米开朗基罗。

米开朗基罗是著名的画家、雕塑家、建筑师。他以雕塑的手法涉入绘画，改写了绘画艺术的历史，他又以雕塑的造型手法涉入建筑设计，影响了欧洲的建筑设计风格。他设计的梵蒂冈圣彼得大教堂圆顶成为世界性的符号（图1），吸引了世界各地的游客，对后世影响深远。米开朗基罗并不单纯是一个建筑师，他更响亮的名号是雕塑家，正是由于这一特点，他跳出了同时代建筑师过分强调设计比例的“牢笼”。他的设计体现出破坏平衡的独特审美风格，比如圣彼得大教堂的巨柱式（图2），这是一种将普通柱式拔高几倍而得到的柱式，这种柱式使建筑有一种震撼人心的效果，而这种效果在过于恪守比例的古典建筑中是不可能存在的。正是融合带来大师，也是融合带来更为悠久的设计精华和艺术瑰宝。

图 1

图 2

（2）从辉煌诞生到独木难支——艺术设计的职业化、专门化

艺术设计的职业化与专门化首先出现在美国。第一次世界大战刺激了美国生产能力的巨大发展，这种发展在 1918 年之后转变成了一种消费高潮，催生了艺术设计的职业化与专门化。艺术设计专门化在发展之初对于当时的社会现状表现了相当大的适应性。尤其是工业设计和产品设计的发展，出现了诸如罗维和提格这样的一大批优秀的工业设计师，美国一度成为工业设计领先大国，由此，艺术设计专门化的诞生与其后一段时期的发展可谓是轰轰烈烈。

但随着高等教育对于学生设计能力专业化的过分强调，一系列问题也接踵而至。长期采用各学科之间相互独立的培养方式使得学科之间产生了隔阂，这种隔阂使得不同专业的学生出现了学科差异和知识差异，有部分甚至出现了语言差异。工科院校强调理性、客观性和艺术院校的感性、主观性大相径庭。而这区别分明的两类教学方式指导下学生的设计能力以及对设计的考虑也是不全面的。就此而言，艺术设计的专门化独木难支，学科融合势不可挡。

（3）百尺竿头、更进一步——艺术设计的融合发展势在必行

随着现代艺术设计的不断发展、国家经济的进步，人们对于美好生活的渴望也越来越强烈，有些行业甚至出现了人人都是设计师的现象。这些都表明，各艺术设计门类不是孤立存在的，设计门类的界限正在逐渐突破，过去单一的态度已无法满足当代社会的要求。因此，各设计学科要相互借鉴，相互学习，加强不同设计门类的联系。

但是，学科融合发展不应局限于为科技或者为经济服务，还应该为社会发展而服务，在多学科融合发展的基础上，唤醒设计师的设计责任感与设计品格，并融合工学、理学、社会学、心理学等各个学科门类，进行综合设计。作为艺术院校的景观设计专业更应秉着为提升人类居住空间体验水平的态度，积极迈出学科融合发展的步伐。

3. 他山之石、可以攻玉——国内外学科融合先进经验

学科融合这一概念虽不至于是老生常谈，但也不算是标新立异。在其不断发展的过程中，国内外已有先例可供我们学习、借鉴。

（1）国内学科融合跨专业发展探索

2013 年北京服装学院艺术设计学院首次施行了跨专业合作毕业设计——中国元素公仔与周边延伸产品设计。由 12 名不同专业的学生，按照每三人一组进行分配，期限半年，完成了一系列设计，这次毕业设计的作品参加了大型展会，有部分作品已进入销售市场。在这次跨专业合作中，12 名同学分别来自工业设计、视觉传达设计和动画设计，这三个专业看似略有隔阂，实则息息相关。在共同作业过程中，工业设计专业的同学主要负责精确的公仔外型建模设计，视觉传达设计的同学主要负责绘制公仔相关插画及推广公仔周边，动画专业的同学负责为公仔制作动画视频（图 3）。

不同专业小组的同学将各自所长相互融合，推进了不同专业之间的交叉共融，不但提高了学生的设计水平，而且培养了学生团队合作和沟通能力，跨专业设计的包容性也让作品具有更多功能特质与消费群体，这无疑是一次成功的跨专业合作探索。

图 3

（2）国外学科融合跨专业发展启示

美国著名绿色住宅新诺里斯住宅是一个非常典型的跨专业合作案例。新诺里斯住宅设计充分利用了大学中学科融合的优势，这个设计项目的成员来自于大学不同的专业：室内设计、建筑设计、景观设计、水利、材料科学等专业。他们共享各领域的最新科研成果，结合现行的行

业规范，将各专业适宜的节能技术做了系统集成并将这个项目作为一个跨学科、综合性设计课程的一部分[1]。许多不同专业甚至看似毫不相干专业的学生都参与了这个项目，通过团队合作取得了优秀设计成果。新诺里斯住宅也因此成为了实践与教育一体化、跨专业多学科融合的示范项目。

4. 躬先表率、率先垂范——艺术院校的景观设计学科

在当今社会学科共融的大背景下，艺术院校的景观设计学科率先迈出学科融合的步伐，做景观设计学科融合的先行军。艺术院校的景观设计专业在进行跨学科融合发展时，可以采取同学校不同专业、同专业同类型院校、同专业不同类型院校、不同专业不同院校的交融方式。

（1）同院校不同专业之间景观设计教学的交融

在当今艺术院校中，景观设计的教学基本来自于风景园林、城市规划、环境设计、建筑设计等基于景观设计范畴的教师。这让景观设计学科的学生对于景观设计的基础知识、专业素养以及设计能力的掌握驾轻就熟、手到擒来。

但是，对于优秀的景观设计人才而言，高超的设计水平只是能力的一部分。要真正成为一名景观设计师，应广泛汲取其他设计学科的优点，如视觉传达设计强调视觉效果、重视色彩运用的特点，产品设计强调人体工程学、重视产品功能的合理性等特点，并将其融会贯通于自己的设计中。

艺术院校中不仅有设计类专业，还有造型类专业。造型类专业强调审美的培养，景观设计专业与造型类专业进行交融能够提升景观设计学生对于美的感受与把握，深刻理解设计中虚实、明暗、韵律、节奏的变化。

（2）艺术院校之间景观设计教学的交融

对于景观设计教育而言，艺术院校之间的相互交融是必不可少的。就不同院校景观设计风格而言，众所周知，不同地区的景观设计各有特色，北方院校的景观设计空间界限分明且较为封闭，建筑墙面厚重、轮廓平缓，整体风格较为严谨、气势恢宏。而南方院校的景观设计层次多变、相对开放，建筑墙面轻巧、轮廓纤细，整体风格小巧精致、充满情趣。

这样概括来看，各个院校风格突出，似乎没有什么可以诟病的，但长此以往可能会导致不同院校的设计风格僵化、设计思路因循守旧，对于景观设计的现代化发展尤为不利。

因此，艺术院校之间可以考虑通过各类学访、组织讲座、开展学术论坛等方式交流设计思想，增强景观设计教学的交融。

（3）不同类型院校景观设计教学的交融

艺术类院校中的景观设计教学，更看中的是对学生艺术与人文范畴的培养，其设计成果在满足基本设计要求的前提下，更多考虑的是审美方面的要求，所以设计有时会出现华而不实的状况。

工科院校在景观设计课程设置中更强调的是一种线性的思维模式。这导致很多学生在着手设计时，往往希望借由逻辑的分析归纳推演出令人满意的设计结果。然而，对于设计而言，创作的过程并不是直线形态，而是螺旋式的，是不断重复、曲折然后达到突破的。[2] 并且，这一过程中往往伴随着感性因素和对于“美”的追求的重复出现。这便是工科院校进行设计课程设置时所忽视的。

综上所述，不同类型的院校在景观设计课程中的偏重有所不同。加强不同类型院校在景观设计教学中的交融，弥补各自在进行初始课程设置时的缺失，通过合作完成设计项目等方式，增强不同类型院校学生之间的沟通，培养综合性景观设计人才。

（4）跨院校、跨专业之间景观设计教学的交融

艺术院校景观设计专业成立时间比较短，教学经验有所不足，学生的设计水平提升缓慢，且对于与景观设计相交叉的其他非艺术类专业的接受程度还不够。在面对设计项目时，虽然在一定程度上考虑了设计的合理性和人机工程学等因素，但由于更为强调形式美，常常使得设计有一种天马行空的意味。

跨院校、跨专业进行景观设计教学，是对于传统的景观设计教学模式的革新，也是系统化景观设计教学体系的重要途径，弥补艺术院校的景观设计专业对于交叉学科的知识如建筑学科知识、材料学科知识等教学的缺失，激发景观设计人才的设计能力，提升设计水平。

5. 不忘初心、继续前进——艺术院校的景观设计专业学科融合发展

景观艺术设计课程的跨学科融合发展势不可挡，与此同时艺术院校也要注意在交叉共融中保持自身教学特色，虽不孤芳自赏但也不至于与世浮沉。

（1）艺术院校景观设计专业教学优势

艺术院校的景观设计专业具有艺术性、人文性、创新性等优势。

第一、艺术性。艺术院校具有浓厚的艺术氛围，这对于景观设计艺术美的创造非常重要。由于艺术院校生源的特殊性，艺术院校的学生具有美术基础。同时，艺术院校的课程设置也具有较强的艺术性与审美性，利于学生美感的培养。

第二、人文性。艺术院校的景观设计专业多强调本土特色、地域文化，且艺术院校的教师具有深厚的人文修养，在教学过程中已奠定了学生的人文基础。从而使学生的设计作品具备人文特点、突出地域特色。

第三、创新性。艺术院校的景观设计专业在授课过程中更加强调的是设计的创新性，着重培养的是学生们对于设计的独特性表达技巧，并能够通过各种课程锻炼学生的创新能力。

（2）谋求学科交融发展的同时保持艺术院校教学特色

在学科交融的当代，我们在教学过程中应打破“专门化”的思想壁垒。在符合本专业自身要求的前提下，综合考虑与人类生活密不可分的各个设计科目，完善以人的需要为中心的设计。同时，还要注意到其他非艺术门类，如哲学、心理学等对于设计的作用以及经济的发展、科学的进步还有当时的社会现状对于设计和艺术的影响。

但是，在学科交叉、知识共融成为必然的同时，艺术院校的景观设计专业要保持自身特色。艺术院校优秀的高艺术修养师资力量和学生基础以及得天独厚的艺术资源，对于景观设计而言是弥足珍贵的。充分发挥艺术院校教师教学氛围活跃、艺术院校思想不拘泥于条条框框以及学生对艺术文化的高度敏感性、高度适应性的特点，在学科交叉共融中开发出新的知识和技能。

6. 结语

学科发展方向的拓宽、新的交叉学科的形成，都说明学科融合是现阶段景观设计学习乃至整个学术界的大势所趋。艺术院校的景观设计专业在面对学科融合的现状时，一方面应积极进行多学科跨专业的教学探索。另一方面，在强调共融的同时也要保持艺术院校景观设计专业的自身特色，合而不同，为学科融合下景观设计的发展创新而努力。

参考文献

[1] 蒋纹.美国乡村住宅的绿色实践——以新诺里斯的示范住宅为例[J].新建筑，2015.

[2] 杨锐.风景园林学科建设中的9个关键问题[J].中国园林，2017(1)：13-16.

天津美术学院
环境与建筑艺术学院

市场的转型
——建筑设计课程教学实践

作　者　王星航

摘　要：本文以我校景观专业 2017 级建筑设计课程任务为基础，从运用自下而上的调研方式获得建筑空间使用者的行为及需求认知，介绍当代市场的三个设计方法，为低年级的建筑设计课程提供培养设计能力的有效途径。

关键词：建筑设计；调研；市场设计

2019 年 5 月，天津美术学院 2017 级景观专业《建筑初步设计》课程，在 3 周 48 课时的教学时间段内，完成河北省邢台市给定地块拟建一市场的设计任务。该课题以兼具历史底蕴与发展潜力的邢台市实际环境为基底，新建市场总建筑面积控制在 1500㎡ 左右（总面积上下可浮动 10%，各部分的面积分配可依据具体情况作适度调整），建筑层数 1 ～ 2 层。新建市场的主要功能为售卖区、管理用房区、卫生间、库房、其他等。

传统市场给人的印象多是“半公里以内”、“鱼腥气”、“乱糟糟”、“讨价还价”、“买菜要趁早，晚了就都是不新鲜的了”等。而本次课程设计中，要求学生通过实地调研，将社区居民的日常购买行为与需求作为研究数据，建立自下而上的设计思路，实现市场的转型——以公共空间为支点，激发城市活力，满足当地居民的生活需要、体现当地文化精神、并使之成为表达城市时代精神的符号，为日常生活的丰富与生动提供新的视角、新的舞台和新的焦点。

1. 课程目的——市场转型的必要性

传统的市场一般指农贸市场，是一定区域范围内用于销售各类农副产品的、经营方式以零售为主的固定场所。早期建设的市场熙熙攘攘，人声鼎沸，呈现出繁荣的景象，是普惠大众的民生工程也是社区活力最高的区域之一。但随着时代发展，快速的城市化进程，让每个城市看起来都一样，加上外部市场冲击，很多传统市场已渐渐衰败，不复往日的热闹。但是，市场作为一种由来已久的中国民间社交属性最强的场所之一，具有超强的生命力和传承价值。

第一，国家政策明确提出完善市场的功能。2016 年 2 月，我国发布《中共中央、国务院关于进一步加强城市规划建设管理工作的若干意见》，指出要完善城市公共服务，健全公共服务设施，合理确定公共服务设施建设标准：加强社区服务场所建设，配套建设市场，打造方便快捷生活圈。市场作为社区重要的服务场所之一，重要性不言而喻。

第二，市场具有传承传统生活方式、传统文化的功能。市场的形成由来已久，在《周易·系辞下》中就有对市场的记载：神农“日中为市，致天下之民，聚天下之货，交易而退，各得其所”，即说明我国古代就已形成市场，是人类城市文明最古老的现象之一。当今社会，纵然农人叫卖的景象早已不再，但市场的零售终端功能依然承载着日常生活的轨迹，买菜依然是居民日常生活的一部分。这种传统生活方式、传统文化的市场形式具有传承价值。

第三，在当代体验经济影响下，人需要通过体验获得物质以外的心理和精神需求，原本单一的、满足基本物质需求的“购买行为”变成当今多元的、满足精神和物质生活的“体验行为”。受到当代体验经济的影响，使用者不仅看建筑空间够不够用，还讲究建筑空间的品质和环境。随着人口结构的不断差异化和对食物需求的不断多元化，买菜这一行为也逐渐演化为一系列更为多样化的行为，市场作为解决人类一日三餐的食材中心，它将不单只是一个简单的交易场所，也应营造舒适、便捷、人性化的消费体验空间，促使购买欲的加强。

第四，建筑审美方式从“崇高”美在转向“日常”美。传统建筑观念中，审美欣赏的目光仅投向极少数造型精致、如雕塑般的建筑作品。这类建筑在城市中所占的比例非常少，和人们的日常生活关系微弱。随着当代社会文化、意识形态、生活方式等的转变，导致日常生活审美意识得到加强，市场作为和日常生活密切相关的空间类型，更应考虑其能为人们带来的生活方式的不同选择、获得幸福的满足感、获得生存的意义。

第五，市场可以为居民提供邻里交往的公共空间。对于居民而言，市场不仅是一个买菜的场所，其与超市、电商相比最大的优势在于建立了面对面的买卖关系，将人与食物、人与人之间的交流活动联系了起来，为邻里之间提供交往空间，提供充满人情味的体验，从而促进邻里关系。

综上，市场历史悠久，这种空间形态需要保留，然而在城市进程中却面临衰败。通过本次课题设计，不再局限于传统的模式和方向，试图对未来市场空间更新的方式进行探索和尝试，提升城市的品质和内涵，展现城市更深层次的内在潜能。

2. 课程依据——当代市场设计方法

对居民来说，买菜是日常生活的一小部分，在日复一日的实践中，如何充分利用其社区所在的买菜空间资源，将买菜融入到日常生活的整体行动中，从而构建起个体与社区空间的密切互动关系，形成弹性化的日常生活空间，是未来市场转型的目标。当代市场设计，要具有古老传统市场的种种特点，同时区别于传统市场。要从传统提供方便快捷的买卖关系的场所，转变为将“文化与传统”、“消费与体验”的内涵引入到市场的设计中来，使其转变为购物、艺术、体验、社交、教育等为一体的新型复合化空间。

（1）建立自下而上的设计思路

以市场空间和买菜行为为研究对象，从传统的关注市场功能设施为中心的设计视角转变为以社区和人为中心的视角，从日常生活观察出发，关注买菜的空间实践、个体行为为出发点。

受到观念、习惯、消费方式等影响，每个人心中都有差异化的市场需求，如市中心的老年群体、租住的单身青年白领、中年的中产精英家庭，都有各自的买菜路线，创造着不同的生活轨迹。因此，需要自下而上地了解市场空间与需求特征，利用调研的方式，将社区居民的日常购买行为与需求等内容作为空间实践研究数据，来决定区域市场的多样化、多层次的功能空间。

调研内容可分为三部分：第一，社区的区域位置、居住状况、人口数量、年龄层次、工作状况、收入水平等；第二，通过调研周边生活服务设施类型及分布状况等；第三，通过对买方及卖方的访谈，确定个体需求。

（2）转型市场设计的三个方式

1）美观的造型

随着当代社会消费观念的转变、体验经济的盛行，已从曾经的物质消费，转变成寻求精神上的慰藉。市场虽然是处于极具人间烟火的市井之地，想要在日新月异的经济社会立足，首先要在视觉上做出质的改变。通过美观的造型设计提升市场的“颜值”，让传统市场形象“面目全非”，转变成更聚人气的绝佳消费场所，满足居民精神需求，提升市场竞争力，也能吸引更多的年轻消费群体。

转变传统市场体块的单一化造型，利用聚合或斥离、联系或断裂、起伏或旋转、并立或交错等不同的形体结构表达全新的公共空间形象。如委内瑞拉马拉开波“de candido”超市的设计，搭建了一个不规则的白色屋顶，用折纸的方式，将屋顶的每一面都折成了不同的形状，并具有一定的倾斜角度，特别是正面和侧面的屋顶一直斜切到地面，使超市一半封闭一半开放，这种特别的形体设计具有很强的视觉吸引力，成为路边的美好风景。

不断融入更多的艺术元素，如摊位门头形象化设计、墙面、价格牌、市场导视牌等处的插画设计；主题式场景画的融入等。如鹿特丹拱形大市场的设计，在其内部拱形天花板上装饰着目前荷兰最大的艺术作品，描绘着色彩绚丽的新鲜蔬果、面包、花卉等，作为全新形象的市场空间，不再只是嘈杂喧闹的场所，而是将城市功能与艺术展现融合在一起，带来了某种独有特性，处处流露着不可名状的诗意，为城市品牌和形象增添了光彩。

2）复合的功能

传统单一市场空间形式只能满足必要性的买与卖等基本功能需求，而当代市场空间，受到体验经济的影响，则要求空间功能要同时满足使用者的多种需求，不但能满足使用者的必要性活动，同时能满足不同使用者多种需求，并能延长使用者在空间中停留的时间，从而激发使用者的多样行为，形成比单一功能更具活力的多元空间，带来了空间的趣味性，反映了社会的多元化。

将多种活动并置于市场空间中，通过空间形式上的叠加、功能上的互补，从而形成一种有综合功能的空间体。如荷兰鹿特丹拱形大市场的设计，将“拱形市场＋公寓＋停车场＋艺术品”的复合功能方式融合，市场上方的拱形由 228 个公寓单元组成，拱顶处是描绘农产品的巨型艺术品，市场内可以容纳上百个零售台，市场下方为能提供 1200 个车位的四层停车场。这种具有多样功能的市场空间，使使用者的行为具有多元性和随机性，在此享受到城市中多样的一站式生活方式。

3）文化的传承

文化的多样化与多元化使每个国家、地区的建筑呈现出不同的形态。在市场的设计中恰如其分地融入当地的文化特征，将一个民族、一个地区、一个事件的印记表达在市场空间中，必然使其体现出不同的文化气质，反映人们在不同时代下的文化观念。

通过对当地文化符号的演变提炼、地方材料的利用，使得市场建筑更加具有形式感和地域性。如美国纽约曼哈顿切尔西市场设计，这个市场所在大楼的前身是纳贝斯克著名的饼干休闲食品公司的工厂，改造成市场之后，保留了老建筑的天花板、水井和斑驳的墙壁，人们在产生购买行为的同时，还可以一窥当年工厂的情景，无形之中将记忆回溯到当年的生存状态中去。

3. 课程优秀成果展示与点评

（1）调研过程

选择天津市河北区一社区进行实地调研，通过定时、定点、定目标的调查与访谈，建立了一系列生活数据，也发现了一系列使用问题，加深了对课题的理解。

周边以及市场状况调研数据分析，如图 1 ～图 4 所示。

图1 周边状况分析

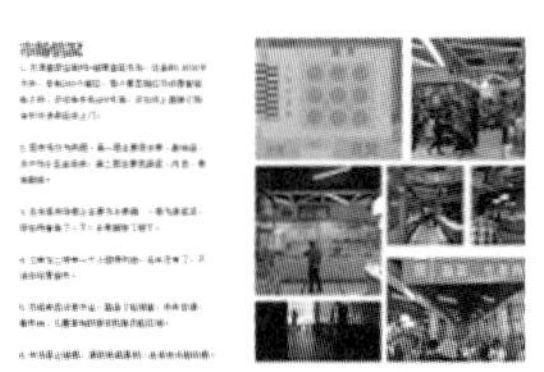

图2 市场情况分析

图3 市场客流状况分析

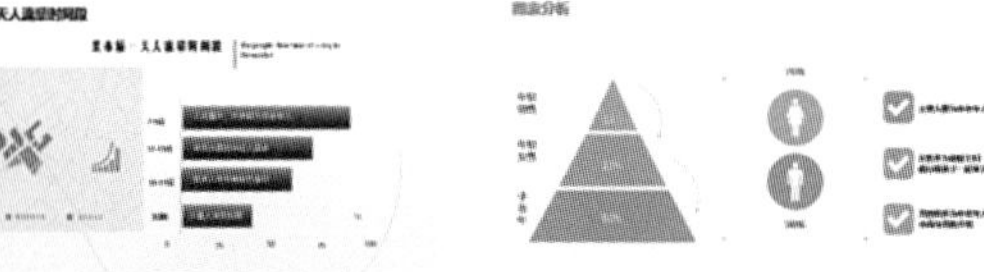

图4 市场受众人群分析

图5 买方个体行为调查分析

图6 卖方个体行为调查分析

买方及卖方的个体对象人物需求访谈，如图5~图7所示。

（2）优秀成果

我校 2017 级景观专业的建筑初步设计课程共 3 周 48 课时，其中，理论讲授 8 课时，建筑设计基本知识、课程设计任务书讲解；调研课上时间为 8 课时，课下时间不计；设计方案构思及完善 24 课时，要求学生查阅邢台当地建筑材料、文化等的基本资料，结合地块现状完成设计方案的构思和调整，并不断完善；设计方案的表达 8 课时，设计构思和分析、平面图、立面图、剖面图、总平面图、效果图、节点图等的版面布置。

理论需要实践来证实。学生在本次 48 课时的建筑设计课程中，循序渐进地完成了设计任务。学生的设计作品也充分体现了他们对此课题的认知及创新。

1）优秀学生作品：游园集市（图 7，学生：李雅弦、兰静）。设计利用复合化功能的手法，打破了传统市场的设计模式，将生态花园、露台、书屋等功能结合在设计中，体现了行为方式的多样性，为周边居民营建出一处邻里交往的公共空间场所。

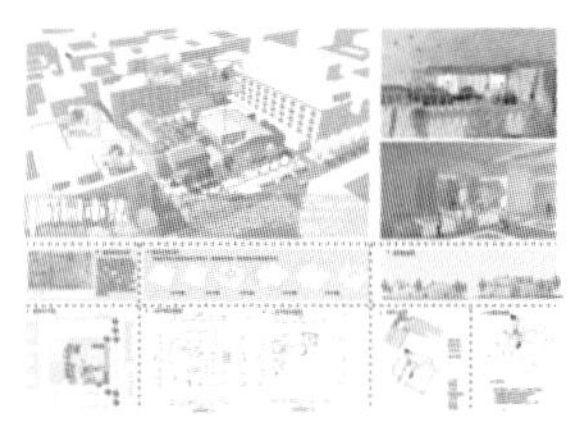

图7 游园集市

图8 隐·形

2）优秀学生作品：隐·形（如图 8，学生：李子璇、李泳枚）。将市场设计成一处大地景观的形态，不规则的曲线外观在城市环境中非常具有吸引力；同时曲面的屋顶可以供游人步行上下，增强了空间的互动体验性；另外，将停车场与市场的功能结合，使设计的艺术性和功能性融为一体。

3）优秀学生作品：隐·形（如图 9、图 10，学生：张金成、宋致远、卢宇鸣）。从由来已久的“市井”文化进行现代设计衍生，建筑空间形态利用“井”的变型，同时结合当地材料特色和北方民居的空间布局特征，使市场成为一处文化印记的场所。

4. 结语

通过设计实践，学生运用自下而上的思路，熟悉并抓准当前的时代特征、消费者的消费心理，通过调研和设计完成了本次课题设计任务。其间，教师所要做的就是在保护学生原创精神的前提下，运用设计理论对其进行引导，同时帮助他们掌握相关的建筑知识，根本目的是使学生具备创造性的思维能力、一定的建筑知识和良好的建筑感觉，并掌握正确的建筑设计方法。

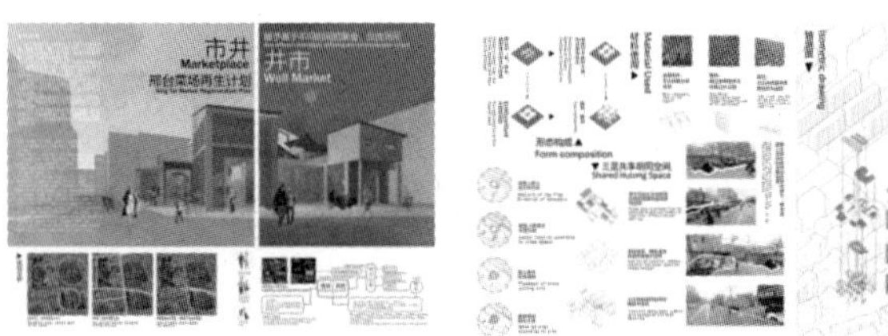

图9 市井　　图10 市井

参考文献

[1]刘悦笛著.生活中的美学[M].北京：清华大学出版社，2011：151~154.

[2]王春娟等著.娱乐体验消费[M].北京：中国经济出版社，2015：3~7.

[3]刘悦笛.日常生活审美化与审美日常生活化[J].哲学研究，2005，47（1）：107~111.

[4]崔愷工作室.消费时代的文化建筑创作[J].城市建筑，2009,60（9）：77~82.

[5]王又佳.小议大众消费文化对我国当代建筑形式的影响[J].华中建筑，2013,59（5）：20~23.

[6]徐晓燕，叶鹏.消费时代城市公共空间的异化[J].规划师，2018,270（2）：72~74.

[7]周琪，高钢.建筑的复杂性和简单性——建筑空间与形式丰富性设计方法探讨[J].建筑师，2007,131（8）：9~19.

精准控光技术在商业照明中的应用

作　　者　深圳市极成光电有限公司

摘　要：商业照明是照明应用的一大重要领域，本文针对商业场所照明中所需的控光方法及技术手段进行讨论，包括了传统控光原理，以及LED光源的控光方法，以期为照明设计师、建筑行业设计者提供参考。

关键词：商业照明；控光；照明设计

1. 商业照明的重要性

LED光源具有全彩易控、节能环保的优势，可营造出其他传统光源无法替代的高质量光环境，能充分满足高档室内装饰气氛照明的市场需求，给室内空间的照明设计提供了新的思路，特别是大功率LED的出现为LED照明在室内照明领域的应用找到了突破口，加速了LED室内照明领域的应用增长。目前，LED室内照明的应用主要集中在商业照明领域，以装饰性照明为主。

有时，高档的商品、高档的店铺、高档的装修，却配以低劣的照明，强烈的眩光使人无法停留（图1）。一个好的商业照明，应遵循“人性、健康”的原则，给顾客提供舒适的购物环境（图2、图3）。

2. 精确控制光的分布

控制光的分布，需要使用灯具，挂满灯泡是不行的。CIE对灯具的定义：对光源发出的光线进行重新分配、滤光或转换。包含固定和保护光源所必备的元件，连接光源和供电线路的辅助电路设备等（图4、图5）。

灯具，由机械系统、电气系统和光学系统构成，光学方面的光束角控制、防眩光性能，占灯具性能比重最高（图6）。

图1

图2

图3 光的节奏：创造令人兴奋愉悦的光环境，更好表现商品，刺激购买

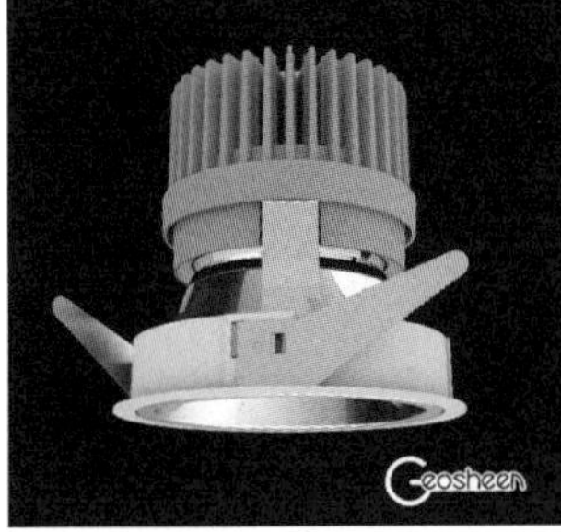

图4

图5

机械系统：
物理机械性能
20%
电气系统：
节能、稳定性
20%
光学系统：
角度控制性能
防眩光性能
60%

图6

灯具，可以把光线控制到所需的位置，实现设计师所需的效果。把光线控制到顾客最重视的最佳展示区，达到吸引、展示的作用（图7、图8）。

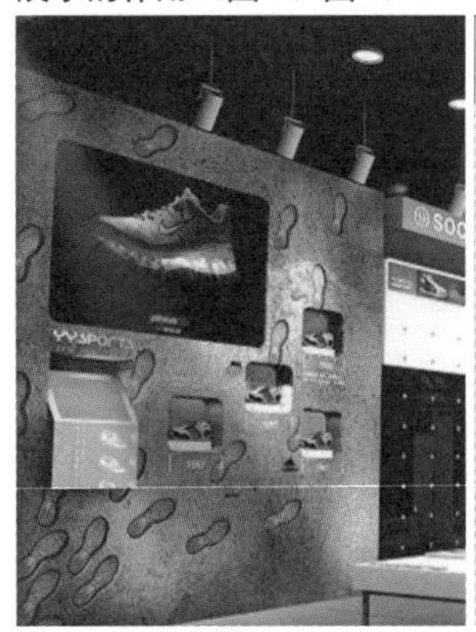
图7

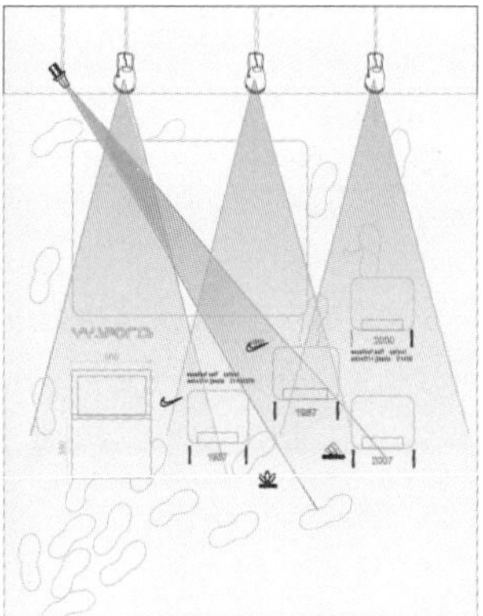
图8

3. 精准的控光

（1）精准的控光

左右两张照片乍看都一样，仔细看，左边天花顶满天星，桌面暗着（图9）。右边天花没眩光，桌面亮着（图10）。照明的好坏立现了吧？

图9

图10

（2）精准的光束

左图的展示（图11），有基础、有重点，吸引力强。右图灯具的光束角过大（图12），只有基础照明，没有重点照明，缺乏视觉吸引力。

图11

图12

（3）精准的比例

照明时控制基础照度与重点照度比值，可以产生戏剧化效果（图13）。

图13

4. 精准控光技术

控光的方法可以总结为以下几点：遮挡、散射、折射、反射、LED+透镜+散射、COB+透镜+反射。

（1）遮挡：使用不透明材质对光线进行拦截，是常用的防眩、控光以及特效手段（图14、图15）。

图14

图15

（2）散射：平面散射玻璃，可以改变光束的宽度，常见的有乳白亚克力片（图16）。

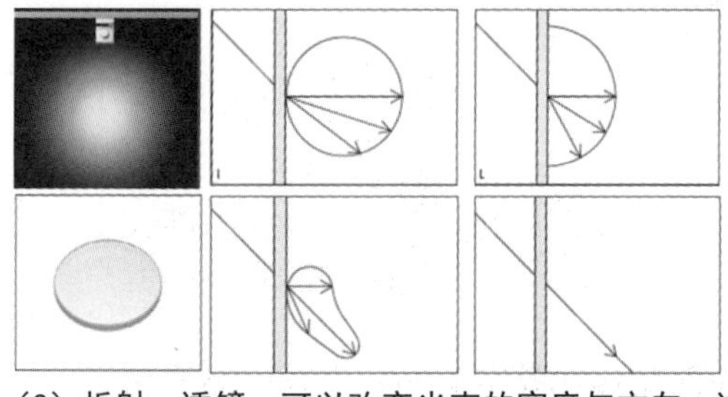
图16

（3）折射：透镜，可以改变光束的宽度与方向，这是一种控制光的方式（图17）。

图17

（4）反射：良好的反射器，能够帮助光线照向所需要的位置，同时防止眩光（图 18）。

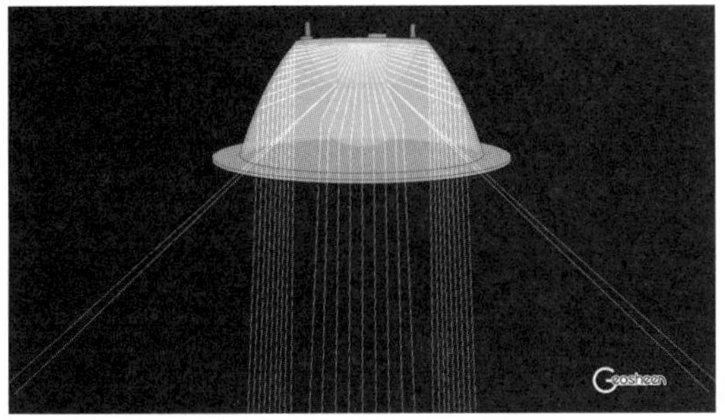

图18

5. Hi-Power LED 灯具常用的控光技术

（1）透镜：是 LED 光源常用的控光方法，为了获得不同的光束角，需要使用不同的透镜。灯珠的光出来通过透镜里面折射、反射，最终形成一个光束，这是最常见的（图 19）。

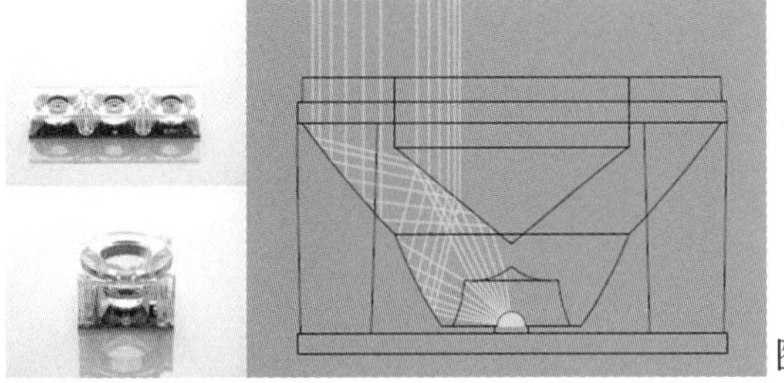

图19

（2）透镜加散光板：使用同一个透镜，更换散光板，可以获得不同的光束角（图 20、图 21）。

图20 同一款灯具通过不同的散光板，在墙面形成多种光斑

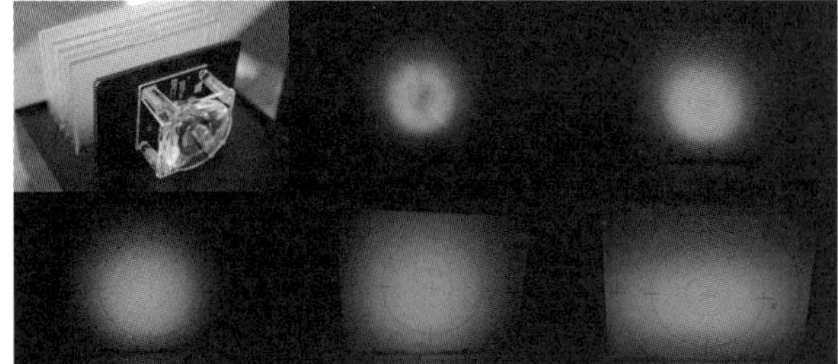

图21 图中为无散光板的，光斑就像八爪鱼一样。加一个比较透明的散光板，光斑就很圆了。再加重一点的散光板，光斑就更大。这是一种比较先进的控制光的方式

（3）散射加反射：由于 LED 光源的组合特性，先使用一块散光板把众多 LED 颗粒的光线混合均匀，再通过反射器将光线分布至所需方向，光学性能得到提高（图 22）。

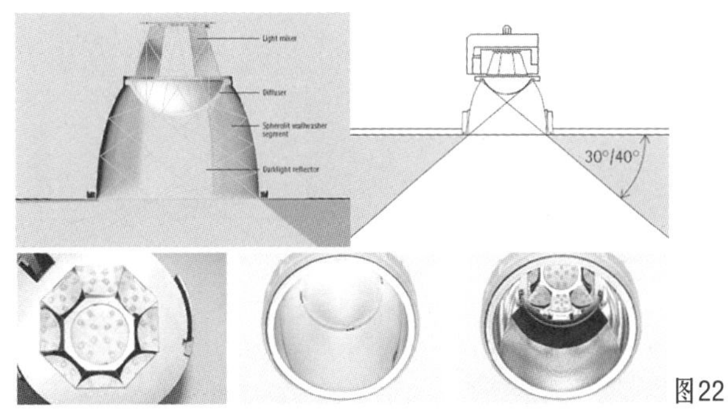

图22

6. COB LED 灯具的控光技术

运用 COB 集成封装技术，可以把 LED 做到更大、更精准，在很小的面积内可以做到足够的功率（图 23）。

图23 LED的多种封装形式

（1）最常见的 COB LED 控光方法：散光板。优点：效率高；缺点：几乎无法控制光线方向，有眩光（图 24）。

图24

（2）进阶的控光方法：使用大透镜折射控光。优点：可控光束角及方向；缺点：利用率较低，眩光依旧存在。而且，COB LED 的大透镜设计困难，尤其是窄光束的设计更加困难（图 25、图 26）。

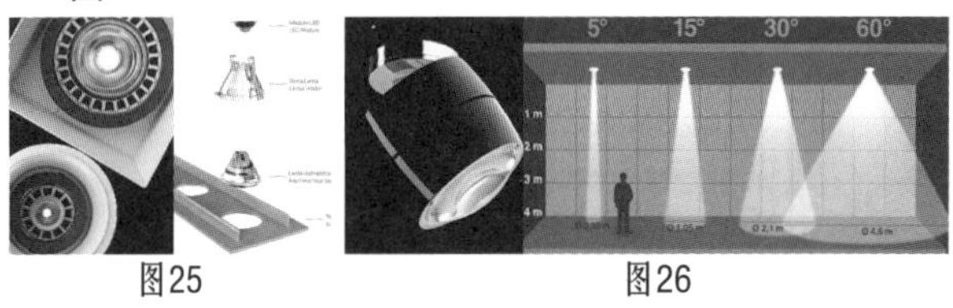

图25　图26

（3）使用反射器，对 COB LED 进行控光。优点：反射器设计技术成熟；缺点：光线利用率低、有副光斑（图 27）。

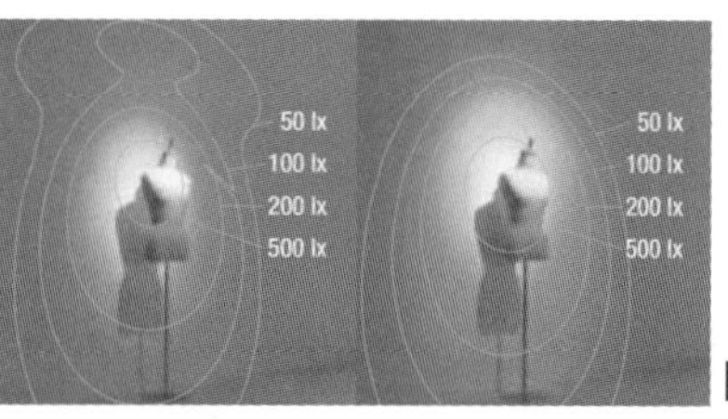

图27

（4）目前较为理想的 COB LED 控光方式：透镜加反射器。既控制了光束方向，又提高了利用率，降低了眩光（图28～图30）。

图28

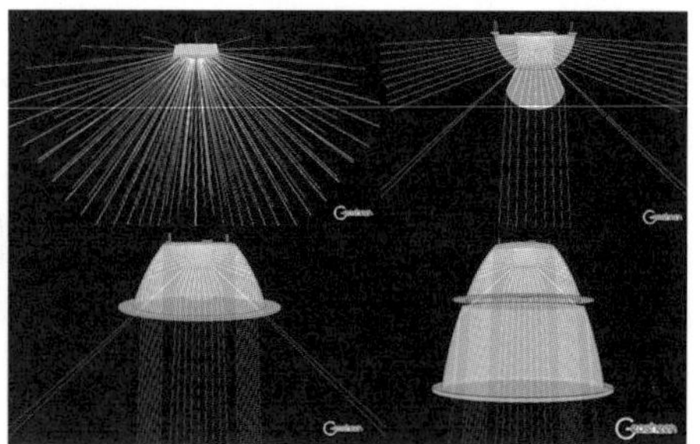

图29 极成专利透镜加反射器控光方式的原理图及光学设计模拟图

图30 透镜加反射器控光方式实例

7. 结语

商业照明中，对光线的控制十分重要，LED 光源在商业照明中大量使用，大功率集成 COB LED 光源已是大势所趋。透镜加反射器的 COB LED 控光方案是目前较为成熟的技术。小面积 COB 配合三次全反射透镜将成为未来的方向。

注：文中图片来自多家品牌资料，国内品牌如极成光电，国外品牌如 ERCO、FLOS。

艺术聚落空间的生成模式的策略研究——以呈贡下庄村为例

作　　者　张春明

云南艺术学院

摘　要：大学城自身所具备的特点如何更为有效地与其周边的环境和谐发展，从而达到互促互惠，在建设这种和谐关系的过程中，确定其发展的主题与方向，分析其中诸多的因素使其围绕这个主题展开，进而形成有机的整体，这是一个值得研究的课题。

关键词：聚落空间；艺术文化；空间模式

1. 全球视眼下艺术文化产业园的发展趋势

近年来，国家级园区、基地获得了快速发展，市场主体不断壮大，产业规模化、集约化、专业化水平不断提高。国家级文化产业示范基地、园区已发展成为文化产业的重要载体，未来的文化艺术产业必定会越来越强大，竞争越来越激烈，所以艺术文化产业的激烈竞争将会影响各国的经济产业，从而这样的格局将会促使艺术文化产业向全球化发展，进而虚化各国艺术文化产业界限。未来艺术文化产业走向全球化将会促使各国文化产业形成合作或兼并的形式，这样各国可以通过这种形式获取文化产业发展利益，也会壮大自身的艺术文化产业。这些因素必定会导致未来全球化经济下的艺术文化产业竞争变得越来越激烈。

2. 以呈贡大学城文化产业园区发展分析

（1）基于自身特点而带来的发展理由

1）民族文化产业的形成与创新在民族文化产业发展战略中的地位和作用

2007 年中国共产党的第十七次全国代表大会提出了“加快发展文化产业，提高国家文化软实力”。2009，国务院批准了振兴文化产业的计划，标志着文化产业作为国家战略的兴起。而少数民族文化产业是整个国家文化产业战略部署中十分重要的一个方面。民族种类众多是云南在祖国这个大家庭中最具特色的一个名片，每年与民族相关的大大小小的创意集市不胜枚举，很多创意和云南的少数民族都必不可分。民族的才是世界的，云南少数名族众多，与之伴随的就是众多的民族文化产品，这些众多的特色产品自然形成了一个重要的产业——“民族文化产业”，而这也恰恰是发展云南文化产业的重要基石。

民族文化产业产品如何更具有时代性和创新性，这无疑与进行这些产品制作的制作者有直接的关系。大学生其自身的特点正满足了这个要求，而他们对民族文化的了解、继承乃至创新是需要一个大的氛围的营造而逐渐催生形成的。由于地缘关系的原因，云南少数民族与东南亚地区在传统文化方面有着千丝万缕的关系，再加上云南独特的地理位置关系，加强与东南亚地区的交流沟通，对于实现云南推进与周边国家的国际联系，打造大湄公河次区域经济合作新高地有着积极的促进作用。

2）政府职能部门的参与方式与艺术文化园区的良性发展研究

政府职能部门对文化园区的建设与发展，无论是财政扶持方面还是政策制定方面都有着十分明显的优势和重要性。无论是园区的规划、基础设施的建设和服务方式的形式等多方面都是政府需要进行考虑的。服务的力度太大或太小都会对园区的建设起着很大的影响，因此在参与的力度上如何控制、政策如何制定、服务如何跟进等多方面都是需要进行细致、深入的研究。

3）艺术类大学生在艺术文化园区建设与发展过程中动力机制研究

艺术类大学生普遍具有较强的思维活跃性，因为受过长期的专业艺术学习，艺术创作根基和创作能力相对较强。当下的中国是一个迅猛发展的国家，急需大量的原创思维和创作观念，艺术类大学生的自身思维特点正与之吻合，这些学生思维大胆，敢于突破，对于设计工作局面的突破与创新有着十分有利的先天优势。

呈贡大学城高校林立，不同高校都设立了艺术类专业，艺术生是艺术创作者中的主力军，每年毕业的大量艺术类大学生为艺术文化创作提供了雄厚的人数基石。

4）学校艺术资源与艺术文化园区相衔接的机制研究

呈贡大学城聚集了近十余所高校，这些高校都有着极为丰富的艺术教育资源，软件资源包括艺术师资、艺术课程、艺术讲座、艺术网站、大学生文化艺术活动，硬件包括图书馆、展览馆、演出场所、设计类实验室等。对于这些艺术资源，大学城管理机构、教育管理机构应共同开发艺术资源共享方案，这不仅满足了当地个人的需要，更重要的是如何整合这些资源，使之更好地服务社会，形成向社会开放的机制，这一点对于形成园区特有的艺术活动氛围是尤为重要的。

5）健全的大学城公共服务设施、发达的内部及对外交通建设对于艺术文化园区良性运转、扩大园区规模效应辐射面等方面是有着十分积极的推动作用

呈贡大学城有着发达的交通网络。与主城昆明相连的有发达的公路交通与轻轨交通；与国内有最新建成的沪昆高铁，与国际有即将建设和已经在建的多条国际铁路。交通带来的便利对园区内部自身的良性运转是重要的保证，同时，这样的交通优势对于园区“请进来”与“走出去”的战略发展布置提供了最为强有力的支持。

6）互联网建设与“泛”艺术文化园区的构思之间的关系

互联网科技的飞速发展使得艺术家们工作和交流的方式已经发生了翻天覆地的变化，同样这样的变化可以使得园区与外界联系的地域范围扩大，联系的效率大幅度提高，进而降低制作、宣传、合作的成本。从这个意义上来看，园区的设定并不需要是传统意义上固定的场所，但正是这样情况，一个固定的场所进行展示、表演、宣传才更为重要。基于此，在园区的规划面积上并不需要像传统意义上的提前设定大范围的面积进行规划，但必要的园区范围还是十分需要的，同时，在这样的范围内进行规划与相关政策的制定，才越发地显得重要，并对于其他相关园区的政策制定有着十分重要的借鉴、示范作用。

7）依托“艺术文化园区”在大学城开展面向高校的“艺术嘉年华”毕业艺术作品展示的设想

利用大学城自身的独特优势，实施开展公共艺术方案，针对所有大学开展的“艺术嘉年华”大学生毕业季学生艺术作品展示活动，并邀请知名艺术家参与、策划，无疑对于整合和发展大学城教学资源，提升活动影响力有着积极的促进作用，而由此形成的每年毕业季大学生艺术作品展示对于促进学生思想交流、校地或校企合作、丰富广大地区居民艺术文化生活，进而形成固定的文化节传统，对于园区形成规模化效应与营造独特的园区艺术氛围及打造区域性的文化名片等诸多方面是有着极大的积极作用。

（2）在地域优势背景之下，大学城文化产业园区的创新点的思考

1）商业策划与营销策划的模式介入大学生“艺术嘉年华”毕业季学生艺术作品展示月对于促进校地、校企合作以及该项活动的长期进行提出了初步的设想，这样一个新的推广模式的具体实施是需要进一步深入细致的思考的。

2）“艺术嘉年华”与“艺术家之村”（即艺术文化产业园区）两个概念的同时提出，对于两者的相互促进、相互发展从逻辑思维上提出了论证，为两者的良性进化提前做出构思，对于项目的推进是有着十分重要的意义，也更符合项目实际操作的可行性。

3）研究的目的不仅仅是概念上的研究，更重要的是积极寻求政府支持、积极扩大社会参与，基本立足点是丰富地区文化特色、打造地区文化名片，要使得这两者成形，就必须理论结合实际，一方面从概念构思上着力，一方面强化市场导向与商业模式参与。

4）从管理机制、保障机制和培育机制分析文化产业的演化规律。产业的动力在于创新基因对外部环境的压力反应；保护行业的能力必须符合行业的环境适应性生存，以满足创新的基因活力的要求；培育市场是一项系统工程，必须优化产业创新生物链结构和“艺术文化产业园”内外创新生态环境。

创新在于将文化产业的形成与市场运行机制一并融入研究，是对国外文化产业进化理论的一种传承与创新，开创了利用大学城自身优势促进“艺术文化产业园”文化产业基地形成的新范式。从研究问题的具体内容上看，建立文化产业发展基本理论和相关概念体系，从一个全新的视角阐述了文化产业发展能力生成与演化的本质规律和特征，为高校文化产业的实施与推广提供了新的理论指导和可行的操作建议。

3. 缘起下庄村

（1）分析目前已建设成的“艺术家之村”吸取经验，结合现状

近年来，艺术村在各地发展迅猛，有些鲜为人知的小村庄，由于艺术的繁荣也变成了艺术家村，不单给艺术家带来生活与创作的空间，也给了艺术家展现自己才华的机会，也能给当地的人带来经济收入，增加就业岗位，缓解地区就业压力。以下庄村为例，近年来高校在呈贡大学城的建设的逐渐完善，和云南艺术学院一路之隔的下庄村，受到“学生经济”的影响，其村庄面貌已经发生了巨大的变化，成为了呈贡的“麻园村”，村民经济收入发生了巨大的变化，而由此带来的学生创业经济也随之孕育而生。在下庄村，研究团队曾经做过一份问卷调查，调查的出发点是如何打造一个“创意下庄”，为大学生在下庄村现有的资源基础上提供一个时尚和创意的衣、食、住、行生活理念，更为核心的是如何营造出一个艺术氛围浓厚的艺术创意社区？问卷从不同的角度进行了调查，结果显示学生对“创意下庄”的看法不仅仅是关注衣食住行等物质方面的需要，精神方面的追求也很旺盛，对文化艺术方面的发展也是十分关注的。现在到下庄村就能发现，下庄村有很多依附艺术学院成长起来的小型公司和工作室，像因艺考而发展起来旅馆酒店、像因为美术生、音乐生、舞蹈生创建的大大小小的画室、练琴房、舞蹈室，这些行业也为学生的创业提供了方向和借鉴。在这样一个氛围熏陶下的下庄村，也在不觉中与周边的村庄产生了逐渐明晰的差别。

(2) 高校艺术资源与艺术文化园区相衔接的机制研究

呈贡大学城聚集了近十余所高校，这些高校都有着极为丰富的艺术教育资源，软件资源包括艺术师资、艺术课程、艺术讲座、艺术网站、大学生文化艺术活动，硬件包括图书馆、展览馆、设计类实验室等。除此之外，以云南艺术学院为例，学校已建和待建有美术馆、文化馆、音乐厅、剧院、体育馆和对应的公共演出场所等，对于这些艺术资源，园区可和各所大学管理机构联合制定艺术资源共享方案，使之不仅满足局部个体的需求，更为重要的是如何整合这些资源，使之更好地服务社会，形成向社会开放的机制，这一点有利于形成园区高效利用园区的公共资源、降低园区建设成本，进而形成特有的大学城艺术活动氛围是尤为重要的。

4. 大学城建设“艺术家之村”两个需要

（1）呈贡大学城下庄村“艺术家之村”建设需要新的特点

1）对已建设的艺术创意空间或是艺术村的解析发现，艺术村有利于建立艺术家的认可感，艺术村能让艺术创作者有直接面对面的空间，能为艺术创作者带来彼此之间的认可和反馈，艺术创作者之间的认可在艺术活动中很重要，在这种情况下，下庄“艺术家之村”的建立就需要这样一个新的模式，为艺术创作者提供研讨的空间，从而能增加艺术创作者的交流空间，让他们能感觉到足够的认同感，营造一种舒适的环境才能让艺术家安心创作，艺术创作者聚集在这里且不说硬件方面的措施，如果心里上得不到安心，不可能有好的作品，这也是下庄村建设“艺术家之村”所要具备的心理素质。

2）艺术村的设立多数都建设在郊区，远离喧闹都市出自两个原因：一是安静的环境有利于创作，二是郊区投资较小也给大多数艺术家的入驻更多机会。从艺术创作者的角度来看，他们更喜欢环境优美的环境能激发创作灵感，而从当地政府来看，他们更看重的是艺术家之村建设成后所能带来的经济效益。也许可以寻求两者的平衡点，下庄村并没有自然景观一类的条件，但是，现在的旅游业也不再是单一地去看自然景观的旅游业了，当地的文化厚度的深度体验才能更抓住消费者的眼球，在这里，要为他们提供适当和创作者接触的机会，能亲眼看见艺术创作者的创作过程，亲身体会艺术家的生活。

举办各式各样的活动，提高下庄艺术村的知名度，多举办一些创意集市，吸引全国的手工达人来此对自己进行宣传，利用公众微信平台、或是论坛、贴吧并打造成学术品牌，增强品牌意识，是需要在建设文化园区之初就需要确立的价值核心观。把下庄村打造成一个传输文化的平台与品牌，汇集更多的艺术家和艺术爱好者，为艺术家带来艺术创作的灵感，也给当地人民带来收入，产生良性自循环，让下庄村变成一个进行当代人民艺术文化产业发展的艺术创作孵化基地。

(2) 呈贡大学城“艺术家之村”建设需要多元化的发展

艺术村由各阶层的艺术爱好者在此聚集，不同文化的碰撞更有利于创新，打破地界限制，艺术村并非单纯的物质空间，也是创作者们分享个人色彩的空间，云南的多元文化更是相互影响、相互交织必不可分，要允许新的东西进来，才能发现自己不足的地方，也才能发现自己的长处，这个社会独成一体也是不可能的，总是会和外界发生千丝万缕的关系，多元的文化更有利于艺术村的活力和多样性、丰富性。也为艺术村的发展提供更多的可能性。而现在大学城周边的交通道路硬件建设和网络高速化，正是为这样的发展新模式提供了最重要的基础保证。

5. 呈贡大学城艺术家之村的发展对当地发展的启示

（1）目前呈贡大学城发展过程中存在的问题

呈贡大学城发展中存在的最大问题就是各高校自成一体，没有形成一个整体的联系，没有把自己深厚的文化底蕴激发出来。

（2）艺术家之村的建设对大学城发展所带来的冲击

艺术家村的建设，会带动起周边学校对自己文化的更深一步的创新，会激发周边村民对艺术的极大兴趣，刺激到当地经济与文化的发展。

（3）艺术家之村未来发展的展望

艺术家村未来的发展会很壮大，而且会带动云南其他市区艺术家园区的兴起，为整个云南文化的发展提供更广阔的平台，带动云南文化的发展。

参考文献

[1]张晓明，胡惠林，章建刚.北京文化蓝皮书系列[M].北京：社会科学文献出版社，2007，2008，2009.

[2]吕澎.二十世纪中国艺术史[M].北京：北京大学出版社，2009.

[3]黄锐.Beijing798——再造的工厂[M].成都：四川美术出版社，2008.

[4]高名潞.墙：中国当代艺术的历史与边界[M].北京：中国人民大学出版社，2006.

[5]刘健.基于区域整体的郊区发展——巴黎的区域实践对北京的启示[M]，南京：东南大学出版社，2004.

[6]于长江.宋庄：全球化背景下的艺术群落[J].艺术评论，2006（11）：26-29.

[7]陈秀珊.我国自由职业者的特性及发展对策分析[J].经济前沿，2004（12）：56-60.

[8]郭晟."自由职业者"，另一种创业[J].出版参考，2003（02）：33.

[9]徐讲善，崔军强."自由职业者"探秘[J].记者观察200（04）：46-48.

[10]余丁.从艺术体制看当代艺术——三论中国当代艺术的标准[J].中国美术馆，2007（11）：67-69.

[11]高名潞.中国现代美术背景之展开[J].美术思潮，1987（1）：40-48.

跨界 融合
——避暑山庄数字化复原与艺术再现

作　　者　吴晓敏[①] 陈　东[②] 范尔蒴[③] 王小红[④] 曹　量[⑤]
（注：①．③．④．⑤中央美术学院建筑学院；②承德市文物局）

摘　要：中央美术学院吴晓敏与承德市文物局陈东合作主持的《避暑山庄清代盛期原貌数字化复原设计研究及艺术再现》课题组，自2014年起指导中央美院建筑学院硕士生开展系列教学课题，至今已完成8组园中园的复原，另有10组正在进行中。计划今后五年中对避暑山庄内30组已毁建筑群进行复原，通过文献图档考证和遗址勘察，逐一绘制复原图纸和数字界画，制作数字模型、数字动画、版画、VR、实体模型和烫样；在今后10年内完成避暑山庄建筑群在清代盛期山形水系、园林建筑、装修陈设、植物配置等的复原和艺术表现，实现建筑史研究与绘画的跨界融合。

关键词：避暑山庄；数字化复原；数字模型；数字动画；界画；版画

1. 研究背景与研究现状

承德避暑山庄从清康熙42年（1703年）起，经过八十多年的大治营建，形成了包括3组宫殿、15座寺庙、50组庭园、73个亭子、10座城门和100余座桥闸等在内的庞大建筑群，总建筑面积达10万多平方米，规模在现存中国古典园林中最为宏大。避暑山庄的营建基于“江南塞北巧安置，移天缩地在君怀”的宫苑建置理念，全面集中了当时建筑群规划与单体建筑设计的精华，不仅代表着中国古典园林设计的最高水平，同时也是18世纪世界园林成就的杰出代表，名列联合国世界文化遗产名录。

然而，这座“南秀北雄”的皇家园林在清末国力衰微之后历经野蛮劫掠与破坏，至新中国成立初期原有建筑近90%被毁。到目前为止，康乾72景虽已恢复55景，园林植物景观也恢复到原貌的65%，但各种因素仍在导致某些保护修缮错误和损坏。避暑山庄内现存44处古建遗址，其中很多都曾是标志性园林，现在只能通过凭吊遗址去遐想了。

与此同时，长期以来对避暑山庄的研究大多局限于理论性描述，测绘整修也仅仅针对现存建筑，少量原址上复建的建筑也还存在问题。对于大量损毁严重和基址无存的建筑，及对已经湮灭的山林水系经营意图的文献性复原研究近年鲜有进行，对遗址的勘察测绘和复原设计绘图工作更亟待全面开展。这种现状与避暑山庄在世界文化史和建筑史上的地位是完全不相称的。

针对这一状况，中央美院建筑学院吴晓敏和承德市文物局陈东合作制定了旨在直观再现避暑山庄清代盛期（主要是康乾时期）原貌的研究课题，旨在通过绘制避暑山庄内30组园林及宗教建筑的复原图和界画，及对山形水系、假山、桥闸等重要园林要素进行复原研究，据此制作反映避暑山庄清代盛期原貌的复原数字模型、数字动画、VR和界画、版画等，并在此后5-10年内最终全部复原避暑山庄园林建筑及山形水系的清代盛期风貌，使游客在游览避暑山庄现存遗址时，能通过手机平台欣赏盛世园林景象，再现这一微缩了全中国版图的皇家园林的盛世绝响。

2. 研究空白使研究的跨界融合成为可能

在避暑山庄相关研究中，仍存在许多问题和空白：首先是学术界大多偏重于文献考证和理论描述，实地的勘察测绘和考古复原却少之又少，目前所知有王世仁、孙大章、周维权、陈耀东、孟兆祯、陈东等少数学者曾从事过该项工作；多年以来，除天津大学的《承德古建筑》外，几十年中几乎再未出现过其他较高质量的测绘图集；第二，当前相关课题的研究者多、论文多，但有独到观点和创新发现者少；第三，已有成果中对于山庄保存完整和已经复建的建筑考据和叙述多，而对于已经残毁的建筑却语焉不详；第四，已有成果中对于建筑的时代背景、建置缘起及建筑形制的论述多，而对建筑的设计思想及建置过程常常一笔带过，不甚明了，而事实上这些内容在宫廷档案中大多都有极为详备的记载可查；第五，关于避暑山庄山形水系、地貌营造、植物配置及环境规划的研究很少，已有的成果不够深入和系统；第六，许多学者的研究多基于避暑山庄的建筑现状，而不是基于山庄最繁荣的时期——清代康乾盛世的原貌进行。避暑山庄在清代盛期的原貌，即本课题的研究主旨，在当前研究中仍属明显薄弱环节；第七，未见采用实测图、数字复原图、实体模型和数字模型、数字动画、VR等图像化科技手段来综合表达复原成果；至于对研究成果进行艺术再现，如绘制手工界画、不同角度的数字界画，以及在原有木刻版画《御制避暑山庄图咏》的基础上，根据准确的数字模型重新刻版制作木刻版画，更属空白。在2018年5月在中国园林博物馆举办的避暑山庄和外八庙珍宝展上可以看出，对避暑山庄开展数字化复原研究，并将成果进行图像化、视觉化、科技化表达，是当前研究亟待填补的空白。在此基础上继承传统界画、版画手法进行艺术再现，则是建筑史研究与传统山水画、界画和版画艺术的跨界融合，具有极为突出的美院学术特点：即强调研究成果的视觉表达和艺术化。

2008 年始，吴晓敏开始筹备《避暑山庄清代盛期原貌数字化复原设计研究》这一课题。2009 2011 年，吴晓敏在王世仁先生的指导下，完成了避暑山庄山区青枫绿屿、静含太古山房等 7 个园中园的前期复原制图工作；并于 2014 年开始和承德文物局陈东一起培养硕士生开展相关研究；2016 年来陆续完成了清舒山馆、梨花伴月、秀起堂、碧静堂、食蔗居、山近轩、清溪远流、清音阁等 8 组；在学硕士生的香远益清、临芳墅、戒得堂、宜照斋、珠源寺等和课题组其他学者的如意洲、烟雨楼、文津阁、有真意轩、澄观斋、广安寺、碧峰寺等点状课题均在进行之中，横向课题《山形水系》、《山庄桥闸》也已开始。未来三五年内研究成果将以三十组研究论文、复原图纸、界画、版画、数字模型、数字动画和实体烫样来表现，并期望重新绘制《避暑山庄及周围寺庙全图》，反映其在乾隆盛期“移天缩地在君怀”的宏伟图景。避暑山庄复原设计研究将具备前所未有的规模，在当前国内的硕士建筑历史教育中也将作为重要成果呈现。

3. 复原研究与艺术再现的创新

（1） 跨界融合、综合性强、首创体现中央美院造型艺术特色的建筑史研究：建筑史 + 高科技 + 绘画造型三结合；综合建筑史、园林史、文史考古、建筑测绘、中国古建筑设计、计算机建模、中国山水画、界画、木刻版画及样式雷图样等进行跨学科研究；采用三维激光扫描、无人机等现代化测绘手段进行遗址测绘；采用计算机辅助设计和 3D 技术进行复原研究；使用实测图、复原图、手工模型、3D 打印模型、数字三维动画和VR技术展示数字化复原成果；使用能够反映出美院造型艺术学科特点的手工着色模型（烫样）、手绘界画、多角度数字界画和木刻版画来进行艺术再现。这些高科技、建筑制图和绘画手段并用的研究成果将填补避暑山庄在当代学术研究和艺术表现领域的空白，并达到国内外建筑史界前所未有的研究创新度。

（2） 规模庞大的系列课题：大课题之下包括至少 30 个子课题，复原对象包括避暑山庄已毁的山区园中园、供祀民间神祇的庙观；湖区园中园和宫殿，以及外八庙中已毁的几座寺庙。是一个可以指导硕士研究生开展十年以上的庞大课题。

（3） 教学科研紧密结合，以教学促科研，教学效果明显，支撑建筑学院“建筑遗产保护”二级学科。在已完成的 8 例教学实践中，来自不同专业（环艺、展陈、室内、动画）的 8 位硕士研究生在短暂的一年多时间里，在科研团队的密集指导下，迅速掌握了驾驭古代文献的技巧和设计中国古建园林的技能，在拓宽择业范围的同时，大幅提高了自身的就业竞争力。课题开展几年以来，指导的学生多次获得美院“千里行奖”、优秀毕业生奖、国家奖学金等，显示了极佳的教学效果，也为建筑学院的遗产保护学科方向撑起了一片天空。

（4） 课题教学科研团队实现了中青年结合、校内跨专业结合的梯队：目前课题团队中有建筑学院教授 2 位（吴晓敏、王小红），副教授 1 位（吴祥艳），讲师助教四位（范尔蒴、刘焉陈、曹量、吴昊）；中国画学院山水画系教授 1 位（丘挺）。部分课题工作将联合建筑学院（复原研究及设计）、中国画学院山水画系（界画素材绘制）、造型学院版画系（图咏版画制作）、雕塑系（模型地形雕刻）的学生共同开展。

（5） 校内外研究团队开展横向联合教师 + 避暑山庄研究和工程人员 + 专业山水画家：本系列课题系中央美院教学科研团队直接与承德文物局及避暑山庄管理处的研究及工程人员合作开展教学科研，既使建筑学院相关专业研究生能得到专业性和实践性极强的场地训练、技能训练和知识积累，也使课题组能够获得大量一手甚至独家复原资料，从而使本研究能够达到以往建筑史学界在本研究领域从未达到过的深度、高度和广度。

（6） 弘扬中国传统文化，提升民族文化自信：通过本教学科研课题的开展，让部分相关专业青年教师和研究生了解到中国传统文化之博大精深；通过课程展览，也在央美及更大范围内传播了中国传统文化。

对避暑山庄清代盛期原貌进行数字化复原和艺术再现，一方面是为呈现中国古代建筑文明曾经达到过的高度 辉煌，提高当前我国社会对于民族传统文化的自信；另一方面，也是为避暑山庄今后的文物和环境保护、复建和可持续发展进行最基本的准备工作。避暑山庄之中所体现出的中国古代传统建筑创作的本质性方法，对于现代中国社会仍具有巨大的潜在价值，必将成为今后探索具有中国特色的多元化现代建筑创作所能借鉴的经验方法，为中国当代建筑设计注入新鲜的生命力，表1、图1～图10。

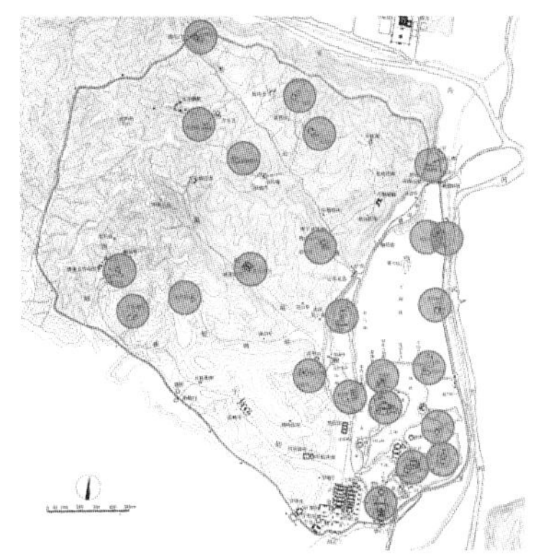

图1 研究课题分布图（园林与寺庙）

表1 避暑山庄复原研究课题情况

序号	项目名称	负责人	进展情况	序号	项目名称	负责人	进展情况
1	清舒山馆	申明	已完成	18	珠源寺	杨莹	研究中
2	秀起堂	徐礼仰	已完成	19	广安寺	王杰	研究中
3	碧静堂	陈东	已完成	20	碧峰寺	吴晓敏	研究中
4	食蔗居	姚远	已完成	21	山形水系	吴祥艳	研究中
5	梨花伴月	穆高杰	已完成	22	山庄桥闸	王若嫱	研究中
6	清溪远流	黄畅	已完成	23	永佑寺	待定	待开展
7	清音阁	李梦祎	已完成	24	同福寺	待定	待开展
8	山近轩	李蕙	已完成	25	汇万总春之庙	待定	待开展
9	香远益清	姜英杰	研究中	26	旃檀林	待定	待开展
10	戒得堂	鲁承文	研究中	27	广元宫	待定	待开展
11	临芳墅	宁郁玮	研究中	28	假山	待定	待开展
12	宜照斋	邢梅	研究中	29	植物配置	待定	待开展
13	如意洲	马骁	研究中	30	建筑法式	待定	待开展
14	文津阁岛	于洋	研究中	31	建筑选址与布局	待定	待开展
15	烟雨楼	陈东	研究中	32	匾额楹联	待定	待开展
16	有真意轩	王炜	研究中	33	外檐装修	待定	待开展
17	澄观斋	马骁	研究中	34	内檐装修	待定	待开展

图2 黄畅《清溪远流》鸟瞰图

图3 黄畅《清溪远流》东

图4 黄畅《清溪远流》北侧立面

图5 黄畅《清溪远流》鸟瞰局部图

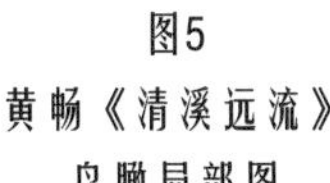

图6 李梦祎《清音阁》鸟瞰局部图

图7 申明《清舒山馆》鸟瞰图

图8 李梦祎《清音阁》鸟瞰图

图9 画家正在手绘界画

图10 御制避暑山庄图咏中的木刻版画
课题将基于复原模型重新制作复原版画

参考文献

[1] 王世仁. 当代建筑史家十书，王世仁中国建筑史论文集[M]. 沈阳：辽宁美术出版社，2012：492.

[2] 吴晓敏. 因教仿西卫，并以示中华——曼荼罗原型与清代皇家宫苑中藏传佛教建筑设计的类型学方法研究[D].天津：天津大学，2001.

中央美术学院
建筑学院

多专业融合视角下的“清代皇家园林赏析”课程——教学方法与成果

作　者　吴祥艳

摘　要：“清代皇家园林赏析”课程为本人在央美建筑学院开设的面向全院各专业同学教授的赏析类课程（全院选修），旨在开拓学生视野、形成跨专业的交流与思考。该课程依托北京丰富的明清皇家园林遗存以及本人多年对清代皇家园林的研究。教学方法采取理论讲授与现场采风相结合，带领各专业同学以不同的视角审视清代皇家园林文化遗产，并探讨其传承和现代性问题，从而更好地发挥古典园林文化遗产在现代生活中的作用。

关键词：全院选修；清代皇家园林遗产；传承；现代性

1. 课程设置背景

中央美术学院在每年的第三学期（五六月份），要求各院系教师面向全校开设选修课程，以形成跨学科的交流与合作，开拓学生视野。本人自 2014 年始，开设“清代皇家园林赏析”课程，至今已有 4 年（中间因本人出国访学停课两年）。该课程在 2015、2018 年度被评为校级优秀选修课程。“清代皇家园林赏析”课程周期为一个月，每周 5 次课，周学时 20，总学时为 80，选课人数 25 人。

本人之所以选择“清代皇家园林”作为授课方向，源于以下四点：首先，国家对历史文化遗产的日益重视。清代皇家园林遗产是我国古典园林的精髓，也是北京城区最重要的文化遗产地，希望通过此课程的讲授，让更多的人关注并愿意为古典园林的保护和传承贡献力量；第二，北京自元代以来即为都城，历金明至清朝日臻完善。北京皇城以及西北郊至今仍保存着明清两朝，尤其是清朝皇家园林的实物，为我们研究清代古典园林与建筑文化、清代宫廷文化等提供重要的证据；第三，本人从博士以来，持续进行以圆明园为代表的清代皇家园林研究，对北京的皇家园林较为了解；第四，中央美术学院位于北京，与北京的皇家园林咫尺之遥，得天独厚的教学条件为本课程奠定了良好的基础。

2. 授课对象

（1）选课学生专业分布

学生群体的多元是本门课的最大特点，也是开设全院选修课的初衷：希望借由本门课的教学，让更多同学了解和认识北京的皇家园林文化，并不断探讨当下皇家园林保护和利用的问题。笔者对 2014 年、2015 年、2018 年三届选课学生的专业构成和数量进行了分析，发现中国画学院、造型学院、设计学院、人文学院为本门课学生主要来源院系，且设计学院一直是选修本门课学生数量最多的。此外，2018 届增加了艺术管理学院，详见表 1。对 2014 和 2015 年两届学生的专业构成进行分析发现：各专业选课人数多少规律性不强，并且受到总体选课人数的限制，基本上每个专业有 1 ～ 3 人左右，2015 年设计学院视觉传达专业有 7 人选修，属于较为特殊的例子，详见表 2、表 3。

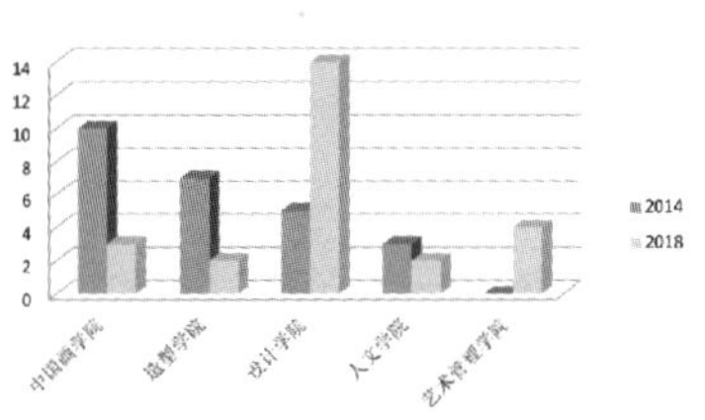

表 1 2014、2018年度各院系选课人数比较

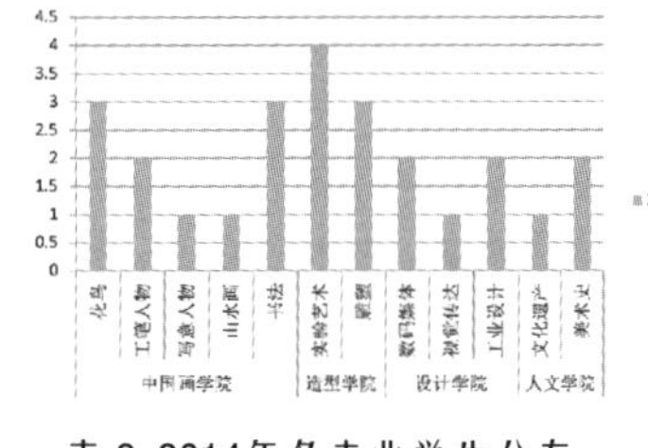

表 2 2014年各专业学生分布

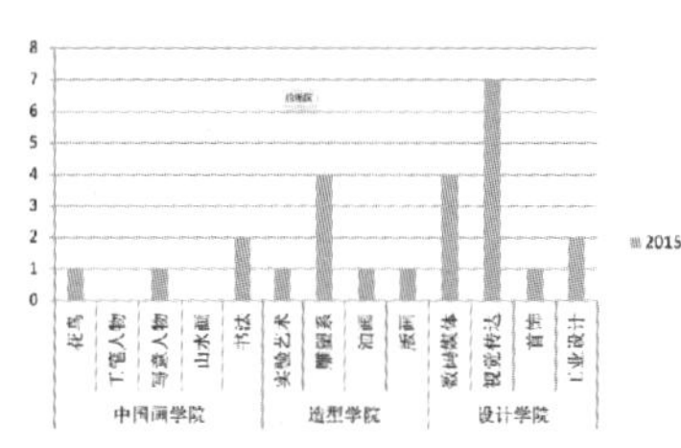

表 3 2015级各专业学生分布

（2）学生选课动机

笔者在制定课程计划前特意安排了一次学生选课动机的调查，重点考察学生选修本门课的期望。中国画学院的学生提到他们对园林感兴趣，希望了解清代的园林和清代历史；造型学院的学生提出希望了解古典园林中的雕塑，以及专业人士看待园林的视角；设计学院的学生则主要希望了解中国古典园林设计相关知识；人文学院的学生学习过园林史，因此想了解更多的古典园林知识。

3. 课程性质与教学目标

（1） 课程性质

本门课确定为以基础理论讲授为主体的赏析类课程。面对上述各专业同学的需求，首先归纳总结中国古典园林的历史沿革、空间创作手法、哲学思想等，让同学们脑海中形成一个较为系统完整的认识；接下来讲述清代社会的背景以及清代皇家园林兴盛的缘由，并逐一分析清代皇家园林个案，对颐和园、圆明园、北海等园林空间进行实地踏访，感受其三维空间的艺术魅力。

（2）教学目标

作为面向全院的选修课，笔者一直在思考以下两个问题：第一，针对选修课同学专业背景的差异，如何更好地让大家从这门选修课上有所收获？如何引导大家认识古典园林并在学习过程中获得各自专业上的营养？中国传统园林在世界园林体系中占有独树一帜的地位，取决于它与传统文学、绘画、诗歌、雕塑、书法等艺术门类之间千丝万缕的联系（图 2）。古典园林全盛期最重要的标志就是写意山水园（即文人园林）达到顶峰，例如宋徽宗的艮岳、苏州四大名园等，这些园林与山水诗、山水画的形成发展紧密联系。园林主人无论是皇帝还是士大夫阶层，往往都是诗、书、画三绝的巨匠。因此，古典园林承载各艺术专业的信息，将其挖掘出来，并总结其各自的特点和规律，与同学们共同讨论，一定会激发各专业同学的兴趣。第二，央美景观专业依托中央美术学院的艺术大背景，这是区别于农林院校、理工院校的办学优势，然而，如何充分利用好这一背景条件，将景观专业教学做得更有特色？也是我一直关心并思考的问题。依托北京得天独厚的皇家园林资源，发挥央美艺术院校的优势开设这门选修课，用多专业眼光思考古典园林在今天如何被保护、利用和传承的问题，是本门课尝试探索的方向。期待跨学科的交流能够激发多样的火花，丰富古典园林的研究成果。概括起来，本门课的教学目标如下：

1）传播中国古典园林知识。首先，讲授中国古典园林纵向发展脉络，明确清代皇家园林在中国古典园林发展史上的地位，帮助同学们建立起系统认识清代皇家园林的视角；其次，通过横向比较认识中国古典园林在世界古典园林体系中的地位。

2）分析古典园林创作手法。《中国古典园林分析》[2]用图示的方式从宏观层面总结归纳了中国古典园林空间创作手法：外向与内向、看与被看、主从与重点、空间的对比、藏与露、引导与暗示、疏与密、虚与实、蜿蜒曲折、高低错落、仰视和俯视、渗透与层次、空间序列等，并对堆山叠石、庭园理水、花木配置等方面做了较为详细的分析研究，为本门课分析认识清代皇家园林奠定了理论基础。笔者结合多年来“数字再现圆明园”[3]、“中国古典园林量化类型研究”等多方面的研究实践，带领同学们逐一解析清代皇家园林的创作背景、空间布局与造景手法，并从山水、建筑、花木等园林构成要素以及组合关系入手，深入剖析颐和园、圆明园、北海等多个清代皇家园林个案，探寻皇家园林的创作规律，为各专业同学打开一扇了解我国古典造园艺术精髓的窗口。

3）以不同专业的视角探讨古典园林文化遗产保护和传承的问题。“遗产本身也要发展，需要适应当地居民对生活条件改善的需求，以及作为城市功能区的一个组成部分，承接宏观背景赋予它的新功能，在新产生的社会交往中迸发新的文化创意的火花，并产生出新的影响力”[4]。清代皇家园林发展到今天，其功能属性发生了很大变化：从帝王私有转变为百姓公有，皇帝园居理政的空间转变为公众游览休憩的公园。在这一转变过程中，人流量比原来增加了很多倍，园内的道路、休憩设施均不能满足现代公园的要求，如何定位这些园林遗产，控制好人流量，在保护好文物的同时开放给游客，让世人能够亲眼目睹中国古典园林的风采？我们把这些问题搜集起来让同学们去判断，去思考，并结合各自的专业知识给出答案。

4. 主要授课内容与授课方法

清代皇家园林赏析课程总学时为 80，需要在一个月内完成，每周需要完成 20 学时。笔者根据上文的教学目标制定了课程的基本框架（表 4）。主要分为三个板块：课堂讲授（8 次，32 学时）、现场考察（4 次，每次近 8 小时，共 32 学时）、课外练习（4 次，16 学时）三个环节，整体学时比例为 2 ： 2 ： 1。

（1）理论介绍——课堂讲授

课堂讲授是理论教学的基本形式，也是本门课程的核心。中国古典园林博大精深，内容丰富，如何能够在有限的时间

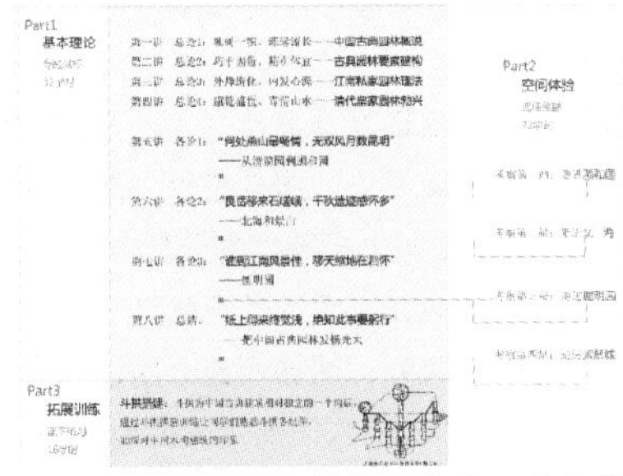

表 4 清代皇家园林赏析课程结构（作者绘制）

内抓住核心问题，让非风景园林专业的同学对中国古典园林产生兴趣并能够掌握古典园林的精髓则是理论讲授的关键。经过充分的思考和比较，笔者选择了从总论到各论再到总结的“总-分-总”的讲解方法。总论主要讲授中国古典园林发展历史分期及特点；江南私家园林与北京皇家园林在创作手法上的异同；古典园林空间构成要素特点；清代皇家园林政治、经济、文化、社会背景等。帮助同学们建立起对中国古典园林的宏观认识，在此基础上对清代皇家园林个案进行分析。各论讲解分三个专题，清漪园和颐和园、北海和景山、圆明园，分别阐释三座园林历史发展变迁与创作手法等。最后一讲进行总结。此外，鉴于4小时的理论讲授时间太长，同学们在后半段容易出现疲劳、注意力不集中的情况。为了活跃课堂气氛并调动大家的积极性，我把4学时的理论课划分为两个时段：即3小时的专题讲座和1小时的交流讨论，专题讲座环节由教师主导，讨论环节则由学生主导，要求同学们结合自身专业特点就当日讲座内容展开深入的交流。具体课堂讲授内容如下：

第一讲（总论 1）：独树一帜、源远流长——中国古典园林概说。

梗概地梳理中国古典园林在世界园林体系中的地位，以及中国古典园林的纵向发展简史并总结各时期的特征、代表作品（图 1）。培养学生的全局观，让同学们从宏观视角审视我国古典园林文化遗产，并建立起立体的古典园林知识网络。

第二讲（总论 2）：巧于因借、精在体宜——古典园林要素建构。首先，重点介绍计成在《园冶》[5] 兴造论提出的：巧于因借、精在体宜的基本原则，这一原则强调园林山、水、树、石以及建筑等元素的设计均要充分考虑园林所处的自然环境。其次，对古典园林空间与现代园林空间构成要素进行比较，从而更好地理解古今园林的差异。例如建筑元素，古今园林空间内的建筑在功能、数量、风格、形式、尺度等方面均有不同。古典园林空间是少数人居住生活的场所，是“放大”的家，园林建筑与园主人的日常生活联系紧密，建筑功能多样、数量众多。私家园林由于空间较小，以休息会客的厅堂、赏景游观的亭榭、读书作画的书屋、曲折变幻的游廊等为主。皇家园林由于尺度较大，皇帝不仅在园中居住，还需要处理国家政务，因此园林中专门设有庞大的前朝理政建筑群，此外还有宗教祭祀建筑和观演建筑群等。园林建筑形制和做法均有严格的等级和范式要求，不能逾越。现代园林则不同，家的私有属性消失，变身为满足公众游憩休闲使用的公园。游客白天游园、晚上回家。园林建筑数量大幅度减少，只需要设置少量休憩、服务型建筑，如游客服务中心、公厕、餐饮等设施。建筑的形式和风格也比较灵活，多采用较为现代的建筑样式。其他元素的变化也有类似的规律。本讲对古典园林要素与现代园林要素进行对比分析，能够帮助同学们认识古今园林空间演变的真正原因，用发展的眼光看待事物。

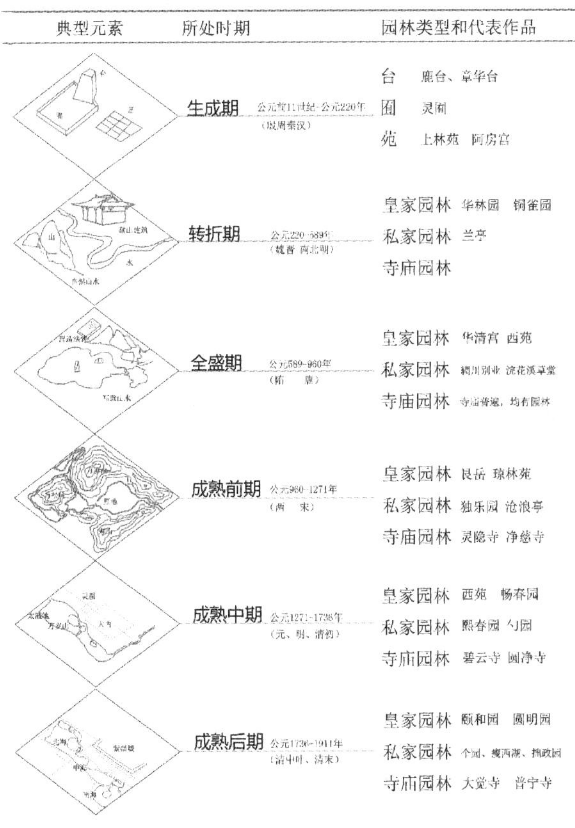

图 1 中国古典园林发展简史

第三讲（总论 3）：外师造化、内发心源——江南私家园林理法。

江南私家园林主要分布在扬州、苏州、南京、吴兴、上海、南浔、常熟、无锡等地，与北京、承德的皇家园林共同构成中国古典园林的精髓。然而，由于江南私家园林多位于城市地带，与宅院相邻，在平地上筑山凿池、点缀花木，再现自然山水林泉之景，园林主人足不出户便可游观山水、享受山林之乐，故又称其为“城市山林”。由于园林空间有限，所以，园林主人多采用写意手法，按照画理进行空间布局和景点安排，动静、虚实、俯仰、因借、对比、曲折等手法的运用，力求小中见大、妙趣横生。而北方皇家园林多选址在自然风景优美的城郊地带，以自然为蓝本，加以规度整理而成。两类园林尽管基址条件和自然气候不尽相同，却追求共同的园林理想：本于自然、高于自然，建筑美与自然美的融揉，诗画的情趣，意境的含蕴[1][8][10][11][12]。对江南私家园林理法的总结归纳可以为清代皇家园林创作手法的讲解做铺垫，通过横向比较，让同学们抓住各自的特点。

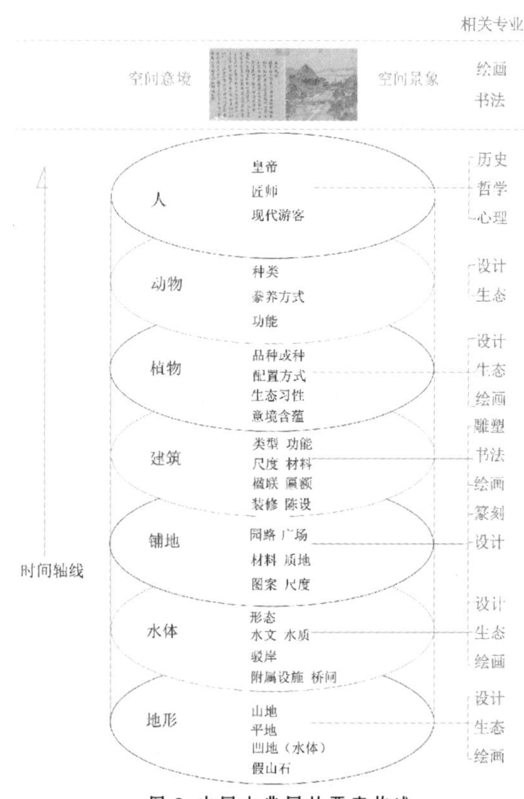

图 2 中国古典园林要素构成

第四讲（总论 4）：康乾盛世、寄情山水——清代皇家园林勃兴。

清代皇家园林的真正缔造者是皇帝本人，皇家园林之所以能够在清朝达到巅峰，离不开“康乾盛世”殷实的社会经济基础，以及满族皇帝“山水之乐不能忘于怀”的思想追求。因此，让学生了解清代社会以及康雍乾三代帝王的特点是认识清代皇家园林的基础。此外，清朝帝王之所以选择北京西北郊建设皇家园林集群，取决于西北郊优美的自然环境条件。由“畅春园、颐和园、静宜园、静明园、圆明园”共同构成的清代西北郊“三山五园”园林群是清代帝王经营的重点，也是清朝帝王长期驻跸的场所，其使用率远远高于大内园林。

第五讲（各论 1）：“何处燕山最畅情，无双风月数昆明”[6]——从清漪园到颐和园。

首先讲述从清漪园到颐和园的发展变迁史，追问乾隆皇帝修建清漪园的真正目的。清漪园是颐和园的前身。乾隆初年乾隆帝为了筹备崇德皇太后的 60 大寿，以治理京西水系为藉口下令拓挖西湖，保证宫廷园林用水，并为周围农田提供灌溉用水。后以汉武帝挖昆明池操练水军的典故将西湖更名为昆明湖，将挖湖土方堆筑於湖北的瓮山，并将瓮山改名为万寿山。1860 年，清漪园被英法联军大火烧毁。1884 ～ 1895 年，为慈禧太后退居休养，以光绪帝名义下令重建清漪园。由于经费有限，乃集中财力修复前山建筑群，并在昆明湖四周加筑围墙，改名颐和园，成为离宫。接下来分析清漪园的造园手法和特色。最后总结归纳清漪园和颐和园两个时期园林景物的主要差别。

第六讲（各论 2）：“艮岳移来石嵯峨，千秋遗迹感多”[7]——北海和景山。

海和景山毗邻紫禁城，与北京都城发展联系紧密。北海园林初创于辽代，金代建成了规模宏伟的太宁宫。太宁宫沿袭皇家园林“一池三山” 的规制，并将北宋汴京艮岳御园中的太湖石移置于琼华岛上。至元四年（1267 年），元世祖忽必烈以太宁宫琼华岛为中心营建大都，琼华岛及其所在的湖泊被划入皇城，赐名万寿山、太液池。永乐十八年（1420 年）明朝正式迁都北京，万寿山、太液池成为紫禁城西面的御苑，称西苑。明代向南开拓水面，形成三海的格局。清朝承袭明代的西苑，乾隆时期对北海进行大规模的改建，奠定了此后的规模和格局。景山，始于元代青山，属于元大内后苑的范围。明代在北京修建皇宫时，曾在这里堆过煤，所以又称煤山。景山正好位于全城中轴线上，又是皇宫北边的一道屏障，所以，风水术士称它为 " 镇山 "。明清时园内种了许多果树，养过鹿、鹤等动物，因而山下曾叫百果园，山上曾叫万岁山。清顺治十二年(1655年)改名为景山。

该讲以历史发展为线索，首先梳理北海、景山与元、明、清三代北京城规划建设的关系；然后，重点讲授北海公园的造园手法和特点。

第七讲（各论3）：“谁到江南风景佳，移天缩地在君怀”[8]——圆明园。

圆明园被法国大文豪雨果盛赞为“梦幻艺术的典范”。然而，她的辉煌盛景已经成为300年前的一段过往，今日遗址上的断壁残垣似乎还在诉说那段令人心痛的经历。本讲首先阐述圆明园初建、鼎盛、被焚毁、修复的历史，以及今天遗址公园规划的系列内容。让同学们知道圆明园不仅是爱国主义教育基地，更是一座举世瞩目的万园之园。然后，借助本人参与多年的“数字再现圆明园”课题研究成果，向同学们展示圆明园曾经的辉煌。盛期的圆明园，依托海淀丰富的水源条件，建设成为低丘岗阜连绵起伏，水网纵横交错，建筑富丽堂皇的大型集锦式水景园。其烟水迷离、委婉秀丽的园林景物与颐和园、北海形成强烈的对比。园内一百多处建筑风景点，不仅功能多样，造型独特，而且收藏有很多珍贵的珠宝、古董、字画等，此外，还有作为中西文化交流、体现大国猎奇思想的西洋楼景区，其富丽堂皇的景象另人叹为观止。最后，让同学结合现场调研深入思考圆明园遗址保护和利用问题。

第八讲：“纸上得来终觉浅，绝知此事要躬行”——总结前面七讲内容。以清代皇家园林为代表的中国古典皇家园林博大精深，要想能够更全面的掌握古典园林知识，必须不断学习、多次去现场考察、反复研究揣摩，方能获得古典园林真谛。

（2）空间体验——现场踏勘

园林是三维的时空艺术，理论课堂上讲授的知识只有与园林现场相结合才能获得更直观深刻的体验。我建议同学们在皇家园林现场考察时建立起两个时空概念：第一，在场。即把自己想象成大清的皇帝或皇妃，皇子或公主，穿越到300年前的大清王朝，体会当时园林主人的所思所想，感悟空间景物的意境内涵。第二，离场。以现代人的视角旁观300年前的园林建设，并与我们生活的时代进行对比，寻找不同时代背景下园林创作的规律。该课程共安排四次现场踏勘：

考察第一站，走进颐和园。有了前面五讲的理论铺垫以后，带领学生进入颐和园。颐和园是清代皇家园林中保存最为完好的作品，其依托万寿山昆明湖形成的宏大山水格局最能体现皇家园林的恢弘气势。在颐和园现场复习课堂上讲授的历史知识；颐和园与清代西郊园林的整体关系；颐和园建筑、山水、植物等各园林要素的建构手法；“君子比德”、“诗情画意”、“政治寓意”等皇家园林特色是如何体现的；以及“借景”、“框景”、“透景”等手法的运用。

考察第二站，走进北海。北海位于皇城之内，区别于西北郊的皇家园林集群，且是北京清代皇家园林中历史最为悠久的园林。其空间特点接近颐和园，以宏大山水取胜，同时，因其位于皇城内，占地面积相对狭窄，空间处理上也更为精细。现场讲解北海的整体山水布局特点，并且对静心斋、画舫斋等两处小园林的山水树石以及园林建筑进行重点参观和讲解。

考察第三站：走进圆明园。重点考察圆明园西部景区园林遗址的现状、山形水系、道路、标识系统以及现状植物等，分析现状景物与历史盛期景物的差异性。东部长春园景区重点考察含经堂遗址，向同学介绍文物考古发掘和保护展示的相关知识。虽然遗址现场大部分建筑风景点以及历史上的植物景观已经湮灭，但同学们依然能够感受到圆明园曾经的辉煌。同时，遗址现场的凄凉景物更能够激发同学们发愤图强的决心。今日传统园林之于游客的作用，不仅在于娱情、娱目，而且能够达到一定的教育目的，也是很有价值的。

考察第四站：走进紫禁城。紫禁城是元、明、清三朝宫城，城内包含大小宫殿七十多座，房屋九千余间，是世界上现存规模最大、保存最为完整的木质结构古建筑之一。除此以外，紫禁城内还有御花园、慈宁宫花园、建福宫花园等多座大内园林。考察最后一站，带领同学们走进紫禁城，探访大内园林，并与西郊园林进行对比，总结各自的特点。

（3）拓展训练——课后练习

为了让同学们更深入地了解古建筑知识，我给同学们安排了一个斗栱搭建的课外作业，要求大家首先用电脑软件把斗拱模型建出来，然后，拆分出每个构建，制作搭建动画，最后再选择木材或轻质材料，进行实体切割，完成组装。

5.课程作业与成果展示

（1）作业题目

笔者在四年教学过程中立足于北京城市发展变化的宏观背景，不断思考如何保护和传承清代皇家园林文化问题，并期望通过课程作业让同学们进行更深入的思考。

作业题目：中国古典园林现代性思考（2014-2018年）。

要求同学们根据课堂讲授内容，结合现场踏勘等，把自己学习的感受和体会，尤其是对清代皇家园林特色的理解，以及如何在当今的北京城市建设和市民生活中发生作用进行深入思考，并以各自擅长的方式表达出来。表达方式根据各自专业特点自选，可以是绘画、书法，也可以是雕塑、设计创作，抑或是论文等其他方式，详见优秀作业展示图3。在学生作业环节，我特别强调同学们要结合自己专业特长进行“中国古典园林现代性”的思考。主要目的是希望激发同学根据所见所闻去进一步思考，不要仅仅停留在事物的表象。

（2）作业成果

从作业成果来看，设计专业的同学多采取他们较为擅长的设计、构成等方式来表达自己对园林的感受，其创作视角有从园林整体布局出发，也有从局部要素出发；通过对古典园林色彩、形式、某一景物特殊情感的抽提，展开不同主题的创作；人文学院和艺术管理学院的学生则主要进行所见景物的思考和评述，并结合当下遗产保护、博物馆管理等多角度的思考。上述作业成果呈现出对传统园林的多样化理解，这或许也会成为突破性地研究古典园林空间的有益尝试。限于篇幅，本文只展示设计学院阳涛同学的作业。

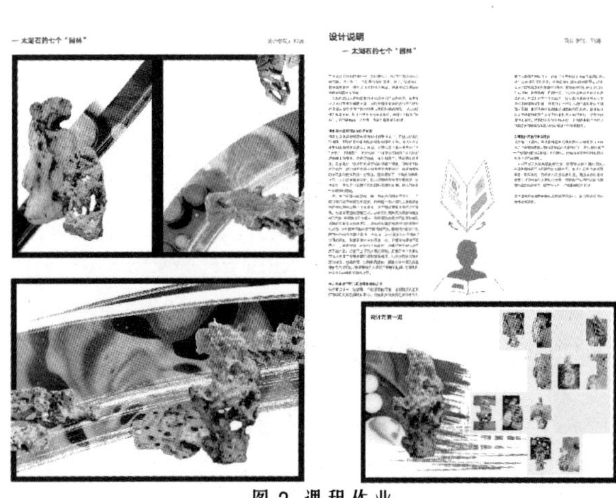

图 3 课程作业

6. 结语

“清代皇家园林赏析课程”经过四年的摸索和积累，已经形成了较为稳定的课程架构，课程组织方法也基本固定下来。本人期望能够把这门课程持续开设下去，不断丰富课堂内容，以研助学，以教带研，更好地展示、保护、传承北京的皇家园林文化遗产。

备注：该论文是在本人提交的 2019 年西安建筑科技大学主办的“第八届世界建筑史教学与研究国际研讨会”上的论文，“基于北京清代皇家园林集群的“清代皇家园林赏析”课程教学方法与感悟”（会议发表）基础上进行的修改整理。

参考文献

[1]周维权.中国古典园林史（第二版）[M].北京：清华大学出版社，1999年10月第2版.

[2]彭一刚.中国古典园林分析[M].北京：中国建筑工业出版社，1986年12月.

[3]吴祥艳,宋顾薪,刘悦.圆明园植物景观复原图说[M].上海：上海远东出版社，2014年12月.

[4]顾玄渊.历史层积研究对城市空间特色塑造的意义——基于历史性城镇景观（HUL）概念及方法的思考[J].城市建筑，2016.6.

[5]【清】计成.园冶注释[M].北京：中国建筑工业出版社，2010年9月.

[6]【清】乾隆.昆明湖泛舟，御制诗集，二集卷二十九，四库全书.

[7]【清】乾隆.燕山八景诗叠旧作韵，琼岛春阴，御制诗集，二集卷二十九，四库全书.

[8]贾珺，圆明园造园艺术探微[M].北京：中国建筑工业出版社，2015年2月第一版，282.

[9]邵忠，江南园林假山[M].北京：中国林业出版社，2003年2月.

[10]马炳坚，中国古典建筑木作营造技术[M].北京：科学出版社，1991年8月.

[11]刘敦桢.苏州古典园林[M].北京：中国建筑工业出版社，2005年11月.

[12]刘畅.北京紫禁城，[M].北京：清华大学出版社，2009年5月第一版.

中央美术学院
建筑学院

模块化理论与在场化体验
——中央美术学院建筑学院《城市设计概论》课程教学探索

作　者　苏　勇　虞大鹏

摘　要：本文首先指出了《城市设计概论》课程的重要性，以及目前在《城市设计概论》课程教学中普遍存在的问题，接着介绍了中央美术学院建筑学院《城市设计概论》教学过程中提出的模块化理论和在场化体验教学模式，最后总结了《城市设计概论》课程的未来发展方向。

关键词：城市设计概论；模块化理论；在场化体验

前言：城市设计概论课程的意义

城市设计思想古已有之，然而具有现代意义的城市设计教育是伴随着第二次世界大战以后对以现代主义城市规划理论所带来诸多问题的反思和批判而兴起的，通常是以1956年在哈佛大学召开的国际城市设计大会作为城市设计专业教育开始的起点。[1]20世纪80年代城市设计教育伴随着中国的改革开放而被引入，又随着21世纪初中国的快速城市化而逐渐普及的，特别是2015年中央城市工作会议提出，要加强城市设计，提高城市设计水平，全面开展城市设计工作之后，城市设计教育已成为我国主流建筑与规划院校建筑学和城市规划两个专业的核心课程之一。应该说城市设计教育的开设，适应了我国城市化的飞速发展带来的对城市设计方面人才的大量需求，有力促进了中国城市建设的发展，其本身也在不断的理论和实践总结下逐步发展和完善起来。然而由于城市设计的研究内容包罗万象，设计师不仅要熟知城市规划的内容，更要具备建筑设计的知识与能力，同时还应具备与历史、经济、工程、环境生态、通信等多方面专业人员合作的团队意识，再加上5G时代来临对城市建设的巨大冲击，都要求我们要用新的眼光来重新审视目前的城市设计教育，明确城市设计教育培养目标与重点，建立与时代需求相匹配的城市设计教学体系已成为建筑规划教育界迫切的任务。

目前，我国主流建筑与规划院校城市设计教育体系主要包括理论课和设计课两大板块。由于设计课在专业必修课中所占比重大，课程设置灵活易创新，因此吸引了高校教师和学者更多的注意力，已形成不少教学改革成果。而理论课作为设计课的指导，虽然作用重大但由于教学内容和方法相对固化比较难以突破，导致在讨论城市设计教育时经常被忽视。为此中央美术学院建筑学院在一年级《城市设计概论》课程教学中提出了基于模块化和在场化的教学模式，试图在城市设计理论课程教学领域提供一种新的思路。

1. 目前城市设计概论课程中存在的问题

（1）重空间轻综合

目前我国主流院校的城市设计概论教学无论是建筑学还是城市规划专业都基本由建筑学科发展而来，理论教学比较注重城市空间设计理论和城市空间分析方法的介绍，而对与城市设计紧密相关的政治、经济、社会及生态环境等问题缺乏足够关注，显露出相关学科知识引入的薄弱甚至缺漏。

（2）重讲授轻体验

对《城市设计概论》教学而言，一方面城市设计的发展历史时间跨越千年，地域跨越东西，它所涉及的各个地区和时期的代表性城市案例众多，所涉及的教学内容也十分广泛，在有限的课时限定下，目前的教学往往只能侧重书本讲授，运用图像对重点城市进行分析，很难进行实地考察。同时，伴随着信息时代的来临，人们足不出户就可以通过网络搜索到想要了解城市的方方面面，这一方面方便了我们对城市的研究，另一方面也导致人们对城市的认识日益被数据和图像所左右，使我们对城市的理解越来越数字化、抽象化和碎片化。

侧重书本，依赖图像，缺乏在场的体验教育，使学生学习的成果往往停留在死记硬背的抽象理论、数据和图片，而与城市设计紧密相关的城市生活常常被忽视。

（3）重理论轻实践

目前国内主流院校本科阶段的城市设计教学组织多数是将《城市设计概论》和城市设计课程分开进行。这一方面导致学生在学习理论课程的过程中，由于缺乏将所学理论与具体城市设计实践的相结合，而对于抽象的理论知识无法深入理解，掌握不牢固。另一方面，当学生进入设计课阶段时，又很难将所学不精的设计理论转化为设计思路，出现理论知识与实践相脱节，与“学以致用”的教学目的相背离的现象。

以上问题的存在，使《城市设计概论》的教学容易变成一盘死记硬背知识点而忽视灵活运用知识的大拼盘，内容繁多但理解不深，很难激发学生们的学习热情。因此，我们认为需要从教学内容、教学方法及教学理论体系构建等方面对《城市设计概论》的教学进行有效地改革。

2. 中央美术学院建筑学院城市设计概论教学模式

（1）城市设计理论的模块化建构

中央美术学院建筑学院《城市设计概论》课程被安排在一年级下半学期，其教学的目的是让低年级建筑学、城市设计、风景园林专业低年级学生初步了解城市设计的定义、发展历史、研究对象与范围、理论和方法等内容。为适应各专业的学科特点，在授课中我们引入了模块化理论，对城市设计理论进行了模块化处理。

模块是一种能够独立地完成特定功能的子系统，具备可重建、可再生、可扩充等特征。模块化是指把一个复杂的系统自顶向下逐层分解成若干模块，通过信息交换对子模块进行动态整合，各模块兼具独立性和整体性。城市设计理论教学体系中的各模块是教学整体系统的子系统，在具备独立性的同时，也要受整体系统的制约。“教学模块”之间的联系遵循一定的规则，通过模块集中与分解可以生成无限复杂的系统，因此可以产生多种多样的理论与实践教学模型。

“教学模块”具有可操作性，同时也具有有机生长性，可从子模块中归纳共同点并形成新的模块，还可以从子模块中分裂出若干新模块。在模块化理论的指导下，把原来复杂的教学内容整合成一个系统，各子模块之间相互渗透、共生共融，具有动态性。既可结合学校自身特点设置模块，形成特色化理论与实践教学体系，并且模块化教学体系可随着学科的发展而不断进化和完善(图1)。

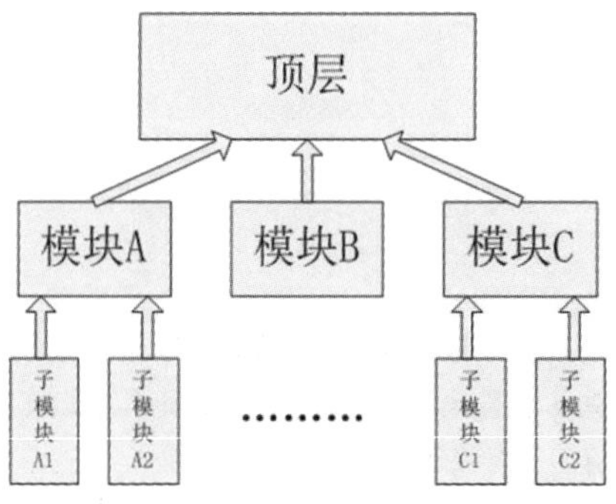

图1 模块化理论

按照模块化理论，我们先将整个城市设计理论和实践教学系统分解为城市设计发展历史、城市设计核心理论、城市设计外围理论、城市设计实例解析教学四大模块，再按照这四个大模块去设计更多的相关子模块来构成整个实践教学系统。这些子模块可根据专业需要和时代发展进行增加、减少或更新、升级（图 2)。

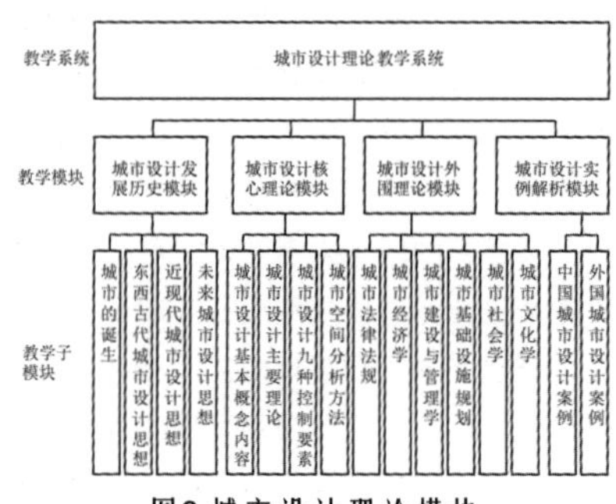

图2 城市设计理论模块

例如在城市设计发展历史模块中，包括城市的诞生、东西方古代城市设计思想、近代城市设计思想、当代城市设计思想和未来城市设计思想展望等内容。希望学生通过研究城市设计发展的历史，可以透过纷繁的城市表象，看到每一种城市设计观念和城市形态的出现都是一定历史时期社会生活发展的必然结果。

城市设计核心理论模块中，包括城市设计的基本概念及内容、层次、类型；城市设计的主要理论（基于视觉层次的理论、基于 行为心理层次的理论、基于意义层次的理论和基于生态层次的理论）；城市设计的 11 种控制要素（土地利用、公共空间、步行街区、建筑形态、交通与停车、保护与改造、环境设施、城市标志、使用活动、天际线、视廊）；城市空间分析方法（图底、联系、场所三大理论）等内容。使学生能够树立人才是城市设计的出发点和归属点，城市设计是设计城市，而不是设计建筑的核心观念(图3)。

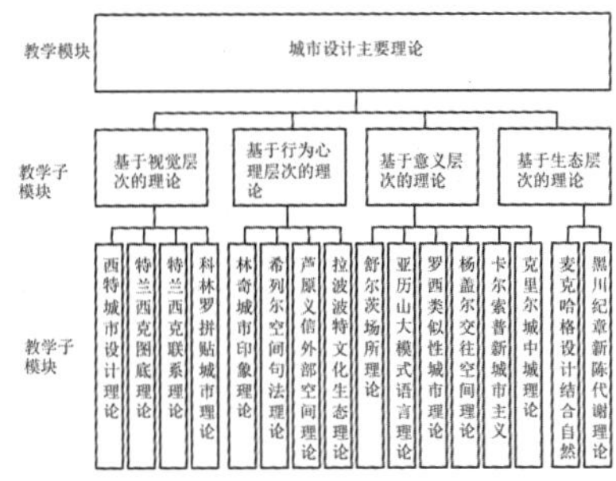

图3 城市设计主要理论子模块

城市设计外围理论模块中，包括与城市设计相关的城市法律法规、城市经济学、城市建设与管理学、城市社会学、城市基础设施规划、城市文化等方面的知识介绍，努力建构学生整体系统的城市思维，跳出一做设计就只会玩形态、狭隘程式化的设计模式，真正主动关注环境中人、自然、文化的相互关系。

城市设计实例解析教学模块中，以古今中外著名的城市设计实例为依托，分析其背景、原因与经验教训，总结设计方法，启发学生主动体验和分析自己生活或访问过的城市，以便今后可以将学到的理论合理运用到自己未来的设计中去。

（2）城市设计理论的在场化体验

从知行合一角度讲，通过课堂了解的城市设计理论只有通过对城市空间的真实体验之后才能够被真正掌握。因此，我们在课堂理论教学的基础上特别从宏观和微观角度增加了两种城市体验课程：

1）“自上而下”城市设计方法的的体验——“步行体验北京中轴线”

对于大多数城市而言，“自上而下”和“自下而上”的城市设计方法总是共同塑造着城市的空间。

为了使同学们从规划者角度真正了解“自上而下”城市设计方法，我们在理论教学介绍了“自上而下”城市设计方法之后，组织了“步行体验北京中轴线”的教学活动。穿越活动选择“全世界最长，也最伟大的南北中轴线”——北京中轴线，南起外城永定门，经内城正阳门、中华门、天安门、端门、午门、太和门，穿过太和殿、中和殿、保和殿、乾清宫、坤宁宫、神武门，越过万岁山万春亭，寿皇殿、鼓楼，直抵钟楼的中心点。这条中轴线连着四重城，即外城、内城、皇城和紫禁城，全长约7.8公里（图4）。在穿越活动中，我们假设自己回到明清时代，师生边走边讲解，在真实的空间体验中讲解和探讨中国传统“自上而下”的城市规划思想，并与现代城市规划思想进行对比。例如，关于选择城址的区位原则，我们会谈到“择天下之中而立国”的思想；关于选择城址的自然背景原则，我们会讲到“凡立国都，非于大山之下，必于广川之上”等经验；关于城市的总体布局原则，我们回顾了《周礼·礼工记》中“匠人营国，方九里，旁三门。国中九经九纬，经涂九轨。左祖右社，面朝后市，市朝一夫”的记载，站在景山的万春亭上南北眺望，现场印证了以宫为中心的南北中轴成为全城主轴，祖庙、社稷、外朝、市场环绕皇宫对称布置的总体布局；关于城市功能分区原则，我们会介绍“仕者近公”，“工买近市”的思想，即从政的住在衙门附近，从商从工的住在市场附近，“农民”住在城门附近，出入耕作方便，在没有现代交通工具的时代，居住地接近工作地，可节约往返时间，这一思想对于指导我们现代的城市规划改变分区过于明确所带来的交通拥堵、环境污染问题仍有特殊的意义；关于道路布局原则，我们会讲解《周礼·礼工记》中“经涂九轨，环涂七轨，野涂五轨”的含义，其中经涂是全城的干道，东西和南北各三条。环涂是顺城环路。野涂是城外道路。这种根据车流和人流密度，区分城市道路不同等级的思想对于指导我们的城市道路体系建设依然具有极强的借鉴意义；关于城市规模等级体系原则，我们会讲解“国都方九里，公国方七里，侯、伯方五里，子、男方三里”的含义，并与现代城镇体系规划原则进行了对比。步行体验教学活动结束以后，我们会要求学生用文字、照片或速写方式记录自己穿越的真实感受并整理成“步行体验北京中轴线”报告（图5）。

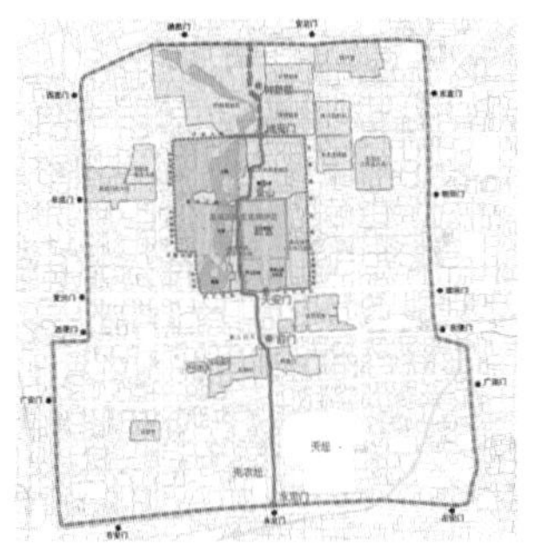

图4 步行体验北京中轴线路线图

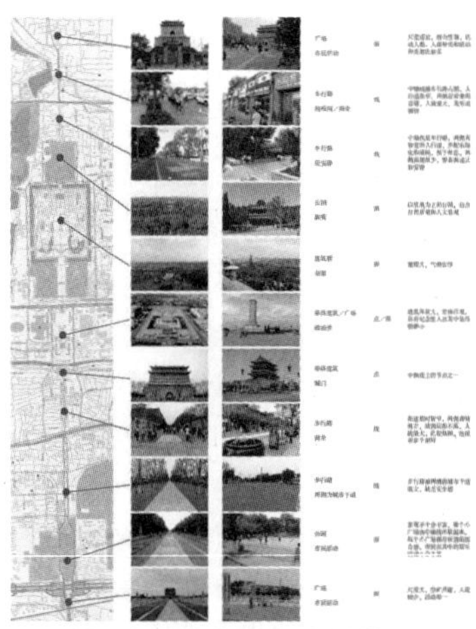

图5 步行体验北京中轴线示意图

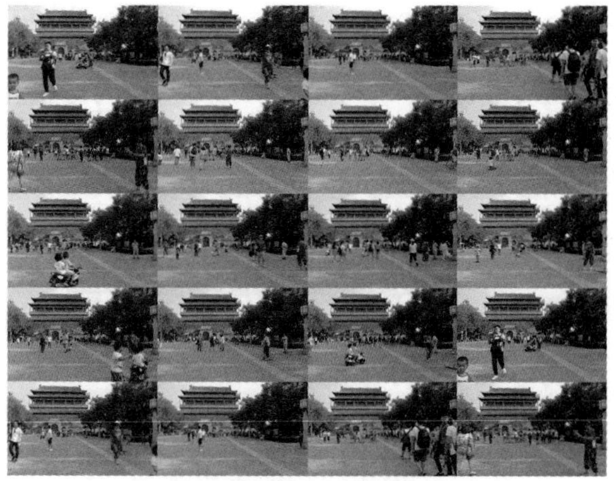

图6 钟鼓楼广场行为记录

2）“自下而上”城市设计方法的的体验——“城市公共空间使用调查”

一个城市既是城市统治者或管理者“自上而下”的作品，也是广大的城市使用者——老百姓“自下而上”共同参与的作品。因此，要评价一个城市空间的好坏，我们还应从“自下而上”的市民角度，让同学们以“换位思考”的方式，变身一个使用者，以使用者的视角去体验微观层面的城市设计思想。

对于一个城市而言，它的公共空间是城市社会、经济、历史和文化等诸多现象发生和发展的物质载体，蕴含着丰富的信息，是人们阅读城市、体验城市的首选场所。它既包含公园绿地、滨水空间等自然环境，也包含广场、街道等人工环境。

为此，我们在理论教学案例解析之后，会要求学生根据自己的兴趣选择一处北京中轴线沿线地区城市公共空间进行 POE（使用状况调查）分析，分析的方法包括，非参与式的客观观察（包括现场勘踏、拍照、行为轨迹图、定点观测记录、数据统计分析），以及参与式的主观访谈、问卷调查等。通过汇总以上主观、客观的记录数据，绘出各种数据分析图，根据性别、年龄、活动类型等进行使用人数的比较。然后确定出哪些是影响公共空间使用的重要因素。数据分析图和汇总后的公共空间使用图可以让人很快地了解到整个公共空间的使用情况，并使复杂的观察结果更易于让研究者和读者理解。（图 6、图 7）最后将上述成果整理成北京中轴线沿线地区城市公共空间使用调查报告，和“步行体验北京中轴线”报告共同作为我们城市设计概论课程的作业。

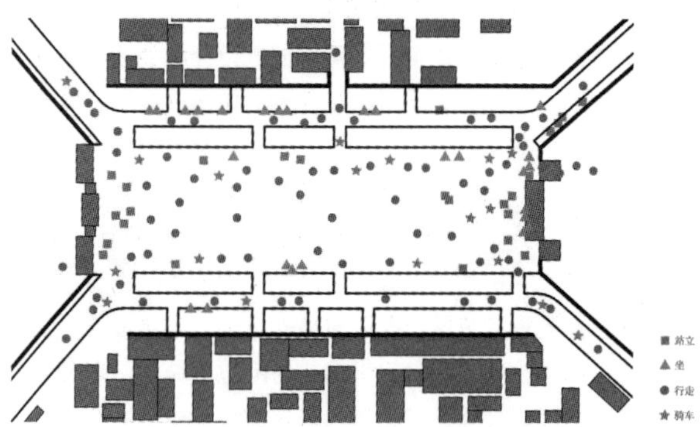

图7 钟鼓楼广场行为分析图

通过对城市设计理论的模块化建构和城市设计理论的在场化体验，以及完成“步行体验北京中轴线”报告和北京中轴线沿线地区城市公共空间使用调查报告，让同学们初步实现了理论和实践的结合，建立起关于城市设计的两个基本观点：一、城市是“自上而下”和“自下而上”的城市设计方法共同塑造的；二、人才是城市的真正主人，它的需求才是决定城市建设的最关键因素，公众参与是城市设计思想真正得以实现和维育的关键。

为此中央美院的城市设计教育横跨 5 个年级，从一年的城市赏析开始经过二年级的传统村落测绘，三年级的设计竞赛，四年级的城市规划原理、城市设计原理，城市设计，到五年级的城市设计毕业设计结束，形成了从书本到体验，从理论到实践完整的城市设计教学体系（图 7）。

3. 结语

伊利尔·沙里宁（Eliel Saarinen）在他的《城市：它

的发展、衰败与未来》一书中明确提出:“一定要把城市设计精髓灌输到每个设计题目中去，让每一名学生学习，在城市集镇或乡村中，每一幢房屋都必然是其所在物质及精神环境的不可分割的一部分，并且应按这样的认识来研究和设计房屋，必须以这种精神来从事教育。”

中央美术学院建筑学院在一年级《城市设计概论》课程教学中提出的基于模块化和在场化的教学模式，在城市设计理论课程教学领域提供了一种新的思路。它一方面可以使理论教学与实践教学相辅相成，有效提升学生的学习效率；另一方面可以为未来高年级的城市设计教学打下良好的基础。

参考文献

[1],王一.城市设计概论[M].北京：中国建筑工业出版社,2019.

[2],廖启鹏.基于模块化理论的环境设计实践教学体系研究[J].艺术教育,2015,10.

[3], 李允鉌.华夏意匠[M].天津：天津大学出版社,2005,5.

[4],克莱尔·库珀·马库斯 ,卡罗琳·弗朗西斯 著.俞孔坚,孙鹏, 王志芳译.人性场所[M].北京：中国建筑工业出版社,2001.

[5],伊利尔·沙里宁著,顾启源译.城市:它的发展、衰败与未来[M].北京：中国建筑工业出版社,1986.

工作室课程教学改革实验——多元城市更新背景下的景观设计

中央美术学院建筑学院

作　者　侯晓蕾　钟山风　栾雪雁　范尔蒴

摘　要：中央美术学院建筑学院十七工作室几年来一直致力于研究多元跨界背景下的城市景观更新。在城市更新背景下，探讨风景园林和景观设计涉及到的综合空间及其他问题。今年毕设课题选在北京城中轴线沿线区域的8个公共空间景观节点。我们希望以风景园林和景观为视角，从回归人们生活、适应现代生活的角度，重新思考中轴线沿线公共空间的景观更新设计需求和改造提升可能性。该课程为时近一年的时间，从选题、课程调研mapping、现状研究、方案探讨、深入分析等多个方面探讨教学改革和景观设计的发展方向。

关键词：教学改革；城市更新；风景园林；多元化

1. 工作室教学设置背景和特点

十七工作室一直专注城市建成区景观更新领域的研究和实践，致力于运用景观系统认知、艺术理论、社会调研、社区营造等综合途径研究城市更新背景下的城市公共空间景观设计。今年的毕设课题选题在北京城中轴线沿线区域的多个城市公共空间景观节点。对于中轴线的研究，以往多集中在文化遗产保护、建筑以及城市规划层面。我们希望以风景园林和景观的视角，对中轴线沿线的公共空间进行重新审视，从回归人们生活、适应现代生活的角度，重新思考中轴线沿线公共空间的设计改造需求和提升可能性。前期教师给学生提供了一些可选择的参考选址，通过师生的实地调研和场地分析，以及整体讨论，从而确定了每个学生的具体选址。今年工作室的八名同学通过自主选择，完成了从北到南八个公共空间节点的景观再生设计。设计需要考虑场地与周边区域之间的关系，梳理复杂的人流线路，同时还要满足不同的使用功能，在此基础上创造出融入市民生活的、艺术的、宜人的、并具功能性的城市公共空间空间景观。

工作室教学采用多元组合、艺术与设计并轨的方式。我教学团队采用多元化教师组成的方式进行教学，教师专业包括景观设计和当代艺术等不同方向。艺术教师运用当代艺术理论引导学生以批判思维深入洞察社会问题，提出具有当代性与敏锐度的研究问题，激发创造性思路；设计教师运用景观专业知识指导学生以有效的方法和手段，对场地进行客观解读并提出以问题为导向的设计策略，从而生成具备功能性并基于景观专业方法的设计方案。

2. 工作室教学内容和阶段

具体采用教师讲授、案例分析、课程讨论以及评图相结合的教学方法。教学手段多样化、灵活化，以激发学生的学习兴趣为中心进行教学。教学思路分为五个部分，一方面追求完整扎实的设计过程，另一方面要努力展现艺术院校特色：

第一部分 调研阶段

认识场地：记录场地、行为观察并找出问题；

描述愿景：展示你想要的和你认为好的景观。

第二部分 分析阶段 mapping

空间抽象：用空间描写的方式表达认识场地和描述愿景的过程；

提出概念：明确景观设计的追求和解决问题的方向。

第三部分　空间布局设计阶段

空间模型：选取特定的手段塑造具有特点的景观空间；

空间综合：运用包括植物、地形、构筑等综合手法塑造空间；

空间体验：创造丰富而艺术的空间体验。

第四部分：功能契合和方案确定阶段（第三四部分应同时进行）

功能综合：用景观方式解决功能问题并集多种功能于一体；

方案确定：确定基本的景观设计内容和布局。

第五部分：细部艺术设计阶段

空间体验和细节设计能够展现艺术特质。掌握场地分析、功能分区、景观结构、交通组织、竖向设计、建筑、地形、植物、水体等诸多方面的设计原则、方法、基本语汇和技能。

3. 风景园林空间特征及类型

由于中央美术学院的风景园林专业设置在建筑学院，使得风景园林教育深受艺术学和建筑学影响。虽然风景园林空间与建筑空间有相通之处，然而却不能直接移植建筑学专业的空间训练方法。其原因一方面是风景园林设计场地的水平维度一般而言远大于竖向维度，常常成为主导因素，并且缺乏顶界面，使得空间特性异于建筑学；另一方面，空间的围合元素常常采用地形和植被，相比较于建筑中的墙体，地形和植被的形态常常显得比较有机，同时高度又是变化的。这两方面使得园林空间相对不确定而难以把握，其结果便是风景园林中相关空间造型能力的教学显得处境尴尬，因此有必要重新考察风景园林中空间和实体的关系，为此，本文把风景园林空间特征划分为两种类型。[1]

（1）图形化基面（Figured Ground ）

这一类的设计主要通过基面上的地形变化来形成空间结构，通常设计介入前，场地便有自身的空间结构，设计干预使原先的空间结构获得增加或者重新构筑。相比较建筑而言，地形的起伏变化是园林设计特有的塑造空间的手段。近年来的非线性和景观都市化思想更是大大推动了图形化基面的设计，力图模糊建筑与开放空间的界限，努力使得景观而非建筑成为主角。图形化基面可以表现为以下三种方式。

1）自然地形的模仿

对自然地形的模仿是图形化基面的第一种表现方式。传统的自然山水园、如画式风景园在整体上通常是属于这一类型。直到今天，很多景观仍然沿用这一有效的空间塑造方法。这一类方法往往选取一种典型地貌作为蓝本对其进行模仿和艺术体现，例如德国风景园林师克鲁斯卡（Peter Kluska）在西园中的地形设计便是对慕尼黑所处的阿尔卑斯山山前谷地式地貌的模仿。

2）抽象地形：土地作为雕塑

勒诺特在17世纪法国古典主义造园中运用地形塑造大地景观的手法在一定程度上实际上就是对原始地形的抽象结果，随着现代雕塑艺术的影响，场地直接成为雕塑载体，野口勇就曾把园林比作空间的雕塑，现代园林设计师更是把土地作为具有极大可塑性的雕塑材料，将其拉升、扭曲、挤压，使得地形实体与空间的关系变得极为复杂，从而具有极大的表现力。

3）流动地表：建筑、场地成为景观的一部分

当代风景园林更将地形看作是具有容纳功能的空间与实体的复合，建筑、场地乃至基础设施都被整合起来，成为景观的一部分。景观被看作是流动的地表，形成连续的地表覆盖（图1）。“景观不仅仅是绿色的景物或自然空间，更是连续的地表结构，一种加厚的地面，它作为一种城市支撑结构能够容纳以各种自然过程为主导的生态基础设施和以多种功能为主导的公共基础设施，并为它们提供支持和服务。”[2]

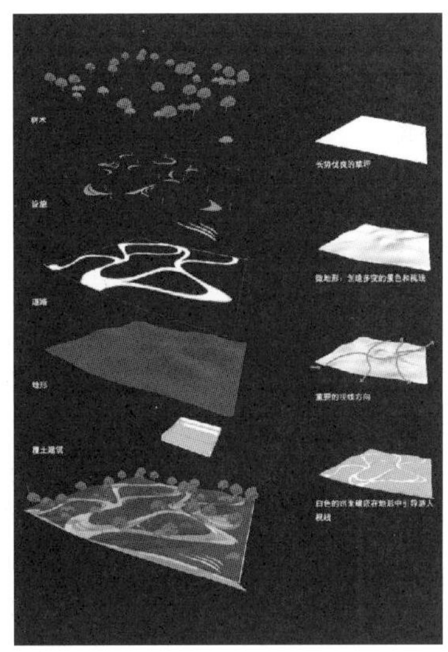

图1 West 8 的Jubilee Garden 设计方案分析（席琦绘制）

（2）层状空间（Layered Space）

层状空间的设计思想由来已久，并随时间推移而表现有所不同。在布扎（Beaux- Arts)体系中，园林的层状空间经常是若干个细长矩形的封闭空间组成。但真正意义上的层状空间设计是在现代运动兴起以后，50年代科林·罗（Colin Rowe）对现代绘画与柯布西耶设计的建筑之间空间关联性的分析，指出其空间模式表现为系列层状空间叠加形成的多重解读。在园林空间中，这一类的设计通常由绿篱、林荫道、树丛、果园以及森林等植物材料和墙体等构成，同样具有多层次、含混性和变

化性的特点。自20世纪30年代以来，由詹姆士·罗斯、埃克博、丹·凯利等设计师探索并推广运用，米勒花园便是这一类设计的典型代表（图2）。

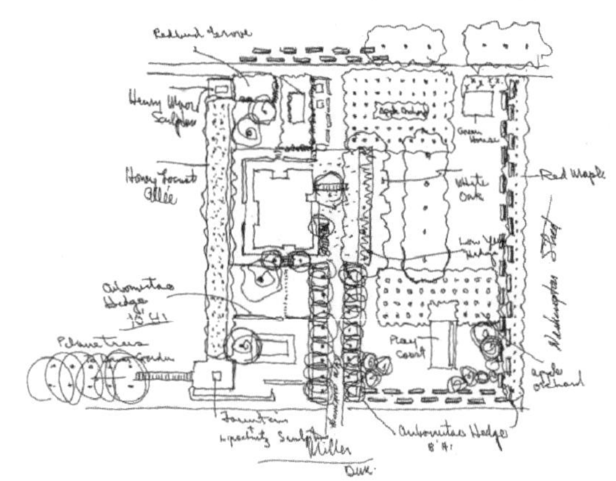

图2 丹·凯利的米勒花园宅园部分设计体现了层状空间的特点（引自Dan Kiley in His Own Words, Thames & Hudson Ltd, NewYork,1999:20）

（3）空间的体验性

不论是图形化基面还是层状空间，无不将空间与人的体验联系在了一起。对于图形化基面的设计，野口勇认为“人们进入这样的一个空间，它是他真实的领域，当一些精心考虑的物体和线条被引入的时候，就具有了尺度和意义，这是雕塑创造空间的原因。”对于层状空间的设计而言，系列的层状排列，在绘画中是一个幻象，在园林中却可以真实的设计和建造出来。” 文艺复兴以来一直被唯一视点固定在“外面”的观察者可以穿过假想的界面向前迈进，因此，伯纳德·霍斯利（Bernhard Hoesli）称之为空间归属的选择留给了观察者。

4. 十七工作室课题 2019 教学实验和改革成果

十七工作室教学融合了多元化思想，将城市更新的背景作为课题设置的前提，将空间设计方法作为基本手段，开展综合的景观设计。

（1）千岛之涧——永定门外步行系统及视线景观更新（戴湖浩）

永定门外位于北京中轴线南端，作为中轴线的南起点，它目前承载得更多的是市民的生活。基地占地 9 公顷，诸多的场地轴线将场地分割为一座座“岛”，这些“岛”相互独立却又影响着彼此。建立步行系统与视线关系成为联系这些“岛”的有效手段。由于场地竖向复杂，于是针对视线关系又提出了“视域”的概念（图3）。

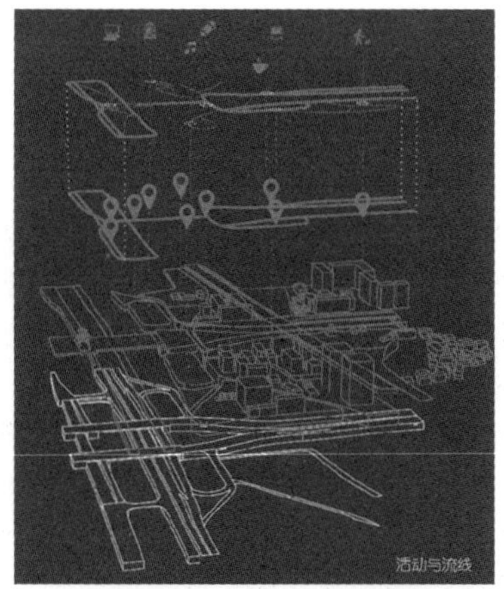

图3 重新建立慢行系统和步行体系

图4 整体模型和空间效果

无论是步行系统还是“视域”，都是为了重新激活这片区域的活力，使之作为中轴南起点再次出现在人们的视野中（图 4）。

（2）“重”——永定门公园生活景观的置入与叠加（贾思屹）

基地位置位于永定门公园及天坛西门节点，占地 21 公顷。永定门作为中轴线南起点具有悠久的历史，北临天桥、南临永定门、处于天坛与先农坛之间，是北京重要的历史文化街，也是中轴线上唯一一个完整的开放式带状公园。作为体现皇权威严的仪式感公园空间，却蕴载了丰富的平民生活。

场地肃穆的仪式感和市民烟火气息共存的独特的场地现状引起了我的关注，但现状景观设计中阵列的树，单一对称的广场等为了加强中轴的仪式感却没有考虑到居民的使用。自发的居民生活引发了设计需求，从而进行设计补位。设计中保留永定门公园具有仪式感的原有体系，在此之上进行新体系的叠合，将原有印记保留，将市民生活印记写上去。新置入“生活线”体系串联各个活动空间，激活场地改善原有场地使用差的情况（图5）。

图5 融入生活的叠加体系

（3）天桥叙事——天桥节点公共空间的景观复兴（李师成）

天桥曾经是北京最有市井气息的地方。在民国初年被视为老北京平民社会的典型区域。自元明以来由于中轴线的南延，天桥也是变化最丰富的区域。但如今因为现代化城市的发展，高层建筑和宽大马路取代了传统建筑，天桥地区活动场地变少，导致游人与艺人不再聚集，天桥区域变得十分冷清，同时导致传统文化缺失。设计中解决场地基本功能问题的同时，能够一定程度的复兴天桥文化。基地占地8.1公顷，我想通过叙事景观的设计方法唤醒居民记忆深处的生活情节，同时又能够给居民和游客带来新的游园体验。

（4）“市”与“乐”——珠市口街道公共空间重塑（李博）

珠市口地区，是中轴线上一个以居民区为主的节点。但是由于道路的扩建，导致街道上原有的商业功能和城市风貌肌理被破坏殆尽，使其成为了中轴线上“消失”的区域。基地占地4.3公顷，设计从珠市口的历史脉络出发，依据“市”、“教堂”、“戏曲”这些在珠市口具有地域特色和集体记忆的标志物和文化遗产，参考《乾隆京城全图》，对街道肌理进行修复，构建东西互连的步行交通体系，同时融入市民日常运动健身、看电影、唱戏等交流活动，将这一段中轴线道路还给市民，成为一个可以促东西两城、南北两城互相交流的“城市客厅”。

（5）时间和空间转译——前门月亮湾景观记忆更新设计（吴子旸）

现代城市的让前门只作为象征着历史意义的景点，加上交通的便利性又让前门区块所打碎。基地占地8公顷，我的概念便是将前门区域重新规整，用现代景观和装置来呈现它的历史足迹，形成时间和空间的转译。

（6）知觉乐园——中轴线景山地安门节点景观更新（王若飞）

景山后街至地安门旧址，作为中轴线由北向南的过渡，目前处于一种灰色的、知觉塌陷的状态。视觉、听觉、标志物等等的缺位，让这个曾经的王朝北门人迹寥落，景象破败。基地占地16公顷，人们行至此地，往往会快步走过或是沉浸在自己的内心知觉中——跟场地之间缺乏必然的知觉联系——而这显然与场地丰富的历史文化内涵不符。设计从知觉出发，最终回归知觉本身，将知觉作为设计途径和手段，旨在优化人同场地间的知觉联系，形成一个中轴线上的每个人的知觉乐园（图6）。

图6 从感知系统出发的景观设计

（7）入侵街道——鼓楼广场半公共空间研究（嵇秋石）

钟鼓楼区域作为中轴线的最北端的古代建筑周边区域，承载了厚重的历史变迁和人文记忆。近代以来，钟鼓楼以及周边地区经历了数次迁址和改造，尝试改变的同时遗留了很多问题。我们需要解决的问题主要是斜街胡同和历史四合院的肌理恢复，以及连锁半公共空间的利用问题。

（8）再组装——北护城河景观节点更新（崔琼）

基于破碎现状，以“再组装”的概念来更新北护城河景观，区别于强制植入系统的手法，放置新的碎片，仿佛拼图游戏，看似全是碎片，可正是组装使图像更趋近于完形，从而创造更完整、更大尺度的城市记忆。

5. 结语

坚持探索景观设计的城市更新方向，思考历史、人文、社会等诸多方面的景观综合途径，十七工作室希望通过实验课题改革和多元化跨界探索，探讨景观设计的综合设计手法以及新发展方向。

参考文献

[1]郭巍，侯晓蕾，风景园林本科教育的空间塑造能力培养[C].中国风景园林学会2010年论文集(下册).北京.2010:691-692.

[2] (美国)查尔斯·瓦尔德海姆著，刘海龙，刘东云，孙璐著.景观都市主义[M].北京：中国建筑工业出版社.北京.2011:213 .

[3]托马斯·史密特著，肖毅强译，建筑形式的逻辑概念[M].北京：中国建筑工业出版社.北京.2002:22.

[4]Steffen Nijhuis , Inge Bobbink, Design related research in Landscape Architecture[J]. Design Research. 2012：239-256.

[5]Clemens Steenbergen，wouter Reh, Metropolitan landscape architecture: urban parks and landscapes, THOTH Publishers Bussum, 2011：11 – 24.

中央美术学院
建筑学院

基于融贯思想的建筑学专业毕业设计教学探索——以中央美术学院建筑学院第八工作室为例

作　　者　苏勇　程启明　刘文豹　刘焉陈

摘　要：针对目前我国建筑学专业教学与城乡规划、风景园林专业教学相互割裂的现状，中央美术学院建筑学院第八工作室尝试在建筑学专业五年级毕业设计教学中引入融贯教学方法，希望通过搭建多学科融贯的教学团队，采用先“融”后“贯”的教学方法、注重教学成果的过程化管理等方法来重塑人居空间的整体观，重构规划、建筑、景观三位一体的整体设计观。

关键词：毕业设计；融贯；融贯教学团队；先“融”后“贯”；教学成果过程化管理

前言：中国城市与建筑的现状对建筑教育的启示

改革开放四十余年来，中国城市化率从 30% 发展到 60%（根据国家统计局 2019 年 2 月颁布的数据，2018 年我国的城镇化率已达 58% ～ 59%[1]），如此快速的城市化一方面使我国的城市面貌发生了日新月异的变化，成就斐然。另一方面，快速城市化也使得发达国家近百年积累的“城市病”在近十年集中爆发——城市风貌日益趋同、特色消失；奇奇怪怪的建筑层出不穷、城市的整体性被不断侵蚀；建筑与自然环境割裂、环境生态质量恶化；建筑与交通各自为政、城市拥堵日益严重问题。当这么多的城市病不断涌现的时候，除了城市管理的不足、业主的审美水平等因素之外，城市的设计师们也负有不可推卸的责任，显然他们对全球化背景下城市与建筑、建筑与自然关系的认识存在问题，而追本溯源，是否我们培养设计师们的大学教育一定也存在相同的问题呢？正是带着这种追问和思考，中央美术学院建筑学院第八工作室开始了以融贯思想为特色的五年级工作室教学探索。

1. 中国建筑教育发展概况的回顾——从综合到分离

由于新中国成立之后，百废待兴的我国经济建设急需培养大量工程技术和科技人才，我国的高等教育体系于 1952 年开始由强调通才教育的英美大学体系转向强调专才教育的前苏联体系，城市规划专业首先从建筑学专业中分离出来，并都被划归到工学学科体系下，其应用型学科的定位导致了上述专业的教育体系偏重于工程技术型人才的培养。

改革开放后我国经济建设急需大量专业的工程技术和科技人才，建筑院校中的建筑学专业进一步分裂为建筑学、室内设计和风景园林专业。教学方式一般是各专业分学科构建自己的核心课程，按先小后大、先简单后复杂的顺序分别讲述理论教学和展开类型设计教学。这种按照工程师思维模式进行的教学，具有条理清晰、简单易懂的优点，但也让原本完整的空间教学变得支离破碎（图 1）。2011 年，原本作为建筑学二级学科的城乡规划学和风景园林学从建筑学一级学科中独立出来，成为了新的一级学科。各学科进一步按照核心课程和边缘课程划分学科边界、构造各自的学科体系，这使得本已破碎的空间教学进一步变得分裂。

正是在学科不断分裂和各自深入发展的过程中，我们培养出来的设计师们专业分工越来越明确、空间视野越来越狭窄，思考问题的方式越来越单一，这导致的直接结果就是在城乡规划、建筑设计、风景园林等各自领域里看起来非常完美的设计方案，当他们拼起来时却毫无整体性可言，拼贴的、破碎的城市、奇奇怪怪的建筑、看着美却无法使用的景观这也许就是分离式教育带来的设计后果。既然分离的教育道路走不通，那么未来的道路应该怎么走呢？

认识到学科分离给城市建设带来的问题，2018 年 3 月，伴随着十九大之后的部委调整，原本属于住建部管理的建筑学、城乡规划学和风景园林学三个一级学科指导委员会转隶教育部，并重新合并为一个建筑类专业指导委员会，同时成立了三个新的二级学科专业指导委员会。各学科在新时代的背景下重新统一，这使得本已破碎的空间教学又有了重新整合的可能。

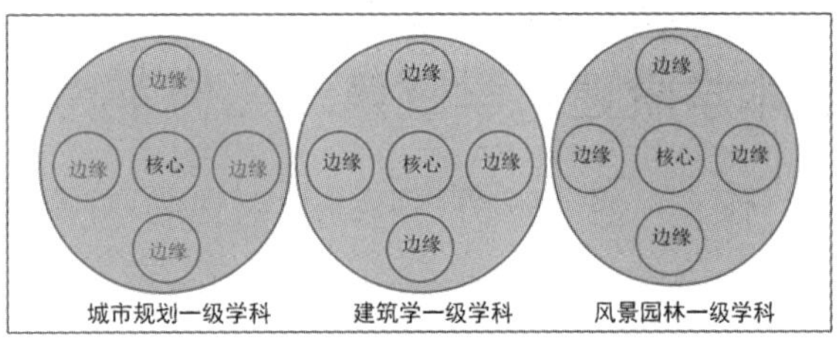

图1 完整的人居空间与相互割裂的教育体系

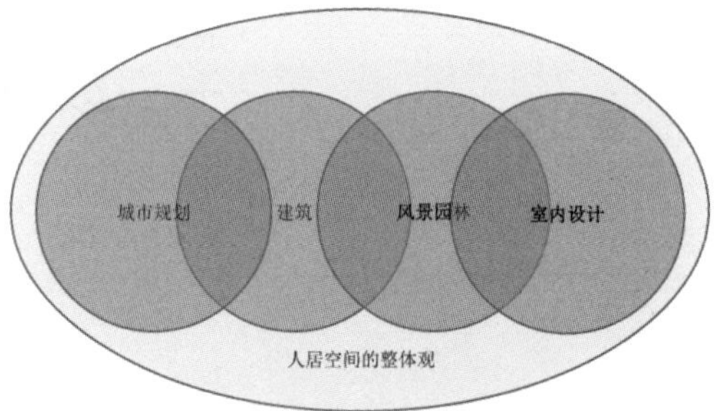

图2 完整的人居空间与相互融贯的教育体系

2. 基于融贯思想的建筑学专业毕业设计教学探索—以中央美术学院建筑学院第八工作室为例

（1）融贯教学的思想基础——人类聚居学与广义建筑学

20 世纪 30 年代，希腊建筑师道萨迪亚斯建立了包括房屋、乡村、集镇、城市等在内的所有人类聚居为研究对象的“人类聚居学”，“它着重于研究人与环境之间的关系，并强调要把人类聚居作为一个整体，从政治、社会、文化、技术等各方面全面、系统、综合地予以研究。”20 世纪 80 年代末，吴良镛教授提出“广义建筑学”理论，明确指出“人类的居住环境是包括社会环境、自然环境和人工环境（建筑物内部和外部）的整体”，“从微观环境到宏观环境，即从个体建筑到建筑群，以至城镇、城镇群，从小庭院到大的风景区的规划设计，都属于广义环境设计的范畴。所有这些，也都有建筑师的用武之地”；提倡采用“融贯的综合研究”方法，以建筑学为中心，有目的地向外围展开，多角度地从聚居、地区、文化、科技、教育、艺术方法论等方面来认识建筑，这种从系统论角度研究建筑的方法，扩大了传统建筑学的概念和视野，推动了建筑学科的进步。同时，吴良镛教授还特别指出“对于建筑教育来说，更根本的是培养学生具有广义的建筑观，建筑教育也应以广义的建筑观作为教育的框架，而无必要成立专业。专业过多，分工过细，不利于学生专业思想的全面形成和专业基础的牢靠建立[2]。”正是受到人类聚居学与广义建筑学的双重启示，从 2016 年开始中央美术学院建筑学院第八工作室率先在学院五年级毕业教学中开始了基于融贯思想的教学探索，我们希望构建多学科融贯教学团队；在上半学期开展多学科理论讲座，重塑人居空间是规划、建筑、景观三者相辅相成，不可割裂的整体观；在下半学期设定一个内容涵盖城市设计、建筑设计、室内设计、景观设计、艺术再现五个层次的大设计，重构规划、建筑、景观三位一体的整体设计观（图 2）。

（2）融贯教学的方法——先“融”后“贯”

1）搭建多学科融贯的教学团队

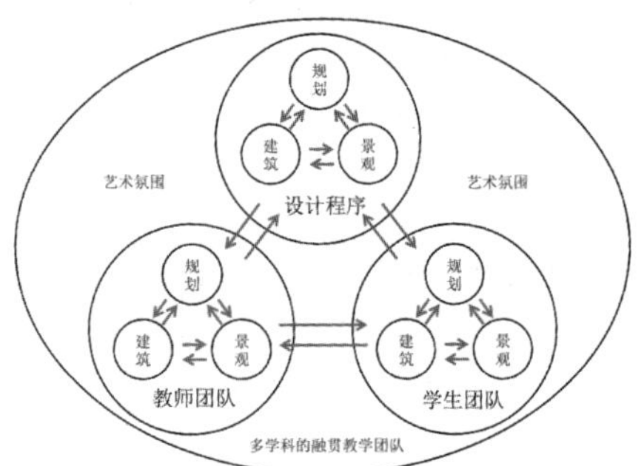

图3 多学科融贯的教学团队

“人无头不走，鸟无头不飞”，为贯彻融贯的教学思想，作为教学的核心——教师团队首先应该具有融贯的特点，为此中央美术学院建筑学院第八工作室首先搭建了由城乡规划、建筑设计、建筑历史与理论、景观设计、艺术设计五个专业方向老师组成的融贯教师团队，再加上建筑设计、城市设计两个专业方向的学生，共同构成了不同专业背景的老师与老师、学生与学生、老师与学生之间多学科融贯的教学团队（图 3）。

2）采用先“融”后“贯”的教学方法

由于中央美术学院建筑学院从五年级开始进入工作室教学模式（图 4），毕业设计教学安排横跨整个 5 年级上下两个学期，因此我们第八工作室教学团队经过多年的教学探索，逐渐摸索出一条将整个毕业设计教学分为上下两个教学阶段，先“融”后“贯”的教学方法（图 5）。

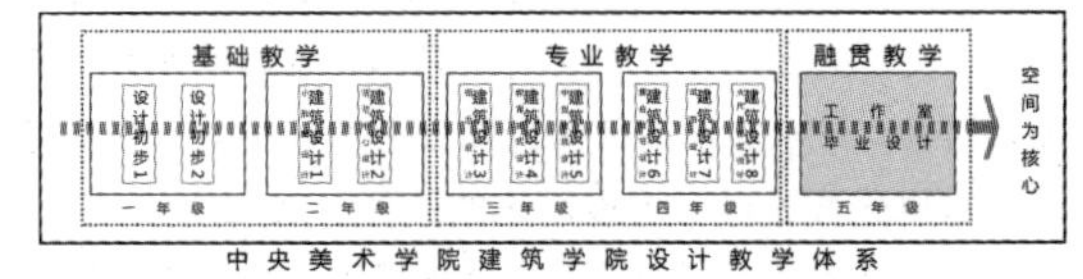

图4 毕业设计在中央美术学院建筑学院教育体系中的位置

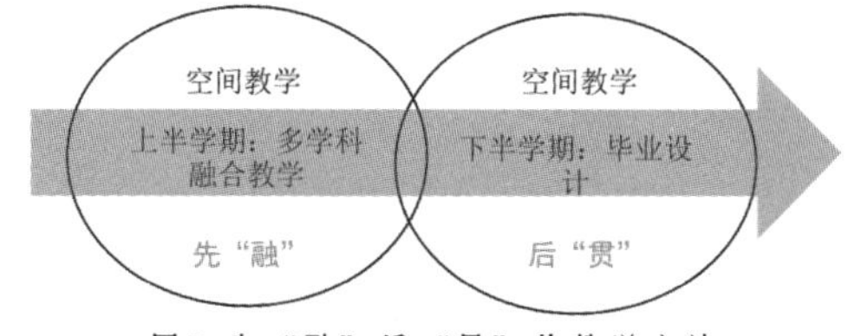

图5 先“融”后“贯”的教学方法

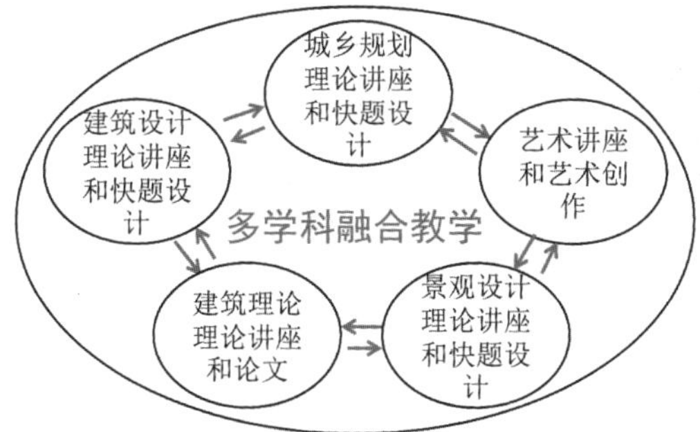

图6 多学科“理论融合”教学

先“融”是指上半学期的多学科“理论融合”教学，它是下半学期毕业设计的理论准备。学生经过两年的基础学习和两年的专业学习之后，在各自专业方向的设计理论方面都有了一定深化，但在整合相关专业理论的广度方面缺乏训练，因此我们多学科理论融合教学阶段的内容主要由五个理论教学模块构成，分别包含城乡规划、建筑设计、建筑历史与理论、景观设计、艺术创作五个专业方向的理论讲座和快题设计。具体安排为：第 1 ～ 4 周的建筑人文观讲座——人在建筑前；第 5 ～ 8 周的建筑城市观讲座——城市设计的理论与实践；第 9 ～ 12 周的建筑历史观讲座——现代建筑的发展历史；第 13 ～ 14 周的建筑环境观讲座——景观规划概论；第 15 ～ 16 周的建筑艺术观讲座——当代艺术概论（图 6）。

后“贯”是指下半学期的贯穿式毕业设计教学，它是上半学期多学科理论融合教学的实践。用一个内容涵盖城市设计、建筑设计、室内设计、景观设计、艺术再现五个层次的大设计，实现多学科贯穿式教学。例如 2017 年毕业设计选题 “重温铁西—城市基因的再编与活化”，2018 年毕业设计选题“山水相连、城乡一体——当代山地城市与建筑空间营造”，2019 年毕业设计选题“鼓浪屿计划——作为世界文化遗产的历史国际社区更新”，都要求学生从整体区域研究出发，通过现场调研、资料整理，结合场地地形特征，对城市功能、空间、交通、景观进行分析，组织项目策划，制定片区设计的总体目标，然后完成选定片区的城市设计、景观规划以及单体建筑设计三部分内容（图 7）。

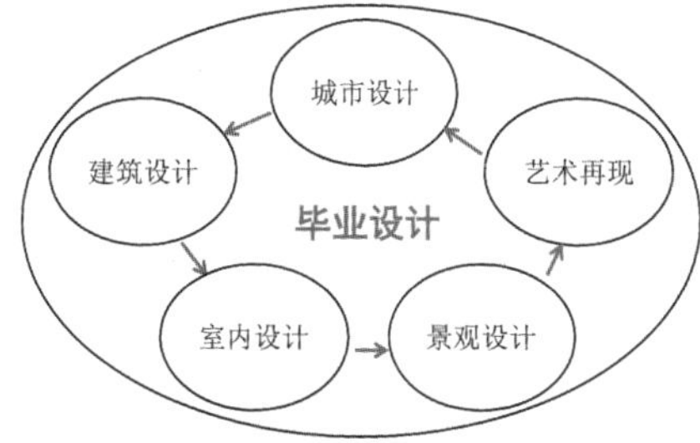

图7 多学科贯穿式教学

3) 注重教学成果的过程化管理

亚历山大在《城市设计新理论》一书中强调了一种整体性的创建，它指出“每一个城镇都是按照自身的整体法则发展起来的”，而“最重要的是过程创造整体性，而不仅仅在于形式。如果我们创造出一个适宜的过程，就有希望再次出现具有整体感的城市”[3]。这提示我们城市的整体性源于对过程的控制，要设计整体的城市空间就要对设计过程进行控制，相应的设计教学也应该从重视结果转向重视过程。

为此，我们制定了与任务要求——对应的教学计划，将教学任务细分为前期研究、初步方案设计、中期评图、正式方案设计、成果制作五个阶段，每个阶段落实到每周每课。每个阶段任务都有单独的成果要求，学生都需要在密集的评图中展示自己的阶段成果，再通过教师和专家的点评修正前一阶段的成果，并引导下一阶段的发展方向。具体而言，第一阶段为前期研究阶段，共 3 周：第 1 周由主讲教师针对毕业设计的主题和任务书进行解析，邀请相关领域专家或教师进行专题讲座，学生完成选题和分组；第 2 ～ 3 周各设计小组围绕毕业设计主题进行相关案例收集和分析，进行基地调研，制作基地模型，完成前期研究报告，初步形成设计构思。第二阶段为初步方案设计阶段，共 3 周；第 4 周，教师指导各设计小组展开设计问题的挖掘，提出解决问题的思路和策略；第 5 周到第 6 周学生根据前期研究报告的成果，进行方案设计，绘制方案草图，制作概念模型。第三阶段为中期评图阶段，共 0.5 周：第 6.5 周，提交初步方案成果，内容包括初步方案总平面图及分析图、各层平面图、剖面图和带动画的电子模型和带场地的建筑模型。第四阶段为正式方案设计阶段，共 2.5 周：第 6.5 周到第 9 周，根据中期评图结果，调整和深化初步方案，最终确定设计方案。第五阶段为成果制作阶段，共 3 周：第 9 周到第 12 周，根据最终确定的设计方案，进行成果制作，包括符合任务书要求的图纸和模型。图纸按时上交后，邀请校内外专家组成评审团进行全年级集体评图，并举办作业汇报展（图 8）。

图8 全年级集体评图

经过一年“理论融合”和“贯穿设计”的融·贯教学，同学们原本分离的城市、建筑、室内、景观教育被重新串联起来，并重构了规划、建筑、景观三位一体的整体设计观。

3. 基于融贯思想的建筑学专业毕业设计教学成果——以 2018 年毕业设计选题“山水相连、城乡一体——当代城市与建筑空间营造”为例

（1）水——重庆黄桷坪城市更新规划及建筑设计

本次毕业设计选址位于重庆市九龙坡区，基地紧临长江滨江地带，区域内集中了丰富的文化、历史和景观资源。基地北侧是有悠久历史文化传统、享有盛誉的四川美术学院老校区，南侧是矗立着两座曾经的亚洲最高烟囱的发电厂厂房。近年来，伴随着川美校园的外迁和发电厂的关闭，产业逐渐衰败人口流失加剧，导致该区域陷入了发展停滞的怪圈。如何重建产业、唤醒城市活力并重塑场所精神，成为设计面对的核心问题。

城市设计呈现了静态保护和动态更新相结合的策略。“封旧，存记忆”，谦恭地对待工业遗存，保存专属于土地的城市集体记忆；“拆余，复生态”，谨慎拆解不必要的构筑，引入森林公园、重建自然本底，实现生态恢复（图9）；“植新，塑文化”，在保留原有岸线码头和工业建筑的基础上，置入博物馆、剧院、味觉工厂等新的城市功能，塑造叠合不同场所而充满特色的公共空间，激发区域新的活力，成长为城市生活的崭新组成部分（图 10、图 11）。这是一剂综合了记忆、生态、生活和文化的城市催化剂，被淘汰的传统工业空间因设计的介入被重新激活，废弃衰败的“失落空间”由此重获新生。

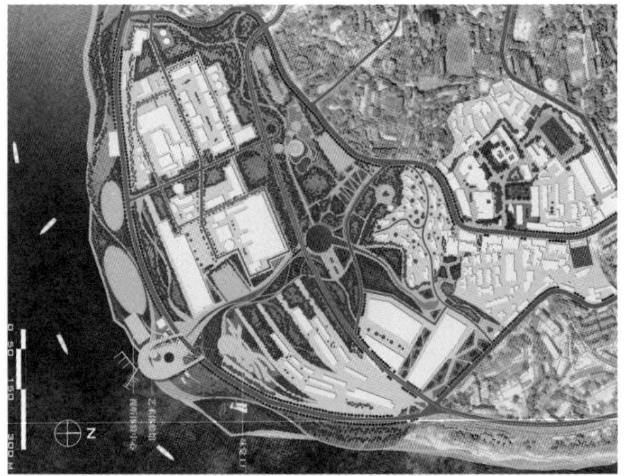

图9 重庆黄桷坪城市更新规划

图10 重庆黄桷坪码头文化馆

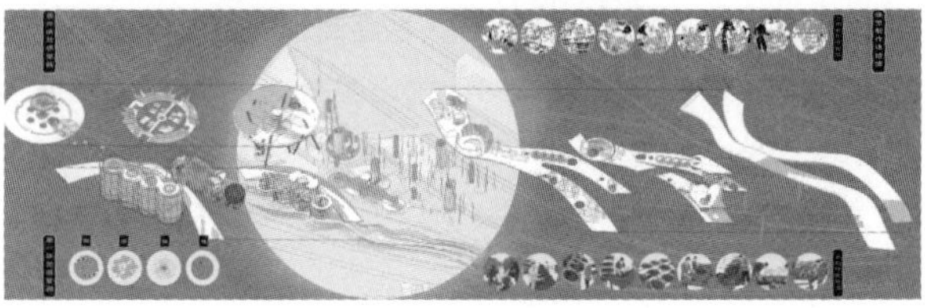

图11 重庆黄桷坪味觉工厂

（2）城——北京白塔寺城市更新规划及建筑设计

本次毕业设计选址在北京市西城区白塔寺地区。方案在充分调研的基础上，系统分析了北京白塔寺历史文化保护区与金融街存在的问题，确定了保护和发展并重、将白塔寺历史文化保护区建设成为金融街文化承载区和服务配套区的战略目标，这一目标的确立，一方面，可以实现白塔寺历史文化保护区的发展性保护，促进历史文化保护区的可持续发展；另一方面，可以弥补金融街拓展空间有限、文化承载区与配套服务区缺失的不足，打造世界级金融文化产业聚集区，构建北京的 CFD，促进北京“四个中心”战略的实施。

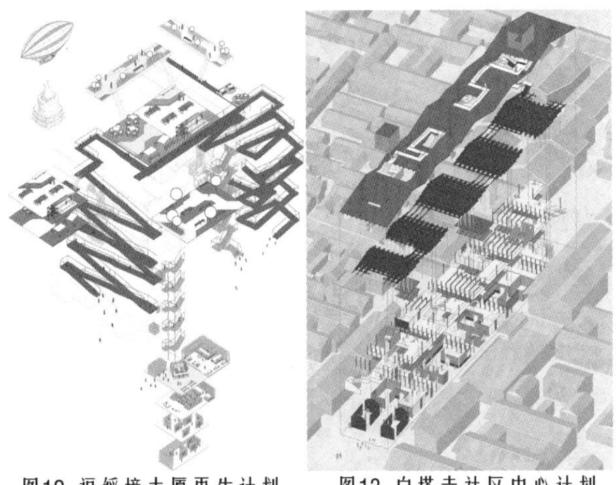

图12 福绥境大厦再生计划　图13 白塔寺社区中心计划

在这一基础上，方案进一步提出了白塔寺历史文化保护区整体保护、混合街区、功能置换、空间整治、交通梳理、有机更新的可持续动态保护发展策略。通过福绥境大厦再生计划、白塔寺社区中心计划，希望能在植入新的城市功能和公共空间基础上保持历史文化保护区的整体性和地域性，激活历史文化保护区新的活力，并辐射带动周边城区，创造城市空间新的生命力（图 12、图 13）。

（3）山——承德双峰寺温泉度假小镇规划及建筑设计

伴随着乡村振兴战略的展开，特色小镇建设已成为新型城镇化的重要路径选择。然而特色小镇既不是行政区划单元上的“镇”，也不同于传统的产业平台如产业园区、风景区，而是“产业、生态、生活、文化”四位一体有机结合的“小而美”的重要功能平台。

特色是小镇的核心元素，而特色小镇的首位要求就是要有“特色鲜明的产业形态”，通过特色产业的集聚可以发展增强小镇的经济活力和动力。其次，特色小镇还表现在拥有“和谐宜居的生态环境”、“便捷完善的生活配套”、“彰显特色的传统文化”三个方面。特色小镇要创造的是一种既不同于城市空间，又不同于乡村空间的尺度适宜、环境优美、风格独特的城镇生活空间。因此，特色小镇从本质上可以理解为一种从生产、生态、生活到文化的整体营造。

承德双峰寺温泉特色小镇位于承德市北部新区，依托承德独特的温泉资源，结合基地良好的山地环境，采用组团模式规划了以温泉度假产业为特色，集聚商业、文化、养生、居住等多项功能、生态环境优美、生活配套完善、文化气息浓厚、兼具旅游与社区功能的特色小镇（图 14 ～图 16）。

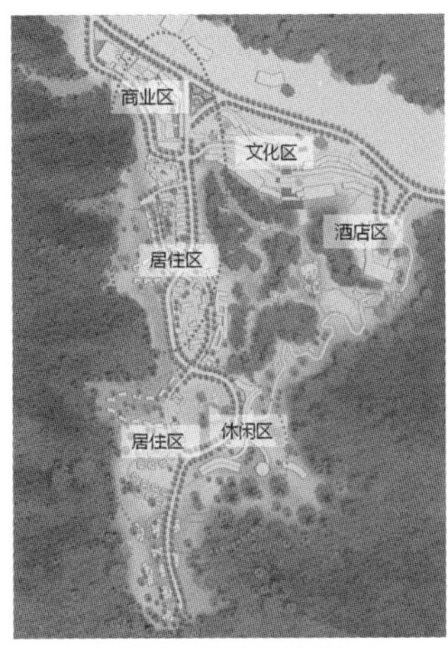

图14 承德双峰寺温泉特色小镇规划

图15 承德双峰寺半汤温泉酒店

图16 承德双峰寺温泉特色小镇社区中心

4. 结语

随着全球化、信息化、生态化时代的来临，以及我国城市化进程从过去增量发展进入存量优化阶段，城市面临更多、更复杂的挑战，除了我们正在面对的环境恶化、交通拥堵、城市特色缺失等现实问题，未来的城市群建设、城乡一体化、生态城市、智能城市、宜居城市等问题都需要我们以更开放的形式改革和加强毕业设计的教学工作。中央美术学院建筑学院第八工作室毕业设计教学所提供的搭建多学科融贯的教学团队，采用先“融”后“贯”的教学方法、注重教学成果的过程化管理的融贯教学模式探索正是向这一方向迈出的勇敢一步。

参考文献

[1] http://www.stats.gov.cn/tjsj/zxfb/201902/t20190228_1651265.html.

[2] 吴良镛. 广义建筑学[M]. 清华大学出版社, 1989.

[3] 亚里山大, 陈治业. 城市设计新理论[M]. 专利文献出版社, 2002.

破局：浅析云南院落式民居中的模块化设计

作　　者　谭人殊 李卫兵 孙慧慧

云南艺术学院

摘　要：通过梳理云南乡土聚落与院落式民居的生存状态，对于其格局形态的因果关系进行了论证，并就当前针对于乡村所进行的规划与设计开发策略进行了辩驳，解析其存在的问题。最终提出将云南院落式民居的设计策略与模块化理论相结合，以此来对当代乡土聚落中的新民居及其新营造等话题进行探讨。

关键词：院落式民居；模块化设计；新营造

1. 自然演化与设计更新：当代乡土民居的困局

当代中国的乡土民居面临着一系列的问题。首先是由于城市化的进程，以及建筑技术和建筑材料的迭代，导致原生的乡土民居大规模地向城市建筑进行简单而粗犷的模仿，逐渐丧失了地域性的传统风貌。其次，城市文明和当下的规划设计方针在面临上述问题的时候，往往是根据城市建设的规则与经验来应对。无论是乡土民居的自然演化，还是城市文明的设计干预，其结果都备受争议，始终无法在村落的自由肌理、建筑的传统风貌和舒适的现代生活方式之间寻求到一个平衡点，而这便是当代乡土民居正在面临的一个困局。[1]

按照常规的方式，当下的规划体系在对原生的乡土聚落进行规划设计和建筑风貌整治的时候，都会有一个重要的环节，那便是新民居户型的设计。通常而言，设计师们在进行此类设计的时候总会以面积大小为参考，预设出各类户型的规模来，而后再依次完成每一个户型的独立设计。譬如，在对云南大理祥云地区的新民居户型进行设计的时候，设计师们便首先预设了 150m^2、180m^2、200m^2 和 240m^2 等四种户型的需求。此外，设计师们还根据大理地区的旅游优势，特意为其中的一些户型增加了对外商铺和接待标间等，以突显其民宿的功能（图 1）。

依照设计师们的意愿，各种大小和各种功能的户型可以满足村落里各类家庭的不同需求。此外在对院落里的房间进行布局的时候，设计师们也力求规矩和方正，无论是堂屋和天井的轴线关系，还是两侧厢房的对称，都尽量依照着传统民居的经典形式来予以呈现。再加上建筑外观和风貌上对于白族民居特色的地域化表达。按道理说，这样的新民居设计无论是从功能布局，还是在文化提炼等方面都对传统民居中的经典形式有所考虑，理应是一次较为完善的设计。但事实却并非如此。

其实，在进行实际修建的时候，村落里的居民们是很难根据设计师们所预设的户型规模和户型样式来进行操作的。首先是因为村落里每个家庭的人居状况远比设计们所预想的要复杂；其次最为关键的问题在于各家各户的宅基地大小不一、形状各异，几乎很难按照设计师们所预设的这几款经典户型来予以概括。

究其原因，设计师们所精心研发的预设户型，其实都是根据传统民居中那些工整的经典样式和理想化格局来进行创作的。但在村落的实际情况中，这种真正意义上的理想化状态其实非常少见，反而“自由”、“随机”、“非对称”、“灵活多变”等才是原生村落里最为常见的民居状态。因此，在大多数的乡村规划中，设计师们精心创作的那些预设户型其实很少在原有的聚落肌理中有所呈现。大多数情况下，设计师们只能在原有的聚落肌理以外重新规划一片空旷的新村用地，然后在那里按照城市规划中别墅区的模样来安置这些本应属于乡村的新民居。这是一件非常矛盾的事情。

2. 诠释：云南院落式民居的布局形式及其生成逻辑

院落式民居也被称之为“合院系住屋”，是中国传统民居中最为重要的一类民居形式。院落式民居最早起源于黄河流域的汉文化地区，而后随着汉族的迁徙与流动，这种民居形式也逐渐在长江流域、珠江流域、东北和西北地区及其西南边疆等地播开来，并在这些地区产生了地域性的自我演化。诸如云南滇中地区的“一颗印”和滇西北地区的“三坊一照壁”

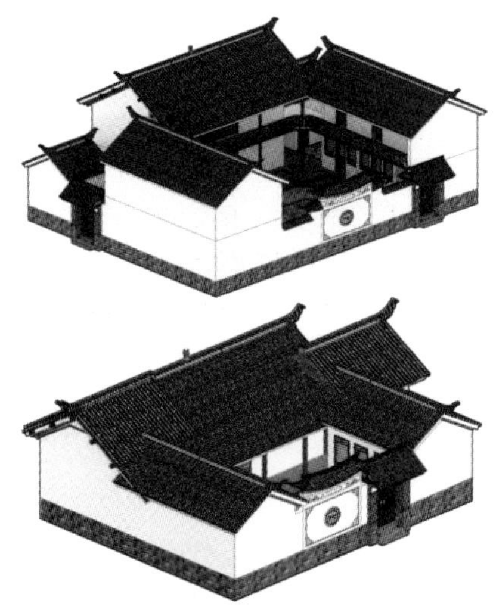

图1 云南大理祥云地区的新农村户型设计案例
（图片来源：云南艺术学院“乡村实践工作群”）

及“四合五天井”等民居形式便正是这样的一种表达。[2]

方正的“三合院”或“四合院”是院落式民居的基本单元。[3] 在一幢典型而理想化的院落式民居中，建筑的格局总会以一种严谨的秩序来展开：首先是院落的总体布局讲究中轴对称；而后是位于院落中央的天井以及正对着天井的堂屋等所构成的核心空间；最后才是在院落两侧左右对称的厢房（图 2）。

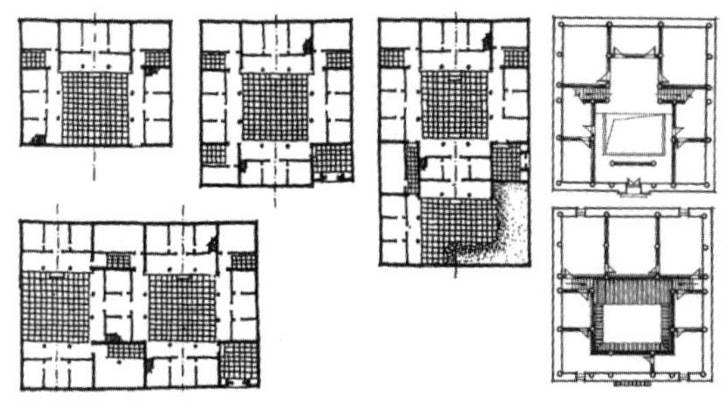

图2 云南传统院落式民居中的各类典型和理想化的工整布局（图片来源《云南民居》）

譬如以云南滇中地区的“一颗印”民居为例：“一颗印”的院落较为封闭，但内院里却以天井为中心，家长的住屋居中、供奉祖先牌位的堂屋居中，其余房间围绕着院子进行向心性的组合。这样的构成方式原本就是传统文化中“宗法家长制”在建筑营造上的体现。而在这种宗法和礼教观念的影响下，由“天井”、“正房”、“厢房”和“倒座”等空间要素所构建的中轴对称式布局便成为了居民们心目中最为理想的经典样式。[4]

在每一幢院落式民居的建造之初，几乎所有的家庭都期望着以方正、规矩且对称的布局和构图来作为理想的目标。但在现实中这样的机会其实并不常见。由于用地限制的影响、居住人群的变迁、不同家庭的诉求、产业结构的转换等诸多因素的介入，致使大部分院落式民居不得不在形态上发生相应的演化来平衡自然环境和社会环境的改变所带来的影响。

譬如在滇中的“一颗印”民居中，常常可以看到一种被称之为“半颗印”的院落，这种院落在布局上依然严格地遵循轴线的工整、正房的突出、厢房的从属和天井的通透等特征，但却由于用地范围的局限，所以在修建时不得不割舍掉某一侧的厢房，进而演化为一种只有半个院子的构图来。

还有一类院落，它们所处的地块并不平坦，也不方正。要么是修建在蜿蜒曲折的坡地上，要么是修建在毫不规则的聚落夹缝当中。因此，生长在这类地区的院落式民居也往往是灵活而多变的。譬如在云南大理地区的一些山区中，地块大多不规整，于是在建造房屋时，村民们首先会设法在相对完整的范围内将正房和天井这样的核心系统尽可能地依照中轴对称的关系来安置，而余下的厢房和其他不太重要的附属房间如厨房、圈舍等则根据地块边角上那些不规则的区域来进行灵活处理。

再者，类似于传统社会中的“分家”、“改行”或“房屋租赁”等社会因素也会促使原本工整的居家型院落发生局部形态的演化。譬如在云南大理的凤羽地区，就存在着一些拥有多幢正房的民居院落：两幢或三幢正房共用并围合出一个天井来，形成核心场所。厢房、柴棚和圈舍等却退居于一些边角空间，显得相对随意。究其原因，这便是由于院落里原本的家族成员进行过分家，而后新增家庭又在原址上盖起了新的正房，新房的修建挤占了原本就很局促的空间，因此才促成了这样的布局（图 3）。

因此，从诸多的现状中可以发现，如果要探讨原生聚落中的民居更新等问题，设计师们就不能简单地以一种经典的、规矩的、理想化的手法来对原生聚落中的新民居进行设计，而是必须要面对一个更为复杂的问题：那就是如何在有限的设计条件下来解决新民居户型的灵活性和可变性？

模块化设计或许能提供一种解决问题的思路。

图3　云南大理凤羽山区中各类灵活的院落布局
（图片来源：云南艺术学院“乡村实践工作群”）

3. 破局：模块化设计在云南院落式民居中的运用

“模块化”是一种颇有历史渊源的设计理念，也是一种能够解决复杂问题的方法论。在特定的项目背景和设计环境中，为了能够应对数量庞大，且种类繁多的设计对象，有时候设计师们其实并不需要对每一个设计产品都逐一进行单独的操作，而是可以通过精心设计出多种模块，并经由不同的方式来进行组合，最终解决产品的多样性与设计周期和设计成本之间的矛盾，这就是模块化设计的基本定义。在现代设计的范畴中，对于“模块化”概念的运用最早起源于 20 世纪 20 年代左右的机械制造领域，而后逐渐向其他领域渗透，在计算机、工业设计和建筑设计等领域均有所发展。[5]

模块化设计的核心其实是要解决“标准化”与“非标准化”之间的转化问题，而这个话题恰好与传统民居的营造不谋而合。因此，借用模块化设计的原理来对当代乡土住宅的设计模式进行探讨，便成为了一种可能。

（1）院落式民居的新营造：基本模块的来源

院落式民居的经典布局，是设计师们在进行模块化设计时所必须考虑的重要因素，也是基本模块的来源。以云南大理凤羽地区的设计试点为例。在此次设计实践中，建筑师们通过对凤羽地区的白族院落式民居进行调研和解析之后，首先设计出了一个理想化和标准化的新民居原型。这个新民居的原型由框架结构来搭建，在格局上遵循了白族院落经典的工整和对称式布局。此外，新民居院落中的每一幢建筑均在以及屋脊的收口和起翘方式，堂屋正立面的造型样式，入院大门和照壁的砌筑形式等方面也尽量还原了凤羽地区的传统风貌。但在建筑的内部功能和一些局部造型上却有所改进：譬如在主要的卧室中增加了自带的卫生间；厢房中的空间也被划分得更加规整，且预设了卫生间的位置，具备了改造成为民宿的可能；厨房和餐厅被独立设置；某些墙面开窗呈现出了现代性化的简洁和明快；二层的局部增设了屋顶平台，更有利于起居和晾晒。这一系列的改进措施使得新民居院落中的建筑空间兼具了传统风貌和现代化的生活品质，且每一个部分都相对独立，而这也为下一步的“院落解构”和“模块化自由重组”奠定了基础（图4）。

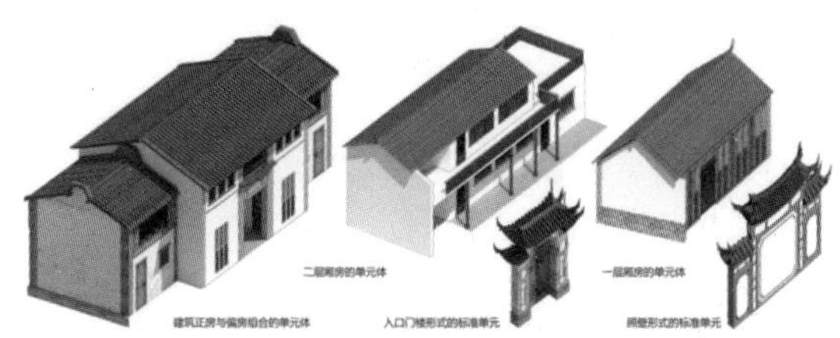

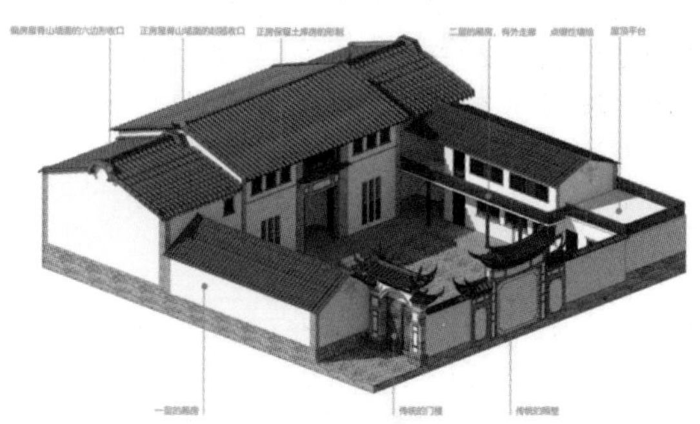

图4　云南大理凤羽地区的新民居院落“理想化原型”以及基本模块的分解
（图片来源：云南艺术学院“乡村实践工作群”）

（2）“院落解构”与“模块化自由重组”

尽管上述院落式新民居的原型已经尽可能地囊括了大理凤羽地区的诸多建筑要素，并在人居环境的改善和业态更新等方面有所考虑。但若要将这一整套新的营造法则落实到具体的每一个地块上，则还需要对上述院落式新民居的原型进行模块化拆分，这也就是所谓的“院落解构”。

按照设计师的构想，这个工整的经典式院落可以被拆分为五个核心模块，分别是完整的正房、两层高的右厢房、一层高的左厢房、入院大门和照壁。在这五个模块中，建筑物的尺度和形式逻辑是相对独立且恒定的。此外还有一些附属的构件，诸如连廊、楼梯、平台、外墙或圈舍等，则相对自由，只要在风貌上能够协调便可以灵活运用。

当所有的模块和建构要素都预设完善以后，便可以开始根据不同的地块需求来进行模块的选择，并最终进行“模块化自由重组”。在重新组建各类院落的过程中，首先会选择每一个地块上相对完整的空间来放置正房模块；而后会顺势而为，以正房模块的朝向为参照，在其左右两侧安置厢房模块；余下的模块则根据地块的边界来灵活处理。

但值得一提的是，有的地块尺度特别宽大或特别狭长，不可能仅用一套院落系统就予以概括。此时，首先便需要化整为零，对地块进行多个院落的布局和规划，而后再在各自的小地块中择优选择模块，进行重组。

如此一来，村民们的自由意志便可以参与到设计中来，其建造成果将是随形就意，丰富多彩的。这样的院落生成机制和原生聚落中建筑的自然生长一脉相承，从而延续了聚落的肌理。其次，各种模块中也蕴含了设计们的思考，将现代化的生活方式融入其中，因而可以满足村民们与时俱进的生活需要。再者，由于设计师们对于建筑外观和建筑尺度进行了的控制，使得各种院落无论怎么组合，都会保持相对传统的整体风貌，这也满足了美学层面的需求（图 5）。

4. 结语

乡村社会是一个活体，是人地关系和营造法则的共同作用，才促成了其灵活而自由的聚落肌理。因此，当设计师们介入到乡村营造中时，必须充分考虑到这些传统民居的生长机制。避免用城市设计的思维来看待乡村，转而借用模块化设计的方法来将乡土民居的生长逻辑予以重现，这或许正是当代的设计师们在面对乡村建设的各种复杂性问题时，可以进行的一种尝试。

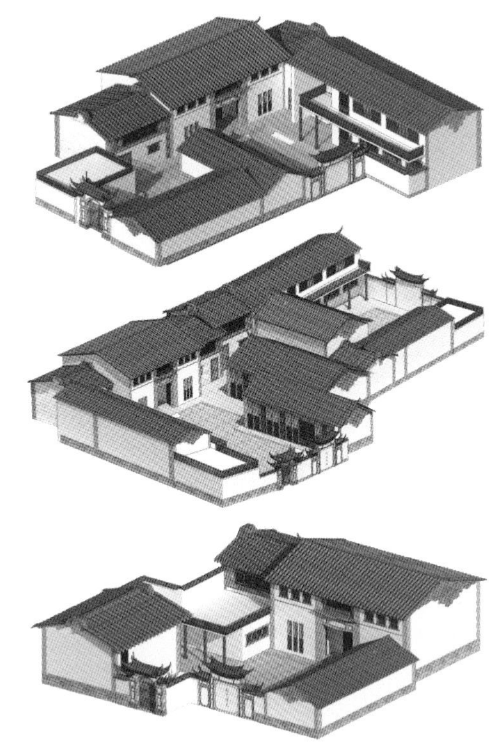

图5　模块化的解构与组合：满足各种地块的灵活而自由的布局需求
（图片来源：云南艺术学院“乡村实践工作群”）

参考文献

[1] 卢世主. 城镇化背景下传统村落空间发展研究[M]. 北京：中国文联出版社，2016.

[2] 蒋高辰. 云南民族住屋文化[M]. 昆明：云南大学出版社，1997.

[3] 杨大禹，朱良文. 云南民居[M].北京：中国建筑工业出版社，2009.

[4] 王莉莉. 云南民族聚落空间解析：以三个典型村落为例[D]. 武汉：武汉大学，2010.

[5] （美）鲍德温 著，张传良 译. 设计规则：模块化的力量[M].北京：中信出版社，2006.

后记
Postscript

第十六届全国高等美术院校建筑与设计专业教学年会将于2019年11月15~17日在苏州大学建筑学院举办，这既是该行业的盛会，也是该领域专家学者交流的盛会。从筹办到举办，一直秉承着本届年会的主题，即跨界·融合，不但邀请不同领域的专家学者、主旨论坛的演讲、分论坛的演讲无不体现该精神，莘莘学子也见证这个时刻。本届主题既是符合了时代要求，也符合苏州城市的气质，也体现了苏州大学的精神和苏州大学建筑学院欣欣向荣的氛围。

在本次年会筹办的整个过程中，得到苏州大学建筑学院、苏州金螳螂建筑装饰股份有限公司、中国建筑工业出版社以及各个兄弟院校、科研院所的支持，也得到了知名专家教授的支持、感谢他们为提供如此交流平台所作出的努力。

感谢苏州大学建筑学院的吴永发院长，王琼副院长，陈国凤书记，建筑系申绍杰主任，他们一直不论从政策，还是精神上支持年会的工作，即使有不妥也极力帮助，这也是大家尽心尽力的动力。感谢中国建筑出版传媒有限公司的唐旭主任、李东禧首席策划、孙硕编辑，他们对成果集的出版、年会筹办的相关事宜尽力指导，年会才有条不紊地进行，感谢苏州大学艺术学院的王泽猛副院长、孟琳副教授，正因为有他们的积极参与，才使得苏州大学建筑学院与艺术学院联合举办成为可能，也体现了融合的精神。

感谢苏州大学建筑学院室内设计系的全体教师及参与的研究生，感谢学院办公室陈星主任及尚靖老师，他们不遗余力，在平时繁忙的日常工作中，抽出时间，尽心尽力做好本年会工作，这才使具体细节的完成保证了年会的顺利进行。

正所谓涓涓细流，汇聚成海，愿本次年会作为新的起点，让我们拥抱新的征程。

张琦
苏州大学建筑学院室内设计系主任 教授 硕士生导师
2019年10月7日